Historia de las especies invasoras

ÁNGEL L. LEÓN PANAL

Historia de las especies invasoras

Biología e historias de los audaces seres que han colonizado, con nuestra ayuda, ecosistemas ajenos

SEGUNDA EDICIÓN

GUADALMAZÁN

Primera edición: mayo de 2021
Primera reimpresión: marzo de 2023

Guadalmazán • Colección Divulgación Científica
Director editorial Antonio Cuesta
Corrección de José López Falcón
www.editorialguadalmazan.com
pedidos@almuzaralibros.com - info@almuzaralibros.com

Talenbook, s.l.
C/ Cervantes, 26 • 28014 • Madrid

Imprime: cpi black print
ISBN: 978-84-17547-18-9
Depósito Legal: CO-241-2021
Hecho e impreso en España-*Made and printed in Spain*

A mi familia, por compartir mi ilusión
y haber estado presentes en todas las
fases para la creación de este libro.
A Laura, por sus palabras, por el camino
compartido y por, simplemente, todo.

Índice

Pablo Emilio Escobar Gaviria (1949-1993).

I. LOS HIPOPÓTAMOS DE PABLO ESCOBAR

EL ZOOLÓGICO DEL NARCO

El 16 de junio de 2009 murió abatido a tiros el hipopótamo Pepe. Con la ayuda del ejército colombiano, dos cazadores lo acorralaron y ejecutaron su sentencia de muerte. El delito del animal había sido atacar a varios pescadores y aplastar a seis terneros en el municipio de Puerto Berrío, en Colombia. Pero, si los hipopótamos son africanos, ¿qué hacía Pepe en América del Sur?

Para conocer el origen de esta historia tenemos que remontarnos a 1978, fecha en la que Pablo Escobar dirigía el Cartel de Medellín. Por aquel entonces, según su hijo Juan Pablo Escobar[1], el famoso narcotraficante visitaba regularmente el valle Magdalena Medio en el centro de Colombia. Estaba buscando «un lugar con selva, agua y montaña al mismo tiempo» y lo encontró en Puerto Triunfo, un municipio de aquel valle. Allí compró diez fincas, que sumaban 1920 hectáreas, por algo más de dos millones de dólares. En homenaje a Al Capone, gánster a quien Escobar admiraba, bautizó el terreno como Hacienda Nápoles.

La Hacienda Nápoles fue el mayor icono de Pablo Escobar y un escaparate donde mostrar, por ejemplo, su gran colección de coches antiguos. También ofrecía la posibilidad de practicar varios deportes. Mandó instalar una cancha de tenis, en la que su

1 En 1994, el hijo de Pablo Escobar se cambió el nombre a Juan Sebastián Marroquín Santos.

mujer Victoria Eugenia celebraba torneos con sus amigas. Según su hijo, «si alguna no sabía jugar, le contrataban profesor particular, que traían en helicóptero desde Medellín». También ordenó la construcción de estatuas de varios dinosaurios y un mamut a escala real.

Pero, sin duda, el mayor atractivo de la Hacienda Nápoles fue su zoológico. Escobar se obsesionó con la idea de tener su propio zoo, después de ver el que habían construido los hermanos Ochoa Vásquez, también narcotraficantes, en su hacienda. Estaba tan interesado que compró varios libros de *National Geographic* para documentarse sobre fauna exótica y, de esta forma, saber qué animales podrían vivir en la zona según el clima. Después, encargó a uno de sus hombres que buscara algún comerciante al que comprárselos. No fue una tarea difícil: en Dallas, Texas, contactó con unos empresarios dispuestos a hacer negocios con el narco.

Retrocedamos un poco más en el tiempo para conocer a los otros protagonistas de esta historia. En 1960, los hermanos Don y Brain Hunt fundaron la empresa International Animal Exchange, con el fin de comprar y vender animales a zoológicos. Don había empezado en el negocio con una modesta tienda de mascotas en Ferndale, Michigan. El éxito le llevó a introducir a sus otros tres hermanos, Mickey, Tom y Patrick, en el lucrativo mundo del comercio de animales. Juntos, los Hunt crearon un imperio empresarial y llegaron a suministrar animales a más de 90 zoológicos del mundo. Entre sus clientes también se encontraba Pablo Escobar, al que le vendieron entre los años 1982 y 1984. Según Juan Pablo Escobar, su padre organizó un viaje con la familia a Texas para realizar la compra. Juan relata cómo en el aeropuerto de Dallas los recibieron con diez limusinas. Allí pudo ver *Tom y Jerry* y tomar un chocolate. Finalmente, la negociación con dos de los hermanos Hunt se saldó con el pago de dos millones de dólares en efectivo y la promesa de enviar los animales a Colombia.

Pero llevarlos hasta la Hacienda Nápoles no iba a ser tan fácil. Para semejante tarea, Pablo confió en su amigo Fernando Arbeláez, que, usando varios aviones Hércules, transportó a los animales en vuelos clandestinos. Los aviones aterrizaron en el aeropuerto Olaya Herrera de Medellín, donde Escobar contaba con hangares en los que escondieron cebras, elefantes, rinocerontes, jirafas, hipopótamos y demás animales que iban trayendo. Sin embargo, las autoridades se enteraron del plan y exigieron que fueran entregados al zoológico de Medellín. Poco más pudo hacer el Gobierno para frenar al narco, que se salió con la suya y acabó creando su propia Arca de Noé.

Con el tiempo, la colección de especies se fue ampliando. Durante un viaje a Miami, para cobrar una deuda, adquirió una pareja de loras negras por cuatrocientos mil dólares. En otro viaje a Brasil, tuvo el antojo de comprar un loro azul de ojos amarillos, a pesar de que su comercio estaba prohibido. Cien mil dólares permitieron incorporar el ave al zoo. Incluso mandó traer una pareja de delfines rosados del Amazonas. En total, Escobar reunió unos mil doscientos animales. Para rematar el trabajo, ordenó construir la famosa entrada coronada con una avioneta blanca y azul.[2] Todo el mundo podía acceder, de manera gratuita, para ver los exóticos animales. Pero la excentricidad del narcotraficante escondía también otros motivos. Al poco tiempo, la primera pareja de hipopótamos se convirtió en un grupo de seis individuos tras la compra de más ejemplares. Escobar estaba interesado en sus excrementos, pues creía que los podía usar para despistar a los perros policía que rastrean la droga.

Tras la muerte de Pablo Escobar en 1993, los hipopótamos y otros animales se quedaron en la Hacienda Nápoles. Hoy en día el lugar se ha convertido en un parque temático con atracciones acuáticas, un santuario de animales, un mariposario, un espacio dedicado a los dinosaurios e incluso un museo africano. Este era el hogar del hipopótamo Pepe, donde vivía junto con una población formada por unas decenas de individuos,[3] el único grupo de estos paquidermos en estado salvaje que podemos encontrar fuera de África. El rey de todos ellos era el Viejo, un macho dominante

---

2 En enero de 2019, los directivos de la Hacienda Nápoles decidieron desmontar la famosa avioneta de la entrada. En su lugar, se ha instalado un monumento al hipopótamo Vanessa, considerada la mascota del parque. Sus dueños la definen como «un tierno hipopótamo que por razones naturales y de protección de su vida, debió ser criada separada de su manada que, en un acto inexplicable de la naturaleza, la expulsó ya hace varios años».

3 En 2016 la población de hipopótamos estaba compuesta por unos 30 individuos. En 2020 la colonia oscilaba en torno a los 60 y 80 ejemplares. Se calcula que dentro de diez años podrían ser unos 150.

[Superior] 17 de marzo de 2018. Entrada a la Hacienda Nápoles, conocida propiedad de Pablo Escobar, detrás se observan las obras del nuevo pórtico. [Inferior] Nueva entrada a la Hacienda Nápoles, con un hipopótamo representado en la columna de la derecha [Juan Camilo Jaramillo].

que tenía el control de todas las hembras. Debido a ello, algunos machos jóvenes, como Pepe, se vieron obligados a abandonar el territorio y remontar el río Magdalena. En esta búsqueda de un nuevo hogar, acabaron entrando en conflicto con las personas que habitaban la zona.

Tratar con hipopótamos no es ninguna broma. Estos animales causan más muertes al año en África que leones, elefantes, búfalos y rinocerontes juntos. Se les considera vectores de enfermedades como la tuberculosis, la brucelosis, la leptospirosis, el ántrax y la salmonelosis, que pueden afectar al ganado y a la fauna local. Por otra parte, esta especie es lo que se conoce como *un ingeniero de ecosistema*, es decir, es un animal que tiene una gran capacidad para modificar los hábitats en los que vive. Se trata de un megaherbívoro que actúa como una cinta de transporte, movilizando nutrientes desde las plantas que come hasta las zonas acuáticas donde hace sus necesidades. Según algunas estimaciones, estaríamos hablando de más de una tonelada de carbono y otros elementos al año por individuo. Esto podría tener un profundo impacto en los ríos colombianos, que no cuentan con un actor de semejante nivel. De esta forma, los ecosistemas acuáticos se verían fertilizados en exceso y se favorecería su eutrofización. Además, gracias a su tamaño pueden abrir canales, crear estanques o unirlos entre ellos, modificando microhábitats que algunas especies necesitan para sobrevivir en ciertas etapas de su vida.

Por todo ello, el Gobierno decidió tomar cartas en el asunto y matar a los ejemplares que salieran de la Hacienda Nápoles. Pero el plan no salió bien. La caza de Pepe provocó la indignación de los colombianos y las protestas de grupos animalistas. Que los soldados apareciesen posando en una fotografía con el animal muerto, de forma similar a la imagen de cuando mataron a Escobar, tampoco ayudó mucho.[4]

En 2010, otro joven hipopótamo fue expulsado del territorio por el macho dominante. Ante la reacción de la población, esta vez se optó por devolverlo al lugar. En marzo de 2011 fue capturado, castrado y transportado en helicóptero a la Hacienda Nápoles. La cas-

---

4 A raíz de las protestas por la muerte de Pepe, en 2012 una orden judicial prohibió la caza de hipopótamos.

Señal de peligro que advierte de la presencia de hipopótamos en la zona [Juan Camilo Jaramillo].

tración era un paso fundamental, ya que así se evitaba la reproducción del animal y que volviera a pelearse con el Viejo. No es una operación fácil, puesto que tienen que ser sedados y los testículos están ocultos bajo una gruesa capa de piel. Además, el coste de castrar un solo hipopótamo varía entre los 3000 y 11.000 dólares. Aun así, en 2014, el Gobierno optó por la conservación de los animales, controlando su reproducción y exportando algunos ejemplares a zoológicos de otros países, como Ecuador o Uruguay, un plan para el que inicialmente se habían invertido 400 millones de dólares.

Actualmente, los hipopótamos siguen haciendo su vida en la Hacienda Nápoles.[5] Se han convertido en un curioso caso de especie invasora; la más grande del mundo. Un ejemplo de cómo la humanidad está poniendo patas arriba los ecosistemas de todo el mundo. A través de los hipopótamos de Pablo Escobar, podemos ver una compleja red que conecta ecología, economía y sociedades humanas, una madeja de difícil solución, pero con consecuencias que no debemos pasar por alto. Eso son las especies invasoras, un problema con complejas soluciones.

5 En algunas localidades, como en Doradal, incluso le han encontrado un beneficio económico a la colonia de hipopótamos. Los operadores turísticos ofertan navegar cerca de ellos, sin necesidad de acudir a un zoo o hacer un viaje a África. También existen rumores sobre supuestas ventas de crías de hipopótamos a personas que querrían tener una *adorable mascota*.

¡INVASORES!

Antes de entrar en materia definamos qué es una especie invasora. Para ello, lo mejor que podemos hacer es contraponer ejemplos. Uno de los iconos de la fauna española es el lince ibérico (*Lynx pardinus*), un animal que solo aparece en la península ibérica, por lo que podemos considerarlo nativo de esta región. Por el contrario, si tu hámster acaba en un bosque del parque natural de Doñana, sería una especie exótica (aunque poca cosa podrá hacer allí). Pero, en algunas ocasiones, las especies exóticas cuentan con algún as que les permite establecerse en el ecosistema al que han llegado. Los problemas vienen cuando *la mano* se convierte en un *full* de ases, haciendo tambalear al ecosistema, la economía del lugar o la salud pública. Entonces es cuando estamos hablando de una especie invasora.

El primero en usar el término *invasión biológica* fue Charles Elton, zoólogo y ecólogo inglés, en su publicación *The Ecology of Invasions by Animals and Plants*. Entre las páginas del libro, publicado en 1958, encontramos una gran recopilación de ejemplos de invasiones biológicas. Elton analiza cómo se han transportado estas especies, el efecto que tienen sobre las nativas y los impactos sobre la conservación de la biodiversidad. Pero, a pesar de que la obra de Elton fue el pistoletazo de salida para el estudio de este fenómeno, algunos científicos no ven con buenos ojos su legado. Entre ellos encontramos al biólogo Ken Thompson, autor del libro *¿De dónde son los camellos?*, donde critica que la obra tiene un «descarado carácter militarista», identificando a estas especies como un enemigo al que combatir. Como muestra de ello, podríamos citar el siguiente pasaje:

> *It isn't just nuclear bombs and war that threaten us, though these rank very high on the list at the moment. There are other sorts of explosions, and this book is about ecological explosions. [...] Ecological explosions differ from some of the rest by not making such a loud noise and in taking longer to happen. That is to say, they may develop slowly and they may die down slowly; but they can be very impressive in their effects, and many people have been ruined by them, or died or forced to emigrate.*

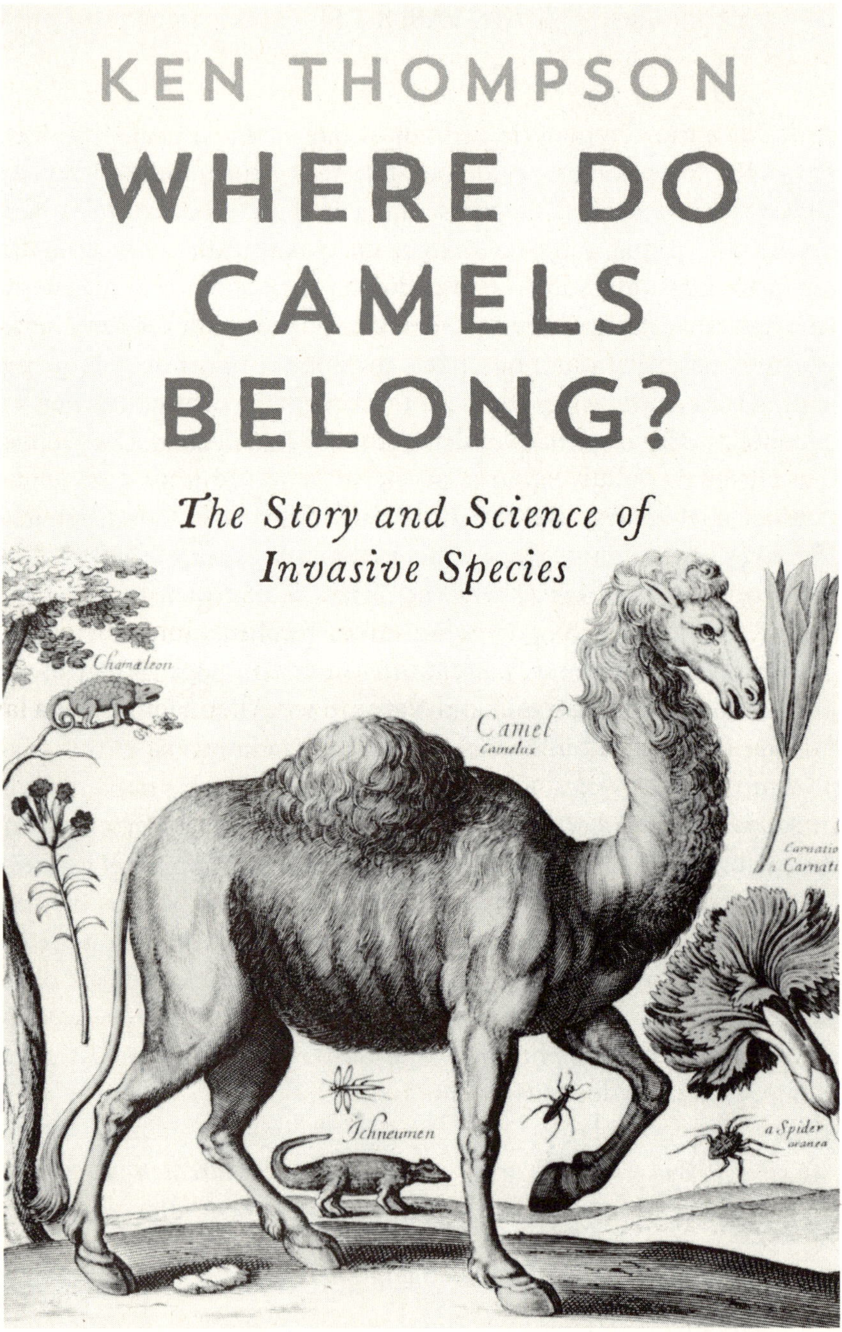

Portada del libro de Ken Thompson *Where Do Camels Belong?: The story and science of invasive species.*

Esta visión de Elton tal vez se deba a la época en que vivió y a su trabajo en la Bureau of Animal Population at Oxford, que fundó él mismo en 1932. Durante la segunda guerra mundial, esta oficina tuvo la tarea de encontrar un método de control efectivo para las plagas de ratones, ratas y conejos. Sin embargo, al margen del lenguaje usado, las advertencias de Elton no iban mal encaminadas.

Cuando Elton desarrolló su trabajo no se disponía de datos de todo el mundo sobre las especies invasoras; pero actualmente comenzamos a hacernos una idea de la dimensión del fenómeno. Aunque es difícil dar una cifra exacta de cuántas de estas especies existen, ciertos estudios nos ofrecen algunas pistas. Por ejemplo, según la base de datos del Delivering Alien Invasive Species Inventories for Europe, en el continente europeo hay establecidas unas 10.000 especies exóticas, registradas en 71 países e islas. En todo el orbe, conseguir el dato es aún más difícil. En 2018, el Global Register of Introduced and Invasive Species daba la cifra de más de 11.000 especies de animales y plantas introducidas en tan solo 20 países. Seguramente se quedaron bastante cortos, ya que en 2015 la iniciativa Global Naturalized Alien Flora cifraba las especies de plantas introducidas en el mundo en más de 13.000. Por otra parte, según un estudio publicado en 2020 en la revista *Biological Reviews*, estaríamos hablando de unas 18.000 especies invasoras por todo el planeta.

Es importante recalcar que exótica o introducida no siempre significa invasora. De tales cifras, solo un puñado pueden ser consideradas invasoras, las cuales generan problemas ecológicos, económicos y de salud. Para ilustrarlo, el biólogo Mark Williamson, de la Universidad de York, experto en invasiones biológicas, recurre a la regla de los tres 10. Según esta regla estadística, creada para animales y plantas encontrados en Gran Bretaña, 1 de cada 10 especies importadas aparecerá en la naturaleza y serán por tanto introducidas o exóticas. Siguiendo con la regla, 1 de cada 10 especies introducidas logrará establecerse en el nuevo medio, y solo 1 de cada 10 de las establecidas se convertirá en una plaga o en invasora.

Estos datos no deben relajarnos, ya que las pocas especies que llegan a ser invasoras son un verdadero quebradero de cabeza. Por sus efectos sobre el medioambiente, las especies invasoras son consideradas como la segunda causa de extinción de especies, por detrás de la destrucción de hábitats. Un estudio de la Universidad de Londres, publicado en marzo de 2019, incluso las sitúa en el primer puesto. Según esta investigación, la Unión Internacional para la Conservación de la Naturaleza ha registrado 953 extinciones ocurridas desde el año 1500. De ellas, un 42% de las extinciones se debió en parte a la presencia de especies invasoras, mientras que un 13% de las especies desaparecieron directamente por la acción de estas.

Con respecto a su repercusión sobre la economía, las especies invasoras no solo suponen gastos de gestión, sino también destrucción de cultivos, daños en edificios o pérdida de servicios ecosistémicos. Por ello, dar un dato único del coste resulta también difícil. Algunas estimaciones pueden ayudarnos a hacernos una

Fotografía macroscópica de *Agrilus planipennis*, escarabajo barrenador esmeralda del fresno originario de Asia, que provoca pérdidas millonarias cada año por los daños que produce en los troncos de los fresnos en América del Norte y parte de Europa [Herman Wong HM].

idea de la magnitud del problema. En Estados Unidos, el control y los daños que genera solo la hormiga roja de fuego (*Solenopsis invicta*) ascienden a 2000 millones de dólares anuales. En la región de los Grandes Lagos, la acción conjunta de invasores, como el mejillón cebra (*Dreissena polymorpha*) o el escarabajo barrenador esmeralda del fresno (*Agrilus planipennis*), suponen un gasto de 1,4 billones de dólares anuales. Mientras, según la Comisión Europea, los europeos perdemos 12.500 millones de euros al año debido a estas especies.

Aun así, no sería justo culpar de todos los males a las especies invasoras. Una visión más acertada es entenderlas como un síntoma de los impactos de la humanidad sobre la Tierra. Casi desde nuestra aparición, nos hemos dedicado a maltratar los ecosistemas: pesca intensiva, contaminación, destrucción de hábitats, agricultura y ganadería intensivas, cambio climático, una sexta extinción en marcha, etc. En medio de todo este caos, las especies invasoras habrían encontrado su oportunidad para prosperar. Tal y como indica Ken Thompson en *¿De dónde son los camellos?*, «¿no será que la mayoría [de las especies invasoras] se limita más bien a desenvolverse como mejor pueden en medio del embrollo creado por la especie más peligrosa de todas, el *Homo sapiens*?».

A lo largo de este libro, conoceremos algunas historias que demuestran cómo las especies invasoras son nuestro karma por comportarnos como los dueños de la Tierra. Debido a nuestras acciones, hemos cambiado las reglas del juego y algunas especies se están aprovechando de ello. Este fenómeno se ha convertido en un problema global, que presenta múltiples ramificaciones y va más allá de la ciencia ecológica. Alrededor de estas especies se ha tejido un complejo puzle que tiene implicaciones medioambientales y de salud. Pero también suponen confrontaciones políticas, tiene matices económicos e incluso una dimensión cultural.

Isidore Geoffroy Saint-Hilaire retratado por Franck [Wellcome Library].

II. ISIDORE GEOFFROY Y LAS SOCIEDADES DE ACLIMATACIÓN

GANSOS EGIPCIOS EN PARÍS

Isidore estaba convencido. En el año 1801, su padre regresó de una expedición científica que había acompañado a la campaña militar francesa contra los otomanos en Egipto y Siria. Para tal cometido, Napoleón reunió a más de un centenar de científicos y sabios, desde naturalistas, matemáticos, químicos y físicos, hasta ingenieros e incluso artistas. La piedra Rosetta fue uno de los descubrimientos que hicieron, pero también se recolectaron muestras y animales que pasaron a formar parte de las colecciones del Museo Nacional de Historia Natural de Francia. Entre ellos se encontraban unas aves desconocidas para la ciencia europea. Eran gansos del Nilo, bautizados en latín como *Alopechen aegyptiacus*. Después de cuarenta años, los descendientes de aquellas aves vivían plácidamente en París. Pero no eran iguales que sus antecesores, ya que su crecimiento era mayor y el pelaje les lucía más oscuro. Además, criaban en el mes de abril, en vez de en diciembre como lo hacen las poblaciones africanas; es decir, se habían aclimatado al clima de París. Tanto es así que el naturalista francés creía que se podían considerar como una raza europea de gansos del Nilo. Era una prueba contundente para apuntalar su idea científica más influyente: la aclimatación de las especies para ponerlas al servicio de la Humanidad.

Isidore Geoffroy Saint-Hilaire se formó en un ambiente fascinante. Su progenitor, Étienne Geoffroy Saint-Hilaire, trabajaba en

Anas aegyptiaca grabado por S. C. Miger a partir de obra de Nicolás Maréchal, ca. 1808 [Wellcome Library].

el Museo Nacional de Historia Natural en París. Allí se dedicaba al estudio de los animales vertebrados. En otro despacho estaba Jean-Baptiste Lamarck, uno de los precursores de las ideas evolucionistas, que andaba en el estudio de los invertebrados. A la plantilla de la institución también se unió Georges Cuvier, apadrinado por Étienne, y que se convertiría en uno de los mayores detractores de Darwin. Nuestro protagonista entró en el mundo académico como ayudante naturalista de su padre. Con el tiempo, acabaría siendo el director del museo.

Fruto de aquel ambiente de debate científico, Isidore maduró una teoría a medio camino entre el transformismo de Lamarck y el fijismo de Cuvier. En el año 1859 la enunció como la *teoría de la variabilidad limitada del tipo*. La columna vertebral de la idea era que las características de las especies pueden cambiarse si las condiciones ambientales donde viven se modifican. Para llegar a esta conclusión, primero estudió la teratología, ciencia dedicada al estudio de las malformaciones, como los animales bicéfalos o con algunas patas de más. Pero esta vía no le llevó ninguna parte. Posteriormente puso el foco en la domesticación y aquí sí encontró razones de peso. Gracias a ello pudo desarrollar su hipótesis que, más que ir encaminada a la ciencia básica, tenía el claro propósito de ser una ciencia aplicada.

En aquella época, la zoología había descrito más de 140.000 especies de animales. Pero solo unas cuarenta proporcionaban algún servicio a la humanidad. Para Isidore y muchos de sus seguidores esto significaba que estábamos desaprovechando la oportunidad de darles un uso. En su tratado *Acclimatation et domestication des animaux utiles*, publicado en 1861, nuestro protagonista habla de las maravillas biológicas que la sociedad se está perdiendo. Mamíferos como el reno (*Rangifer tarandus*), el búfalo de agua (*Bubalus bubalis*), el yak (*Bos mutus*), el cebú (*B. primigenius indicus*), diversas especies de antílopes y gacelas, el canguro (*Macropus giganteus*), el wombat común (*Vombatus ursinus*), el tapir (*Tapirus terrestris*), el agutí (*Sasyprocta aguti*) o el capibara (*Hydrochoerus hydrochaeris*) podrían enriquecer las cazuelas europeas. El menú también sería más interesante si añadimos aves como el avestruz (*Struthio camelus*), el casuario común (*Casuarius casuarius*) o el ñandú (*Rhea americana*). Para el trans-

Litografía promocional de *Le Jardin d'Acclimatation*, ca. 1870.

porte, propuso criar camellos (*Camelus bactrianus*) y dromedarios (*C. dromedarius*), cebras (*Equus burchellii*) o al hemión (*E. hemionus*), mientras que la lana de la vicuña (*Vicugna vicugna*) y la alpaca (*Lama pacos*) serían un producto de gran interés industrial. En la lista también incluye especies bonitas que tendrían un fin meramente estético, como el pato mandarín (*Aix galericulata*), varias especies de gansos o las guras, familiares de las palomas con hermosos plumajes azules. Quizás la más rara de todas es la propuesta de traer a Europa al trompetero aligrís (*Psophia crepitans*). Esta ave selvática ha sido domesticada en algunas regiones de Sudamérica ya que es capaz de cazar serpientes. Pero, además, tiene una potente llamada de alarma, lo que la convierte en un eficiente centinela.

La idea de traer animales y plantas de otros continentes a Europa no era nueva. Por ejemplo, entre los años 1740 y 1750, Carl von Linné hizo experimentos con plantas del té para conseguir su cultivo en Suiza. Detrás de ello estaba el deseo de conseguir que su país se enriqueciera con el comercio de la preciada planta. En Francia, antes de los trabajos de Isidore, encontramos a Auguste Hardy, el cual fue director del Jardin d'Essais de Hamma en Argelia. Por aquellas fechas, el país africano era una colonia francesa y la aclimatación se entendía como una forma de afianzar el dominio europeo en África. Pero además existían otros motivos para ver con buenos ojos estos proyectos. Según un informe de la Academia de Ciencias de París del año 1856, la clase obrera apenas consumía proteínas de origen animal. Había que alimentar al pueblo, y los filetes de tapir o los pinchos de capibara parecían buenas opciones. Por ello, un grupo de intelectuales y académicos se dispuso a convencer a Napoleón III de la importancia de apostar por estas ideas.

Hagamos una parada para conocer el momento histórico que estaba viviendo Francia. Tras una revolución popular en febrero de 1848, el rey Luis Felipe I abdicó y huyó del país. Fue proclamada la Segunda República Francesa, lo que permitió el regreso de Carlos Luis Napoleón Bonaparte, que vivía en el exilio. Ese mismo año, el sobrino de Napoleón I se presentó a las elecciones como candidato para ser presidente de la República y ganó por mayoría. El ascenso culminó con su proclamación como emperador en 1852.

Litografía promocional de *Le Jardin d'Acclimatation*, ca. 1870.

Las ideas de la aclimatación calaron en Napoleón III, que acabó apoyando el proyecto, deseoso de engrandecer su patria. Gracias a ello, en el año 1854 nace la Société Zoologique d'Acclimatation[6] y al año siguiente el emperador se declara su protector. No sería la única gran figura cautivada por el proyecto de Isidore. Gracias a las dotes diplomáticas de los miembros de la Société, casas reales de todo el mundo aceptaron aparecer como sus socios. Entre otros muchos, en Europa consiguieron el aval de la reina Isabel II de España y su marido Francisco de Asís de Borbón. También contaban con el rey Leopoldo I de Bélgica, el rey Guillermo III de Holanda y el príncipe Albert de Inglaterra, esposo de la reina Victoria. Fuera del continente, figuraban como socios el emperador Pedro II de Brasil y los reyes de Siam. Con semejante carta de presentación, ¿quién no querría formar parte de la Société?

Con el fin de fomentar la aclimatación de especies útiles, en 1857 la Société estableció una serie de recompensas para aquellas que eran consideradas las más jugosas. Por ejemplo, la cría exitosa del canguro o del hemión sería premiada con 1000 francos, mientras que para el ñandú o el emú se pagarían 1500 francos. El mayor premio, 2000 francos, lo obtendría aquel que consiguiera establecer la ganadería de alpacas en Europa. La guinda del proyecto fue la creación del jardín de aclimatación en el Bois de Boulogne, un parque cuya construcción había impulsado el emperador hacía unos años. En aquel lugar, además de ver animales y plantas de todo el mundo, se investigaba la forma de conseguir su aclimatación. Napoleón III y su esposa, Eugenia de Montijo,[7] fueron sus primeros visitantes cuando se inauguró en 1860.

En el año 1861, la Société contaba con delegaciones por toda Europa: Madrid, Bruselas, Florencia, Milán, Turín, Fránkfort, Ginebra, Lausana, Viena, Moscú, San Petersburgo y

6 La historia sobre las sociedades de aclimatación en Francia y en España puede leerse en la monografía *El zoológico del Museo de Ciencias Naturales*, escrita por Santiago Aragón y publicada por el Consejo Superior de Investigaciones Científicas.

7 La emperatriz Eugenia jugó un papel fundamental en el impulso de proyectos de ingeniería y científicos. Entre ellos estarían las investigaciones de Louis Pasteur sobre la vacuna contra la rabia y la construcción del canal de Suez por parte de Ferdinand de Lesseps. De este último, hablaremos en el capítulo XIII.

Constantinopla (Estambul). Además, habían conseguido cruzar el Atlántico y llegar a Filadelfia, Washington, Québec y Río de Janeiro, pero también a El Cairo, Shanghái, Cantón (Guangzhou), Macao, Edo (Tokio), Batavia (Yakarta) y Sydney. Sin embargo, el 10 de noviembre de 1861, cuando la Société se encontraba en todo su esplendor, sus promotores recibieron un duro golpe: Isidore Geoffroy falleció en su domicilio por causas desconocidas.

Tras la muerte de su primer presidente, la Société siguió impulsando los proyectos de aclimatación. Desde el jardín de aclimatación del Bois de Boulogne llegaron buenas noticias. Para el año 1863, más de 300.000 personas habían visitado el lugar, que se había convertido en un escaparate para sus ideas. Los esfuerzos estaban comenzando a dar sus frutos: la cría del canguro, la llama, el yak y el agutí estaban cerca de convertirse en una actividad ganadera a gran escala. Pero la historia les tenía preparado otro duro revés.

La creciente influencia de Prusia, con el canciller Otto von Bismarck a la cabeza, le restaba cada vez más protagonismo a Francia en Europa. Solo era cuestión de tiempo que el conflicto entre ambos surgiese. Finalmente, acabó estallando en julio de 1870 en la conocida como guerra Franco-Prusiana. En septiembre de ese mismo año la balanza se inclinó a favor de Bismarck. Durante el desarrollo de la batalla de Sedán, Napoleón III fue capturado junto con su ejército. Esto precipitó la caída del Segundo Imperio Francés y la proclamación de la Tercera República Francesa. Napoleón III acabó exiliado en Gran Bretaña, mientras que el ejército prusiano se disponía a asediar la capital de Francia. Al término del conflicto, Guillermo I fue proclamado káiser del Imperio alemán en la Galería de los Espejos del Palacio de Versalles.

El asedio de París sucedió desde el 19 de septiembre de 1870 al 28 de enero de 1871. Algo más de cuatro meses durante los cuales los parisinos sufrieron, entre otras penurias, la falta de víveres. La carne se volvió un bien escaso y los primeros en caer fueron los miles de caballos y burros que vivían en la ciudad. Luego les tocó el turno a perros, gatos, ratas y ratones, que se volvieron ingredientes habituales de las comidas. Pero no todo el mundo aceptaba alimentarse de tales animales y la burguesía estaba dispuesta a probar cosas nuevas. Por ello, carniceros y cocineros comenzaron a comprar los animales que se encontraban en los zoológicos de París.

«Hacía varios meses que no habían entrado de provisiones en París, rodeado por los prusianos, el elefante fue sacrificado y sirvió de alimento para los más hambrientos».

El chef Alexandre Étienne Choron, del restaurante Voisin, fue uno de ellos, y se hizo famoso por sus exóticos platos. En la noche de Navidad de 1870 sirvió un menú hecho con algunos de los animales del jardín de aclimatación del Bois de Boulogne. Los clientes pudieron disfrutar de platos como *consommé d'éléphant* (caldo de elefante), *tête d'âne farcie* (cabeza de burro rellena), *chameau rôti à l'anglaise* (camello asado), *civet de kangourou* (estofado de canguro), *côtes d'ours* (costillas de oso), *cuissot de loup* (carne de lobo), *chat flanqué des rats* (gato con ratas) y *terrine d´antilope aux truffes* (terrina de antílope con trufas). Todo ello acompañado por una selección de vinos. La práctica mayoría de los animales exóticos de la ciudad sufrieron el mismo destino.[8]Incluso los elefantes más famosos de París, Cástor y Pólux, del Jardin des Plantes, fueron sacrificados. El día 31 de diciembre, Choron ofreció un menú con su carne. Irónicamente, las especies útiles que tanto habían defendido Isidore y la Société se habían convertido, a la fuerza, en un recurso de vital necesidad.

8 No todos los animales sufrieron este destino. Los monos fueron descartados por tener un aspecto demasiado humano, el hipopótamo del Jardin des Plantes se libró porque su precio de venta era demasiado elevado y nadie se atrevió a matar a los leones y tigres.

A pesar del fatídico episodio del asedio de París, la Société prosiguió con su misión,[9]promoviendo una verdadera fiebre de la aclimatación por el mundo. Como hemos dicho, uno de los lugares donde tenían sede era Madrid. La capital de España había entrado en el club gracias a la buena relación de Isidore con Mariano de la Paz de Graells, director del Museo Nacional de Ciencias Naturales desde el año 1851. Este puesto le permitió entrar en contacto con su homólogo francés para, en un principio, intercambiar animales para las colecciones de los museos. Por ejemplo, desde París se enviaron ejemplares exóticos que provenían de las colonias y las expediciones científicas, mientras que desde Madrid se ofrecieron ejemplares de la fauna ibérica como el águila imperial (*Aquila adalberti*) o la cabra hispánica (*Capra pyrenaica*).

Cuando Graells lee sobre la creación de la Société, se entusiasma con la idea de la aclimatación de especies útiles. Consigue convencer a la casa real española para que sigan el ejemplo de Napoleón III y apoyen los proyectos destinados a enriquecer el país. En 1855 se crea la Sociedad Española de Aclimatación y Graells se convierte en el delegado de su homóloga francesa en España. Esto sucedió después de que el científico español publicase el año anterior la *Memoria sobre la aclimatación, domesticación y propagación de animales útiles en nuestro país*, un documento con el objetivo de demostrar que, en eso de la aclimatación de animales, los españoles ya éramos veteranos.

Veamos algunos ejemplos de estos animales aclimatados. En el año 1808, durante el reinado de Carlos IV, se exportaron varios ejemplares de camélidos sudamericanos[10] y fueron llevados a Sanlúcar de Barrameda, localidad de Cádiz, para su aclimatación. Por desgracia, los animales sufrieron un fatal destino: fueron sacrificados por una revuelta popular a raíz de los sucesos

9 La Société ha seguido existiendo hasta nuestros días. Hoy se la conoce como la Société Nationale de Protection de la Nature et d'Acclimatation de France y tiene como objetivo la conservación de la naturaleza.

10 No está claro la especie que eran. Podrían ser llamas o alpacas.

del Motín de Aranjuez. Posteriormente, en 1839, el rey Fernando VII había comprado un rebaño de 100 cabras de Angora por su valiosa lana. Fueron traídas desde Turquía. El mismo monarca también compró años antes, en 1826, un grupo de canguros gigantes (*Macropus giganteus*), cuyos descendientes vivían en Madrid y Sevilla.[11] Además, en la capital de España contaban con la presencia de varios ejemplares de dromedarios que pertenecían a Isabel II y que provenían de las islas Canarias. Por otra parte, la especie era usada como bestia de carga en la provincia de Huelva, gracias a un rebaño que se encontraba en el Coto de Doñana.

Siguiendo el ejemplo francés, en 1859 se creó un jardín zoológico de aclimatación en el Real Jardín Botánico de Madrid. Allí se conseguirían grandes avances en la reproducción de animales como las avestruces, una de las aves que estaba en el punto de mira de la Société; de hecho, Isidore la incluyó en su tratado y se había designado al doctor Louis-André Gosse, delegado en Ginebra, para encontrar la forma de aclimatar la especie en Europa. Este último llegó incluso publicar un libro titulado *Des avantages que présenterait en Algérie la domestication de l'autruche d'Afrique* en 1857. Pero los intentos de los europeos no dieron ningún fruto.

El interés en el ave más grande del mundo no era solo gastronómico, también sus plumas eran muy apreciadas. A lo largo del continente africano, cazadores montados a caballo perseguían avestruces para matarlas y desplumarlas con el fin de abastecer los mercados europeos. Durante la década de 1860 la demanda creció al ponerse de moda entre la aristocracia francesa usarlas, tanto en color natural como teñidas, para adornar sombreros y vestidos. Parte de este comercio se producía a través de la Colonia del Cabo, al sur de África, que se encontraba bajo dominio británico. Es en esta región donde la domesticación del avestruz fue realmente posible.

En la actual Sudáfrica existe una ciudad llamada Oudtshoorn, pero que muchos conocen como «la capital mundial del avestruz». En el año 1864, muchos de sus agricultores se arrojaron a los brazos de una nueva oportunidad de negocios. Dejaron de cultivar

11 En Sevilla concretamente vivían en lo que ahora es el parque de María Luisa, que anteriormente fueron los jardines del palacio de San Telmo.

y arrancaron los árboles de sus fincas para cuidar avestruces. La idea consistía, sencillamente, en no matar la gallina de los huevos de oro. En vez de sacrificar a las aves, se les cortaban las plumas y solo había que esperar a que volvieran a crecer para tener más. Pero existía un problema: ¿cómo conseguir criar a un animal que no estaba domesticado? Uno de los mayores escollos consistía en la incubación de los huevos, aunque esto no tardó en resolverse. Arthur Douglass, un ciudadano de Grahamstown, inventó la incubadora de avestruces en 1869 y todo se precipitó.

Para la década de 1880, la Colonia del Cabo basaba parte de su economía en la exportación de plumas. En importancia solo le superaban el oro, los diamantes y la lana. El *oro blanco* era transportado a Londres, desde donde partía para el resto de Europa y Estados Unidos. Fue en este último lugar donde Edwin Cawston, un hombre de negocios, leyó sobre los grandes beneficios aportados por las avestruces. Así que en 1885 viajó a la Colonia del Cabo para aprender sobre la cría de estas aves y comprar algunos ejemplares. Sin embargo, para proteger el negocio, el Gobierno había impuesto aranceles para la exportación tanto de individuos como de huevos de la especie. Aun así, Edwin consiguió su cometido y embarcó 50 avestruces con destino a Galveston, en Texas,

Paseo en un coche tirado por un avestruz.

que finalmente fueron transportadas en tren a South Pasadena, en California. Durante el largo trayecto solo sobrevivieron 18 de los animales, aunque pronto se convertirían en una población de 100.

Cuando la Cawston Ostrich Farm fue fundada en 1886, la idea de su dueño era lucrarse del comercio de las plumas. Sin embargo, la fuerte competencia sudafricana no se lo puso fácil, por lo que se vio obligado a explotar un valor inesperado: el turismo. La gente de los alrededores de la granja acudía atraída por la curiosidad de ver las enormes aves, que acapararon titulares de prensa y postales. Así que Edwin decidió transformar el lugar en una atracción turística donde la gente podía alimentar avestruces, hacerse una foto con ellas o incluso montarse en un carruaje tirado por estos animales. Por supuesto, también había una tienda donde comprar ropa y sombreros adornados con sus plumas.

Esta historia ilustra lo que podría haber sido un sueño para Isidore y los integrantes de la Société. Pero también muestra cómo algunas especies llegaron a continentes alejados de su hábitat natural gracias al impulso de la economía humana. Desde sus nuevos hogares solo tienen que esperar una oportunidad que los lleve a nuevos ecosistemas. Una catástrofe natural que abra sus jaulas o la quiebra económica de sus dueños les podría servir. El declive del comercio de las plumas de avestruz comenzó alrededor del año 1885, cuando el mercado estaba saturado de ellas.[12]Para 1914, los cambios en la moda habían provocado el cierre de muchas granjas. Tres años antes, Edwin había vendido todas sus granjas, incluida la Cawston Ostrich Farm. En muchos lugares, las aves fueron sacrificadas para intentar vender su carne y sacar algo de beneficios. Hoy en día el ave más grande del mundo no corretea de forma salvaje y descontrolada fuera de África. Tampoco el canguro campa a sus anchas fuera de Australia, ni el tapir lo hace más allá de Sudamérica. Sin embargo, la búsqueda de animales útiles sí catapultó a otras especies que, viviendo historias paralelas, se ganaron el calificativo de invasoras.

---

12 Aun así, las plumas de avestruz continuaron siendo un artículo de lujo durante muchos años; de hecho, la carga más valiosa del *Titanic*, que se hundió en 1912, eran doce cajas de plumas de avestruz valoradas en 2,3 millones de dólares actuales.

Engraved by Rawle, from a drawing by G. Shepherd.

THE CITY OF LONDON TAVERN.

Bishopsgate Street.

Published by J. Asperne, at the Bible. Crown & Constitution. Cornhill, February 1.1809.

CENA EN LA LONDON TAVERN

En el siglo XIX, la London Tavern era el lugar ideal para hacer reuniones selectas. Disponía de un gran comedor, decorado con columnas corintias, donde se podían servir bebidas y comidas mientras se discutían cuestiones políticas y sociales. Por ello, fue el sitio elegido por Richard Owen para organizar una particular cena que anunció como «*the eland dinner*». El 21 de enero de 1859 el famoso paleontólogo reunió a varios comensales con el propósito de degustar un exótico menú. Los platos se habían seleccionado en función de los cuatro puntos cardinales. Un enorme lucio representaba al este, mientras que para el oeste fueron elegidas perdices americanas. El norte estaba encarnado por un ganso y, finalmente, el bocado más esperado era el del sur: una suculenta pata de eland, un tipo de antílope. Entre los presentes, se encontraba Frank Buckland, cirujano y zoólogo inglés, que describe la escena de la siguiente forma:

> *The savoury smell of the roasted beast seemed to have pervaded the naturalist world, for a goodly company were assembled, all eager for the experiment. Professor Owen himself, his scalpel turned into a carving knife, and his gustatory apparatus in full working order.*

Después de quedar satisfechos con la comida, Owen les habló de las bondades de importar animales exóticos y útiles para el Imperio británico. Creía que estaba a punto de instaurarse una nueva época para la historia natural. Otro de los comensales, el zoólogo e ilustrador David William Mitchell, defendió que las perdices americanas se podrían aclimatar a las tierras inglesas, de la misma forma que ya lo habían hecho los faisanes traídos de la India. Embriagados por el sabor a antílope, la imagen de un rebaño de elands correteando por las campiñas de Reino Unido parecía una idea estupenda.

Así que, siguiendo el ejemplo del resto de Europa, el 26 de junio de 1860 se fundaría la British Acclimatisation Society. Entre sus mecenas y socios había duques, marqueses, condes y vizcondes. Pero también personajes de la vida política, religiosa, militar y científica británica. Algunos de los naturalistas que se unieron al proyecto fueron John Gould, el ornitólogo que identificaría los pinzones de Darwin, y Benjamin Waterhouse, famoso por sus esculturas de dinosaurios a tamaño natural. Por supuesto, Frank Buckland también se dejó llevar por los cantos de sirena de la aclimatación. Tanto es así que, en 1861, se convertiría en el secretario de la sociedad.

Merece la pena detenernos un momento para hablar de Buckland. Era hijo de William Buckland, naturalista que describió el primer dinosaurio conocido, el *Megalosaurus*. Su madre, Mary Morland, también destacó en el ámbito académico como recolectora de fósiles e ilustradora. Gracias a este ambiente, se interesó por la medicina y la biología. Desde muy pequeño, le gustaba diseccionar animales y darles algún que otro bocado. Esta afición la copió de su padre, que solía organizar comidas donde se servía carne de avestruz o pastel de ardilla. Pero Frank llevó su gusto por los menús exóticos mucho más allá y se hizo famoso por ofrecer cenas con ingredientes como canguro, elefante, rinoceronte, marsopa o incluso pepinos de mar. Por otra parte, sus creencias religiosas, que le llevaron a posicionarse en contra de las ideas de Darwin, también le sirvieron para justificar los experimentos de aclimatación. Creía que Dios les había dado a los europeos especies útiles que debían ser diseminadas por todo el mundo.

Como se ha comentado anteriormente, en el siglo XIX también estaba bien visto introducir especies consideradas bonitas o curiosas. En este apartado podemos incluir a la ardilla gris (*Sciurus carolinensis*), que se puso de moda durante esos años. A los británicos que habían viajado por el este de América del Norte les pareció que, por su estética, era un fabuloso candidato para añadir a la fauna de su país. La introducción de este animal se produjo en distintas fechas y lugares, pero se considera que la más exitosa ocurrió en 1876. Aquel año, un fabricante de seda llamado Thomas Unett Brocklehurst liberó varios ejemplares en Henbury Hall, una casa de campo que poseía en el condado de Cheshire. La especie siguió siendo importada hasta el año 1937, cuando entró en vigor una orden que prohibía su compra y tenencia, puesto que ya se la consideraba una plaga. Tiempo después, en los años cincuenta, se llegó a ofrecer dos chelines como recompensa por cada cola de ardilla presentada. Sin embargo, el daño ya estaba hecho y su población se había vuelto incontrolable. En 2017 se estimaba que en el país había más de tres millones de ardillas grises.

¿Cuáles son los delitos que se le imputan a la ardilla gris? La especie causa graves daños a los bosques, ya que tiene la costumbre de quitar la corteza de los árboles. Al año, los costes para la silvicultura comercial pueden superar los 10 millones de libras. Además, se sabe que se alimentan de huevos y crías de aves. Pero el principal problema es un efecto colateral de su presencia en los ecosistemas ingleses. El roedor es portador de la viruela de las ardillas. No es una enfermedad peligrosa para los humanos, pero sí para la ardilla roja (*S. vulgaris*), especie nativa de Europa. En Reino Unido, la expansión del virus, junto a la destrucción del hábitat y otros problemas medioambientales, ha supuesto la merma de las poblaciones del animal que muchos consideran casi un símbolo del país. Se calcula que la población de ardillas rojas ronda los 120.000 o 140.000 individuos, y que podría desaparecer del país en veinte años.

Sciurus carolinensis, conocida como ardilla gris, está sobre la valla de un parque. Esta ardilla arbórea del género *Sciurus*, nativa de América del Norte, se ha propagado por todo el mundo [Jan Danek].

Así que la ardilla gris ha pasado de animal adorable a enemigo público de los ingleses; de hecho, uno de los paladines en contra de esta especie es el príncipe Carlos. Desde la organización Red Squirrel Survival Trust ha promovido todo tipo de medidas para salvar a la ardilla roja. Una de ellas consiste en dejar a las americanas sin capacidad de reproducirse. Para ello, se pretenden cebar a las invasoras con Nutella cargada con anticonceptivos. El plan consiste en preparar trampas, con la crema de cacao en el interior, que solo serían accesibles para las ardillas grises y no para otros tipos de animales. Obviamente, solo se usarían en lugares donde no haya ardillas rojas, no vaya a salir el tiro por la culata.

Otras ideas pretenden sacar cierto beneficio de la ardilla gris, a la vez que se hace algo bueno por los ecosistemas. George Monbiot, un activista medioambiental y escritor, opina que los ingleses deberían comerse a las ardillas grises. En agosto de 2015, en el programa *Newsnight* de la BBC, y ataviado con un delantal, se dispuso a convencer a sus compatriotas para que añadieran al invasor en sus menús. Ante los ojos de los espectadores, enseñó a desollar ardillas, cortó sus huesos con un hacha, las doró en la sartén y se la ofreció al presentador con un poco de vino.[13]Monbiot no es el único que aboga por ello. La ardilla gris aparece en la carta de *gastropubs* de Londres y también ha llamado la atención de chefs con estrellas Michelin como Pascal Aussignac. Existen concursos en los que se han presentado platos como ardilla con curri, pastel de ardilla o salchichas de ardilla. Los que la han probado dicen que su carne es dulce, a medio camino entre la de cordero y la de pato. Además, aseguran que es más saludable. Según el United States Department of Agriculture, en cada 100 g de carne de ardilla hay 31 g de proteína y 5 g de grasa. En comparación, 100 g de pollo asado tienen 29 g de proteína y 9 g de grasa. Pero lo que realmente ha calado en la población es una especie de mensaje patriótico: «Si te comes una gris, salvas una roja».

Ahora bien, no todos están de acuerdo con esta visión carnívora y de exterminación. Chris Packham es un famoso naturalista y presentador de televisión que cree que todo esto es una locura.

13 El vídeo, con el título *George Monbiot skins and cooks a squirrel*, puede verse en el canal de YouTube del programa.

En su opinión, actualmente el paraíso natural no existe, por lo que deberíamos aceptar que las especies no nativas son ya parte de los ecosistemas. Por otra parte, otros críticos añaden que la erradicación conlleva un coste muy elevado y que incluso puede ser infructuoso. Para hacer frente al problema, proponen seguir invirtiendo en la solución de los anticonceptivos, el desarrollo de una vacuna contra la viruela de las ardillas o incluso trasladar las poblaciones de ardillas rojas a islas protegidas hasta que todo se normalice. Aunque una de las claves podría estar en la aparición, o mejor dicho reaparición, de un nuevo jugador. La marta (*Martes martes*) es un pequeño carnívoro que desde hace años se había extinguido de Inglaterra y Gales debido a la pérdida de su hábitat, el comercio de pieles y las políticas destinadas a la eliminación de depredadores. Recientemente se está constatando el aumento de su población en Irlanda y en Escocia. Esto podrían ser muy buenas noticias para la ardilla roja, ya que se trata de un peligro al que sabe enfrentarse. Por contra, la ardilla gris no está adaptada a ella y, en los lugares donde se encuentran, acaba en la tripa del mustélido.

Como epílogo para esta historia gris y roja, se añade un matiz negro. Conforme avanzaba la invasión por Reino Unido, las alarmas volvieron a saltar al detectarse un nuevo tipo de ardillas, pero de pelaje negro. Muchos creían que se trataba de una mutación que había surgido en las poblaciones de ardillas grises. Se decía que eran más agresivas, con más testosterona en sus venas, y que acabarían por desplazar a todas. Sin embargo, los estudios genéticos han desmontado el mito. Aunque las ardillas negras pertenecen a la especie *Sciurus carolinensis*, la realidad es que surgieron en América del Norte. Allí, algunas ardillas grises se habrían hibridado con ardillas zorro (*S. niger*). Gracias a este suceso consiguieron una variante de un gen[14] que les confirió un pelaje oscuro y ventaja térmica en los ambientes fríos. Sus descendientes también fueron a zoológicos ingleses y, al escaparse de estos lugares, pudieron expandirse junto a sus hermanas.

14 Para saciar la curiosidad genética, en concreto se trata de un alelo del gen MC1RΔ24.

Una impresionante bandada de *Sturnus vulgaris* en Gretna Green, Escocia, llega a nublar el cielo en el invierno de 2009 [Erni].

Todo sucedió en menos de un minuto. A los seis segundos de despegar del aeropuerto internacional Logan de Boston, el vuelo 375 de Eastern Air Lines se topó con una bandada de 10.000 estorninos. Un puñado de estos animales fueron absorbidos por los motores, que sufrieron graves daños. Mientras se precipitaba hacia las aguas de la bahía de Winthrop, el avión se partió en dos. Diez personas fueron rescatadas por los barcos que se encontraban cerca. Por desgracia, el accidente se cobró la vida de 64 víctimas. Este suceso, ocurrido el 4 de octubre de 1960, es considerado como el mayor accidente relacionado con aves en la historia de la aviación de Estados Unidos.

Los estorninos (*Sturnus vulgaris*) son propios de Eurasia. El motivo por el que aparecen en este capítulo es que su expansión por América del Norte tiene el sello de las sociedades de aclimatación. Sobre todo, están relacionados con una famosa historia sobre especies invasoras. Entre los años 1890 y 1891, varias poblaciones de estas aves fueron liberadas en Central Park de la mano de Eugene Schieffelin, un farmacéutico amante de los pájaros. Al parecer, el motivo para introducirlos fue un criterio literario, que, a ojos de muchos, es bastante surrealista. Eugene quería traer aves europeas y buscó la lista de candidatos entre las obras de Shakespeare. En su literatura el escritor inglés menciona unas 50 especies alrededor de 600 veces. Los estorninos son nombrados en una única ocasión. Concretamente en la obra Enrique IV, en el siguiente pasaje: «… es más, haré que enseñe a un estornino a no decir nada más que "Mortimer" y se lo regalaré al rey para mantener viva su ira».

En la actualidad se calcula que la población de estorninos en Estados Unidos ronda los 200 millones. Su principal impacto económico lo sufren los agricultores, que afrontan pérdidas millonarias. Se dice que, en un día, una bandada de estas aves podría engullir 20 toneladas de patatas. Además, compiten con los pájaros nativos y estarían relacionadas con enfermedades como la histoplasmosis y la toxoplasmosis. Estos han sido motivos más que suficientes para desplegar toda una batería de medidas contra ellos. Se han utilizado aves artificiales y reales para espantarlas. El Capitolio se blindó con alambres electrificados y en la Casa Blanca se emitieron llamadas de alarma de la propia especie, para ver si así se asustaban. En la década de 1960 se les sirvió comida envenenada, lo que causó la muerte de millones de estorninos. Incluso se ideó usar cobalto-60, un isótopo radiactivo, para frenar la plaga. El plan consistía en poner el material radiactivo al lado de sitios habilitados para que las aves fueran a comer. Así, mientras se daban un festín, sufrirían los efectos de la irradiación. La medida no se llegó a poner en marcha, pero se realizó un experimento con 160 ejemplares con el fin de conocer la dosis requerida para matar a un estornino.[15]

Pero, antes de cargar todas las culpas y las facturas a Eugene, conviene ampliar el marco de esta historia. Nuestro protagonista fue el presidente de la American Acclimatization Society, fundada en 1871 y cuyos objetivos, que a estas alturas no nos deben sorprender, eran la importación de especies por motivos económicos y culturales. En esta lista de deseos entraban las aves europeas como el gorrión (*Passer domesticus*), el mirlo (*Turdus merula*), el pinzón vulgar (*Fringilla coelebs*), la alondra (*Alauda arvensis*), el carbonero común (*Parus major*), el zorzal negro (*Turdus serranus*), el pardillo común (*Linaria cannabina*) y, por supuesto, el estornino. Algunos de estos animales, además de por su canto o su relación con Europa, eran vistos como buenos candidatos para controlar las plagas de insectos que azotaban a la agricultura del país. William Cullen Bryant, poeta estadounidense, lo resume muy bien en su poema *The Old-World Sparrow* publicado en 1869. Sus versos, inspirados tras la suelta de gorriones por parte de Eugene, son una alabanza al supuesto papel que realizaría el pequeño animal y celebra que: «*The Old-World Sparrow at last is here*».

Así que la buena prensa de los gorriones también los llevó al Nuevo Mundo. En las décadas de 1850 y 1860, fueron liberados en New York, Portland, Boston y Filadelfia, entre otras ciudades. Para 1898 solo seis de los estados del país, uno de ellos Alaska,

15 Los resultados del experimento aparecieron publicados en la revista *American Association of Avian Pathologists* en el año 1964, con el nombre *The Effect of Cobalt-60 on Starlings (Sturnus vulgaris vulgaris).*

estaban libres de gorriones. En Ohio, la Acclimatization Society of Cincinnati se gastó unos 9000 dólares, entre los años 1872 y 1874, para comprar cerca de 4000 aves europeas de 20 especies distintas. Mientras que la Society for the Introduction of European Songbirds, creada en Oregón, invirtió 2000 dólares para el mismo cometido en el año 1888. Estas introducciones fracasaron en múltiples ocasiones, pero que se produjeran durante tantas veces y en diferentes partes de la geografía de Estados Unidos aumentó notablemente la probabilidad de éxito.

Gracias a la idea del control de plagas y la añoranza por la fauna europea, estas especies pudieron desplegar sus alas en los cielos de gran parte del mundo. De la mano de Edward Wilson, personaje del que hablaremos en el capítulo IX, llegaron a la colonia australiana aves como el pavo real, el faisán, el cisne y, nuevamente, el estornino. Cecil Rhodes, que sería el fundador de la desaparecida Rodesia, introdujo a los estorninos en Sudáfrica en 1897, para hacer que el Cabo fuera más cómodo y diverso. Como si fuera de una idea de ida y vuelta, inspirado por la suelta de gorriones en Cuba, el militar y político español Francisco Serrano, miembro de la Société[16], liberó en sus terrenos de Arjona, en Jaen, algunos ejemplares de palomas silvestres cubanas.

Gorriones, estorninos y otras especies también acabaron en Nueva Zelanda, gracias a la gestión de organizaciones como la Nelson Acclimatization Society. Cuando fue evidente el problema que habían generado, la Otago Acclimatization Society quiso arreglarlo con otra ave europea. Entre los años 1906 y 1911, requirieron los servicios del mochuelo común (*Athene noctua*) para dar caza a las plagas de pájaros que ya no embellecían los bosques neozelandeses. Por supuesto, el remedio fue peor que la enfermedad, puesto que la pequeña ave rapaz también se dio un festín con las aves nativas.[17] En aquella época, en Reino Unido también sucedía algo parecido con esa misma especie. Un artículo publi-

16 Durante su etapa como capitán general de la isla de Cuba, Francisco Serrano mandó animales exóticos a Graells, desde mamíferos hasta cocodrilos.

17 Otra de las medidas llevadas a cabo por la Otago Acclimatization Society fue dar recompensas por la caza de aves rapaces y martines pescadores nativos de Nueva Zelanda, ya que identificaron a estos depredadores como una amenaza para las especies que pretendían introducir.

cado en *The Times*, en el año 1919, se hizo eco de las preocupaciones por la expansión del mochuelo, ya que muchos lo consideraban una plaga que afectaba a las aves de corral y a la caza. A pesar de ser un animal propio de Europa, Asia central y norte de África, había desaparecido de las islas británicas tras la última glaciación. Se cree que la razón de su regreso se debe a Thomas Powys, aristócrata y ornitólogo británico. Entre sus propiedades se encontraba una amplia colección de especies vivas de todo el mundo, que incluía al ñandú, el kiwi y el quebrantahuesos. Su pasión por los pájaros le llevó a introducir, en la década de 1880, al mochuelo común en Reino Unido.

Sería injusto acabar este capítulo sin mencionar que no todo el mundo se dejó llevar por la fiebre de la aclimatación. Una de las voces que se alzaron en contra de estas ideas fue la de Theodore Sherman Palmer. Este zoólogo estadounidense es conocido por ser uno de los impulsores de las leyes para la protección de aves migratorias. En el año 1893 publicó un ensayo con un título bastante directo, *The Dangers of Introducing Noxious Animals and Birds*, en cuyas primeras líneas se expresa de la siguiente forma:

> *Acclimatization of plants and animals has attracted attention in all parts of the world. Useful or curious species have been introduced from one country to another with varying degrees of success; some have failed while others have become acclimated, and occasionally have increased to such an extent as to usurp the places of native species.*

Palmer tenía claro los efectos negativos, tanto medioambientales como económicos, que supondrían los experimentos de aclimatación. Incluso propuso la creación de leyes para impedir la importación de ciertas especies. Por desgracia, sus palabras y las de otras personas no fueron tenidas en cuenta.

III. EL NEGOCIO DE CONRAD LODDIGES

DARWIN Y LAS *MONKEY FLOWERS*

Joseph Hooker acababa de recibir una carta de Charles Darwin. En ella, el naturalista le transmite su preocupación por la salud de la madre de su amigo, le pasa la dirección de un conocido de Brasil, habla sobre la novela *Mary Barton* y le pide un favor. Junto a la correspondencia, envía el ejemplar de una planta que necesita identificar. Se trata de una especie de *Mimulus*, un tipo de *monkey flowers,* pero el viverista al que había comprado las semillas solo le indicó que vendía variedades mixtas. No era un capricho botánico de Charles, ya que se encontraba haciendo experimentos con ella, por lo que conocer el nombre concreto era importante para cualquier cuestión científica. Además de un gran amigo de Darwin, Joseph era botánico y director del Royal Botanic Gardens Kew, así que era la persona más indicada para ello. La misteriosa planta fue identificada como *Mimulus luteus*. Tres años después, el 13 de junio de 1870, recibió otra nota con una nueva petición. Darwin necesitaba semillas de *Iberis amara*, *Nolana prostrata*, *Hibiscus africanus, Canna warzewizi y Mimulus luteus* para continuar sus investigaciones. En el mismo papel, el botánico escribió: «*A little of each is enough*».

DR. HOOKER COLLECTING PLANTS IN THE SIKKIM HIMALAYAS.

From a picture by the late Frank Stone, A.R.A.

Sir Joseph Dalton Hooker. Grabado en madera por Butterworth & Heath según F. Stone [Wellcome Library].

Además de su famosa obra, el padre de la evolución escribió muchos otros libros y artículos. Entre ellos vamos a mencionar *The Effects of Cross and Self Fertilisation in the Vegetable Kingdom*, publicado en 1876. Se trata de una obra donde explica una serie de experimentos, centrado en la reproducción de las plantas, en los que había estado trabajando durante algunos años. Concretamente, analizó la fertilización cruzada[18] y la autofecundación de 60 especies botánicas. Sus resultados más interesantes son la demostración de los efectos negativos de la endogamia, que daban lugar a individuos inviables o con crecimientos anómalos. Entre las especies estudiadas se encontraba *M. luteus*, que, al ser autofecundadas, generaron una variedad de flores más grandes y de mayor altura. Hoy en día, las especies del género *Mimulus* son usadas como organismos modelo para estudios genéticos, ecológicos y de evolución.

Pero, como ya habrás imaginado, estas plantas no tienen nada que ver con la flora nativa de Reino Unido. El gusto por sus flores nos ha llevado a cultivarlas, además de seleccionar variedades para decorar nuestros jardines. El género de las *monkey flowers* comprende alrededor de 150 especies, que en su mayoría se distribuyen por Norteamérica. Un puñado de ellas han dado un salto de gigante y se las puede encontrar en ecosistemas de Europa o en otros puntos de la Tierra. Esto es lo que ha sucedido con *M. luteus*, que proviene de Sudamérica, y con una prima suya, *M. guttatus*. Ambas han sido importadas y vendidas en el negocio de las flores desde el siglo XIX.

Debido a la cercanía evolutiva de las dos especies, en los campos de Reino Unido podemos encontrar ejemplares híbridos que producen semillas estériles. Sin embargo, tienen una amplia distribución en el país gracias a que juegan con una ventaja vegetal: la reproducción asexual. Esta estrategia les permite crear clones para expandirse. Es en este punto donde actuó la magia de la evolución. En julio de 2012 se anunció en la revista *PhytoKeys* el descubrimiento de una nueva especie: *Mimulus peregrinus*.[19] El bió-

---

18 La fertilización cruzada se refiere a que la planta es fertilizada por el polen de otra planta.

19 *Mimulus peregrinus* fue descrito a la vez que se hacía una reordenación taxonómica del grupo. Tras ello, se decidió que las especies de *Mimulus* protagonistas de esta historia pasaban a formar parte del género *Erythranthe*.

Sello impreso en Rumania ilustrado con *Mimulus Luteus*, 1971 [Solodov Alexei].

logo evolutivo Mario Vallejo Marín, de la Universidad de Stirling, la había encontrado en la localidad de Lowther Hills, Escocia. En la publicación científica se defendía que *M. peregrinus* procedía de una hibridación entre *M. guttatus* y *M. luteus*. Las características genéticas y morfológicas de las dos especies invasoras eran apreciables en la recién descrita, por lo que estas serían sus ancestros.

La clave de esta historia se encuentra en la alopoliploidización o proceso de creación de un alopoliploide. Vayamos por partes, para no perdernos. Una especie poliploide es aquella que tiene tres o más juegos completos de cromosomas. Si los genomas proceden de la misma especie, la llamaremos autopoliploide. Sin embargo, si son de distintas especies, será un alopoliploide. Este segundo caso es el de *Mimulus peregrinus*. Una vez que ya tenemos el alopoliploide, faltaría dar el siguiente paso. La mayoría de las veces estos individuos híbridos son estériles. Pero dentro de las plantas angiospermas el fenómeno puede ir un poco más allá. Si el material genético se duplica en las células germinales, podría aparecer una descendencia completamente fértil y, *voilà*, una nueva especie.[20]

Se calcula que *Mimulus peregrinus* tendría solo entre 140 y 150 años de existencia. Podríamos decir que es una especie que ha empezado a gatear hace poco. Sin duda, un caso que habría emocionado a Darwin. Pero aún hay más sorpresas. Dos años después de descubrir la población de Lowther Hills, Vallejo halló otra en las islas Orcadas, un archipiélago al norte de Escocia. Los estudios genéticos confirmaron que ambas poblaciones procedían de híbridos similares, pero habían evolucionado de forma independiente. Es decir, el suceso había ocurrido dos veces por vías diferentes.

Paradojas de la biología: *Mimulus peregrinus* podría considerarse una especie endémica de la flora escocesa, que proviene de dos exóticas. Pero, además, este caso ilustra una preocupante realidad con respecto a las especies invasoras vegetales: cuando la hibridación origina una descendencia fértil, pueden aparecer individuos con adaptaciones de varias líneas evolutivas, es decir, que juegan con mejores cartas para culminar la invasión. Como veremos en este capítulo y en el siguiente, esto no es un fenómeno anecdótico.

20 En el artículo de Vallejo se identifica al híbrido *Mimulus x robertsii* como posible origen de la especie.

John Bartram (1699-1777) inició el primer y más famoso jardín botánico de Estados Unidos en el río Schuylkill, justo debajo de Filadelfia. Aclamado como «el padre de la botánica estadounidense», Bartram envió más de 320 especies de plantas a Inglaterra. En 1759 Bartram envió este plano de su jardín al comerciante londinense Peter Collinson [The Right Hon. Conde de Derby].

CAZADORES DE PLANTAS

En el siglo XVI la botánica no tenía muchos fans. Las plantas solo eran interesantes para algunos médicos y clérigos. Por ejemplo, en Inglaterra apenas se cultivaban una treintena de árboles y arbustos exóticos. Pero para el siglo XVIII esta realidad comenzó a cambiar debido al contagio entre la aristocracia de la moda vegetal, impulsada por los avances científicos y también por una economía cada vez más global. El gusto por las plantas ornamentales y útiles generó una fiebre comparable al interés por aclimatar animales, con defensores como Thomas Jefferson. El tercer presidente de los Estados Unidos llegó a asegurar que el mejor servicio que se puede prestar a cualquier país era añadir una planta útil a su cultura. Debido a esta mentalidad, se inició un trasiego de especies que prosigue hasta nuestros días. El mérito de llenar los jardines con flores, arbustos y árboles de todos los rincones del planeta se debe al negocio de los viveristas y a sus cazadores de plantas.

En el siglo XVIII los ojos de los botánicos estaban puestos en regiones inexploradas como América del Norte, lugares que prometían esconder especies de plantas desconocidas para la ciencia. Esta frontera fue investigada por personas como John Bartram, al que podríamos definir como un *influencer* de su época. Sus coetáneos le tenían en tan buena estima que fue descrito como el mejor botánico del mundo por académicos de la talla de Carl von Linné. Residía en la colonia de Pensilvania y desde el año 1733 se había asociado con Peter Collinson, un comerciante de telas inglés que amaba la jardinería. La relación entre estos dos personajes se podría definir de la siguiente manera: Bartram buscaba semillas en las colonias británicas en América y luego las enviaba a la residencia de Collinson en Gran Bretaña; una vez allí, se repartían entre clientes que eran coleccionistas y científicos. Como si se tratara de un *unboxing*, en Europa se esperaban con ilusión la llegada de estos envíos, que eran conocidos como las *Bartram's boxes*. Estas cajas podían traer cien o más tipos de semillas y, en ocasiones, plantas secas o curiosidades de historia natural. También se realizaban envíos de plantas vivas, pero, dado que resultaba un proceso difícil y costoso, eran exclusivas para miembros VIP. Gracias a esta ruta,

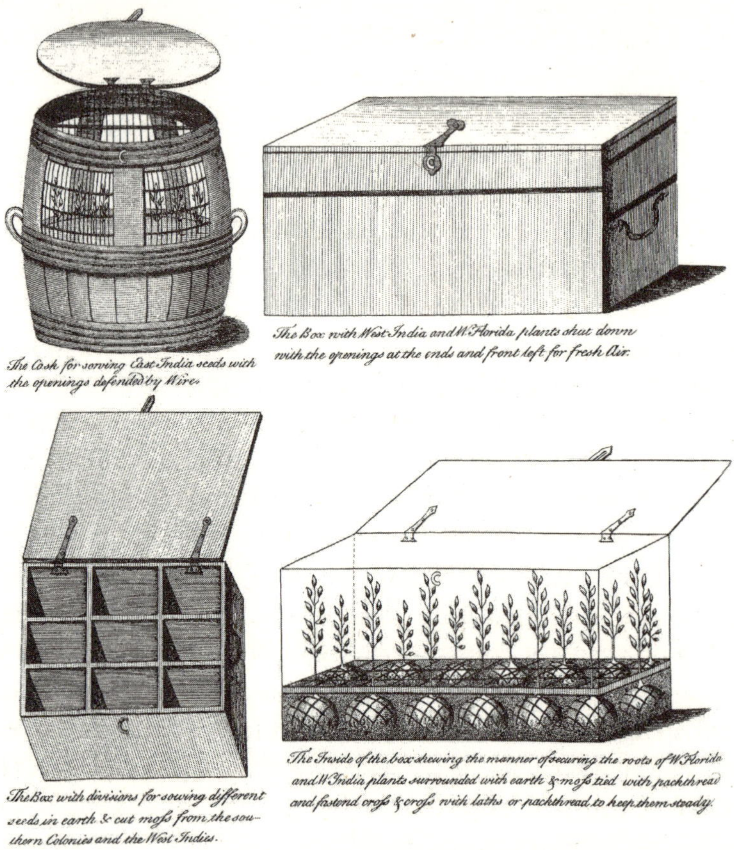

un gran número de flores y árboles de América del Norte pudieron ser cultivados en los jardines europeos. Entre ellas se encuentran varias especies de *Rhododendron*. Las plantas de este género van a ser las protagonistas vegetales de este episodio y les vamos a seguir la pista para rastrear la historia de los cazadores de plantas. Concretamente, Bartram fue el responsable de la introducción de *R. canescens*, *R. nudiflorum*, *R. viscosum* y, en 1736, *R. maximum*. De todas ellas, solo tienes que recordar el nombre de la última.

Avancemos un poco más, sin salirnos del siglo XVIII, para conocer ahora a Joachim Conrad Loddiges. Inmigrante de los Países Bajos, en la década de 1770 se había establecido en Londres, donde ejerció como jardinero. Pero Joachim tenía en mente algo mucho más ambicioso que cuidar plantas: comerciar con sus semillas. Un conocido suyo, Johann Busch, había iniciado una empresa viverista y estaba interesado en cederle el negocio con todos sus clientes y contactos. No era una mala oferta, ya que la agenda de Busch debía ser bastante suculenta. Había sido nombrado jardinero principal de la emperatriz Catalina la Grande de Rusia. Además, era una de las personas que recibían las *Bartram's boxes*. Realmente, se le había presentado una buena oportunidad para entrar en el negocio.

Una parte importante del trabajo de Conrad Loddiges consistía en escribir a personas de todo el mundo solicitando el envío de semillas. Que Gran Bretaña tuviera colonias en todos los continentes también ayudaba bastante. Aunque siempre se estaba sujeto a la geopolítica de la época, que podía complicar el descubrimiento de nuevas especies. Entre los años 1756 y 1763, ingleses y franceses se habían enfrentado en la Guerra de los Siete Años por el control de los territorios en América del Norte. El Gobierno británico pasó la factura del conflicto bélico a las colonias que tenía en esta región y, como consecuencia, les subió los impuestos. Esto originó el conocido como Motín del Té en 1773 y, dos años después, el estallido de la Guerra de Independencia de los Estados Unidos.[21] Pero, mientras el mundo veía el nacimiento de una nueva nación, las semillas nutrían y hacían florecer el proyecto de Joachim. Tanto es así que en 1777 se publicó el primer catálogo del vivero Conrad Loddiges.

Son muchas las plantas cuya historia está relacionada con Conrad Loddiges, pero aquí vamos a centrarnos en el rododendro de la especie *R. ponticum*, otro nombre que debes recordar. Esta especie desapareció de las islas británicas y de gran parte de Europa tras el final de la última glaciación, quedándose como flora relicta en el sur de la península ibérica y Turquía. Sin embargo, su situación cambió cuando los cazadores de plantas se interesaron en ella. Gracias a su valor como planta ornamental, la especie ha sido cultivada en los jardines ingleses desde hace más de 240 años. Como podrás imaginar, actualmente es considerada una invasora debido a sus impactos ambientales y económicos.

---

21 Para saciar la curiosidad histórica, las colonias que se revelaron fueron 13: Massachusetts, New Hampshire, New York, Rhode Island, Connecticut, Pennsylvania, New Jersey, Maryland, Delaware, Virginia, Carolina del Norte, Carolina del Sur y Georgia.

No se conoce la fecha exacta de la introducción de *R. ponticum*, pero muchos apuntan al año 1763. Se cree que, en este año, mucho antes de montar su negocio, Conrad Loddiges le vendió la primera planta a Charles Watson-Wentworth, segundo marqués de Rockingham. Sus flores rosas cautivaron a los ingleses, que le abrieron las puertas de sus jardines. En el año 1768 ya formaba parte del Royal Botanic Gardens Kew y, para el año 1793, era un producto habitual en muchos catálogos de viveros. Un ejemplar podía comprarse por el precio de 7 chelines y 6 peniques. Pero para el siglo XIX era tan común que se vendían por centenas con la etiqueta de «rododendros baratos». La especie también se hizo popular gracias a quienes disfrutaban de la caza. Con el fin de favorecer las condiciones y el refugio para los animales, *R. ponticum* fue sembrada a gran escala en los campos. Todo un golpe de suerte para la especie que no tardó en naturalizarse. A mediados del siglo XIX los rododendros ya se reproducían por sí mismos y crecían a miles en algunos bosques ingleses.

Pero no todo fueron buenas noticias para *R. ponticum*. Durante el siglo XIX sucedieron una serie de duras heladas que se cebaron con la bella planta. La poco amable meteorología obligó a los viveristas a buscar variedades más resistentes, así que se realizaron experimentos con plantas sembradas a la intemperie para que demostraran su valía. En este punto el papel de los cazadores de plantas resultó vital. Habían suministrado al mercado con especies nuevas que sirvieron para crear híbridos con mejores cualidades. Es aquí donde entra otro nombre que debes recordar: *R. catawbiense*.

Rhododendron ponticum [Ruki Media].

Esta parte de la historia requiere que regresemos al siglo XVIII para conocer a otro John. Escocés de nacimiento, John Fraser se dedicaba al negocio de las telas en Londres. Pero esta faceta no debía ser muy motivadora, por lo que decidió abandonarla para perseguir plantas por el mundo. Su primer destino para buscar riquezas botánicas fue Terranova, en 1780. Tres años después, volvería a viajar a Norteamérica. Por aquel entonces, la guerra entre Gran Bretaña y las treces colonias sublevadas había terminado. Tras la firma del Tratado de París, las potencias europeas reconocieron a Estados Unidos como un país independiente y es a este lugar donde Fraser se dirigió. Lo haría en compañía de su hijo mayor, John Jr, que le seguiría en múltiples exploraciones para encontrar nuevas plantas para la ciencia y el comercio viverista.

En esa primera ocasión, centraron sus esfuerzos en el sur de Estados Unidos, concretamente en Carolina del Sur. Pero los frutos de la expedición se vieron truncados en 1785 por un golpe típico del negocio: las plantas que habían mandado a Gran Bretaña estaban todas muertas y las que quedaban no servían para la venta. Ese mismo año volvieron a intentarlo y se dirigieron al sur de los Apalaches, al mismo tiempo que se producía una guerra entre el pueblo *cherokee* y el país recién fundado. En 1789 llegaron a Roan Mountain, en el actual Tennessee, donde se internaron en un profundo bosque de abetos. Allí encontraron ecosistemas dominados por una nueva especie de rododendro, que fue bautizada como *R. catawbiense*. De esta forma, la especie consiguió un billete para llegar a Europa.

Tras estos viajes, Fraser continuó ampliando su negocio. En 1795 se encontraba en San Petersburgo para vender plantas a la emperatriz Catalina. De allí volvería en 1798 con el título de recolector botánico de Pablo I, el emperador de Rusia. Al año siguiente, los *cazadores de plantas imperiales* regresaron a Estados Unidos para indagar en la botánica de Kentucky, Tennessee y Georgia. Poco después se dirigieron a Cuba, aunque durante el trayecto tuvieron que sobrevivir a un naufragio. Sus tiempos como aventurero se terminaron en 1807, cuando tras otra visita a tierras americanas se cayó de un caballo y se rompió varias costillas. Aun así, continuó con su negocio desde Reino Unido.

Portada del libro de Luke Keogh *The Wardian Case: How a Simple Box Moved Plants and Changed the World.*

JAPÓN, LA ÚLTIMA FRONTERA

Durante el siglo XIX, el comercio de plantas fue impulsado por un nuevo invento: las cajas de Ward. Hasta su aparición, la forma más fácil de trasladar plantas desde lugares alejados del planeta consistía en usar sus semillas, bulbos o cualquier otra cosa parecida. Gracias a estas estructuras de resistencia naturales, muchas especies salvaron los océanos del mundo en cajas y bolsillos de aventureros. Para desgracia de los viveristas, esta opción no siempre era viable.

Todo cambió gracias a una casualidad que ocurrió mientras Nathaniel Bagshaw Ward se dedicaba a una de sus aficiones. Este médico inglés solía guardar capullos de polillas en botellas selladas. Un día observó que, en una de ellas, había crecido una pequeña planta. Pasado el tiempo, la prisionera llegó incluso a florecer. Con este suceso en mente, habló con un carpintero para que construyese unas cajas de madera y vidrio, las cuales debían estar cerradas de forma hermética. De esta forma, la condensación las mantendría hidratadas y podrían ser transportadas vivas, protegidas de las inclemencias del tiempo. La primera prueba consistió en un viaje de ida y vuelta entre Reino Unido y Australia. Fue todo un éxito, con ejemplares de la flora británica y australiana surcando los mares. En 1842, Nathaniel publicó el libro *On the Growth of Plants in Closely Glazed Cases*, en el que daba a conocer las cajas de Ward. El mundo se llenó de cosmonautas vegetales viajando hacia nuevos continentes.

Sin embargo, la continua exploración y los avances científicos tenían una consecuencia: ecosistemas como los de América del Norte aportaban cada vez menos especies nuevas. Por ello, los cazadores de plantas centraron su atención en Asia. Durante el siglo XIX se descubrieron muchos otros tipos de rododendros. Entre 1849 y 1850, Joseph Hooker, el gran amigo de Darwin, realizó una expedición a los límites de la colonia británica en la India. En la región de Sikkim, en el Himalaya oriental, fue el primer europeo en recolectar plantas de aquel lugar. Entre ellas encontró nada más y nada menos que cuarenta y cinco nuevas especies de rododendros. Las semillas de estas plantas fueron enviadas a Reino Unido, donde el negocio de los viveros seguía creciendo y engrosando sus catálogos.

Uno de los hombres de negocios de aquella época fue James Veitch, que fundó la Veitch Nurseries de Exeter alrededor de 1808. En la década de 1830 deseaba tener su propio cazador de plantas, con el fin de ofrecer productos exclusivos. Tras consultar a William Hooker, padre Joseph y por aquel entonces director del Royal Botanic Gardens Kew, sobre el mejor lugar donde buscar nuevas especies, puso su mirada en el mapa de Sudamérica. En ese momento solo necesitaba un cazador de plantas que cruzara el Atlántico y estuviera dispuesto a explorar aquellas tierras. La persona que aceptase aquel trabajo tendría que garantizar la exclusividad de las plantas de Veitch; es decir, nada de vender a viveros de la competencia. Contactó con Thomas Lobb, un recolector al que conocía, y este le dio muy buenas referencias de su hermano, William Lobb. James se convenció de que era la persona idónea y dispuso los planes para la misión de su cazador. A fin de que no le faltase de nada, le asignó unas 400 libras anuales para sus gastos a lo largo del mundo. El 7 de noviembre de 1840, William Lobb embarcó en el *HM Packet Seagull* para su primer destino: Río de Janeiro. Con él llevaba un regalo de Veitch para Pedro II, el emperador de Brasil. Se trataba de semillas de rododendros híbridos, que habían sido creadas tras cruzar *Rhododendron arboreum* y *R. ponticum.*

Nueve años después, William Lobb fue enviado a América del Norte, donde el territorio de Estados Unidos no había dejado de crecer hacia el oeste desde su creación.[22] Tras la guerra contra México, entre 1846 y 1848, el país acaba de anexionarse Colorado, Utah, Nevada, Nuevo México, Arizona y California. En este este último estado desembarcó William, en plena fiebre del oro. Pero nuestro protagonista buscaba otro tipo de riquezas: semillas de árboles y arbustos. En la región de Monterrey halló una nueva especie de rododendro, *R. occidentale*, el cual también serviría para crear variedades híbridas. Además, durante su estancia en esta región, recolectó ejemplares de *R. macrophyllum*, descubier-

22 En 1803, Thomas Jefferson había comprado los territorios de Luisiana a Napoleón Bonaparte. Para 1810, España les vendió Florida y anexionaron Indiana tras ganar los conflictos con los nativos. Para 1845 se añadiría Texas y un año después el territorio sur de Oregón. El resto del oeste entraría a formar parte de Estados Unidos tras la Guerra de México. En 1867 los rusos les vendieron Alaska y en 1889 fue el turno de Hawái.

tos en 1792. Medio siglo después, William empaquetó sus semillas y las envió a Europa, lo que impulsó su dispersión por el mundo. Por otra parte, su hermano también aportó nuevas especies de rododendros a los jardines británicos. En países como Birmania, Tailandia e Indochina halló *R. veitchianum*, *R. malayanum*, *R. brookeanum* o *R. javanicum*.

De la misma forma que se agotan las minas, la fiebre botánica hizo que la flora de muchas regiones dejase de ser novedosa. La última frontera o promesa de tierras incógnitas se abrió en 1858, cuando Japón se vio forzado a firmar el Tratado de Amistad o Tratado Harris. El país había estado cerrado al mundo desde el año 1600, cuando el *shogun* Tokugawa Ieyasu instauró el shogunato Tokugawa. Este fue un gobierno militar que prohibió a los extranjeros pisar las tierras sagradas niponas. Uno de los únicos puntos de encuentro con las otras naciones se encontraba en la isla artificial de Dejima, una suerte de emplazamiento de apenas 120 metros de largo por 75 de ancho, conectado con el resto de Japón por un puente bien vigilado. Allí vivían las delegaciones diplomáticas y comerciales de los Países Bajos y de China exclusivamente. Ninguna otra nación estaba autorizada a ello. Por eso todo lo relativo a la tierra de los samuráis estaba envuelto en un halo de misterio y, sobre todo, desconocimiento. Por supuesto, la información sobre su flora y fauna era también limitada. Pero lo poco que había trascendido era prometedor. Por ejemplo, se sabía que en Japón se cultivaban rododendros desde hacía siglos, tanto especies que provenían de China como nativas. Así aparecía reflejado en las obras del naturalista alemán Engelbert Kaempfer, que a finales del siglo XVII vivió durante dos años en Japón. De allí volvería como el primer científico europeo en describir el famoso *Ginkgo biloba*, además de dar a conocer muchas especies de la flora japonesa.

En el planeta que se estaba dibujando durante el siglo XIX, el aislamiento de Japón tenía sus días contados. Antes de que el mundo moderno pusiera sus ojos sobre estas tierras, ya lo había hecho en China. Las guerras del opio enfrentaron al país asiático con potencias como Reino Unido y Francia, lo que dio como resultado la apertura al comercio exterior de los puertos chinos, aunque a regañadientes. Este ejemplo rondaba las cabezas de los *shogun* y las élites japonesas, que se preguntaron cuándo les tocaría a ellos. Esta preocupación se materializó en 1852, año en el que partió de Estados Unidos una expedición de barcos comandada por el militar Matthew Perry. Su objetivo, encomendado por el Gobierno americano, era forzar la apertura de los puertos japoneses para el comercio exterior. De esta forma, esperaban poder acceder a sus reservas de carbón, tener puertos seguros para sus balleneros y garantizar un sitio de paso hacia China. Además de llevar la civilización occidental a una nación que consideraban atrasada.

Fue al *shogun* Tokugawa Ieyoshi a quien le tocó recibir en el año 1853 a la expedición de Perry en Edo, actual Tokio, mientras sus paisanos se debatían entre abrir la nación o rechazar a los extranjeros. Ese mismo año, Ieyoshi caería enfermo y moriría. El mando pasaría a Tokugawa Iesada. Por aquel entonces, Townsend Harris, comerciante y político, había sido enviado por Estados Unidos para tratar la parte comercial. Así, en 1858 se firmaría el Tratado Harris, que obligaba a Japón a abrir los puertos de varias ciudades, entre ellas Edo. Además, debían permitir la residencia de extranjeros, con los cónsules a la cabeza, y su libertad religiosa en territorio nipón. Después de este tratado, llegaron otros con países como Rusia, Francia, Reino Unido y Países Bajos. Al tiempo que se producía la apertura, también tuvo lugar el fallecimiento de Iesada, al que le sucedió Tokugawa Iemochi, que también moriría en 1866. El último *shogun* fue Tokugawa Yoshinobu, el cual apenas duró un año en el poder. Para frenar una guerra civil, Yoshinobu entregó el poder al emperador Meiji el 9 de noviembre de 1867. De esta forma, Japón se internó en la modernización, mientras que comerciantes de todo tipo y cazadores de plantas se lanzaban a la búsqueda de nuevas oportunidades.

Una de las personas que desembarcaron en el Japón de 1858 fue *sir* Rutherford Alcock. Tras la apertura, el Gobierno británico le había asignado el papel de cónsul general en tierras niponas. Esta labor no iba a ser una tarea fácil. Durante la estancia en Japón, su intérprete sería asesinado por contrarios a los extranjeros e incluso tendrían que repeler un ataque de un grupo de rōnin. A pesar de todo, Alcock aprovechó su posición diplomática para satisfacer su curiosidad botánica. Actuó como corresponsal de William Hooker, al que enviaba las nuevas plantas que iba encontrando. También ayudó a los cazadores de plantas que se atrevían a explorar la tierra de los samuráis. Uno de ellos fue Robert Fortune, un recolector inglés que saltó a la fama después de su estancia en China. Durante la década de 1840, después del Tratado de Nanking,[23] Fortune se había infiltrado en el país asiático disfrazado como un comerciante local. Su propósito era descubrir el secreto de la siembra del té y robar ejemplares de la valiosa planta. La pericia fue posible gracias a las cajas de Ward, en cuyo interior mandó miles de plantas de té con destino a la India, lugar donde los ingleses establecieron su cultivo. Después de esto, Fortune había llegado a Japón con la misión de encontrar plantas del té, pero en esta ocasión actuaba por encargo de la Oficina de Patentes de los Estados Unidos.

Alcock también recibió la visita de John Gould Veitch, bisnieto de James Veitch, el cual había heredado el negocio. En septiembre de 1860, ambos participaron en la expedición al monte Fuji, lugar donde no había estado ningún europeo. Este proyecto tuvo una gran importancia diplomática, ya que pretendía demostrar que un extranjero podría viajar por el interior de Japón sin ningún problema. En el trayecto, pasaron por caminos que, siglos antes, Kaempfer había tenido que transitar de forma clandestina. Pero la expedición también sirvió de excusa para buscar plantas. La flora de la región interior de Japón resultaba muy interesante para los viveristas, pues crecían en climas parecidos a los de Reino Unido. Durante la exploración de aquellas montañas, se descubrieron varias especies de árboles[24] que se destinaron a embellecer los jardines británicos gracias a su entereza a la hora de encajar los inviernos.

---

23 Después de la primera Guerra del Opio, China tuvo que firmar el Tratado de Nanking, el cual le obligaba a abrir sus puertos al comercio extranjero.

24 Entre ellas varias especies de coníferas como *Abies alcoquiana, A. veitchii, A. leptolepis* y *A. tsuga.*

Grabado en madera japonés de Perry (centro) y otros marineros estadounidenses de alto rango [Biblioteca del Congreso].

Lonicera morrowii [Alina Kuptsova].

Ahora bien, ¿qué pasa con los rododendros cuyos nombres debías recordar? En 2011 se publicó un trabajo científico donde se aseguraba que las plantas de *Rhododendron ponticum* invasoras en Reino Unido ocultaban un preocupante secreto. Cuando se estudian sus características morfológicas, los botánicos ven en ellas rasgos de otras especies: el pedicelo y pequeños detalles de las hojas lo han sacado de *R. catawbiense*; el cáliz más grande recuerda a *R. maximum*. Además, los estudios genéticos habían demostrado que existe cierta similitud genética, al menos con *R. catawbiense*. Partiendo de ello, se propuso que la hibridación de los rododendros generó unas plantas con más poder invasor. Las bautizaron como *R. x superponticum* y los ríos de tinta corrieron. Otros expertos consideran que no hay motivos para la alarma, ya que la aportación genética parece escasa. A lo sumo, tienen un 5% de *R. catawbiense* y no está demostrado que estos genes les vayan a conferir ventajas. Lo que sí está claro es que, gracias a la mano humana, parte del linaje americano corre por la savia de los *R. ponticum* británicos.

Pero el comercio de plantas a lo largo de todo el mundo ha generado gran cantidad de híbridos, en algunos casos ocasionando episodios bastante curiosos. Volvamos a la expedición de Perry que convulsionó Japón, donde viajaba James Morrow como experto agrícola asignado por Estados Unidos. Durante su estancia en el país, recolectó varios ejemplares de plantas que envió al prestigioso botánico americano Asa Gray. Resultaron ser unas madreselvas a las que Gray nombró como *Lonicera morrowii* en honor a James. Al poco tiempo, esta especie fue sembrada como ornamental en Massachusetts y luego en otros estados. La especie también fue llevada a Rusia, donde la hibridaron con *L. tatarica*[25], una planta propia de Asia central y sur de Rusia. El resultado, *L. x bella*, viajó de regreso a Estados Unidos en 1880. Los viveros rusos también regalaron al mundo otro híbrido, *L. x amoena*, cuyos progenitores eran *L. korolkowii* y *L. tatarica*.

25 *Lonicera tatarica* también había sido llevada como ornamental a América del Norte en 1752.

En este punto, cuando las especies de *Lonicera* exóticas se convierten en invasoras, entran en escena unas pequeñas moscas americanas. La mosca del arándano (*Rhagoletis mendax*) pone sus huevos, como su propio nombre indica, en los arándanos, para que las larvas se alimenten del fruto. Otra especie, *Rhagoletis zephyria*, lo hace sobre las bayas conocidas como *snowberry*. Pero se ha detectado un nuevo tipo de mosca que solo ataca a los frutos de las madreselvas invasoras. Concretamente sobre *L. morrowii*, *L. x bella* y *L. x amoena*. Este insecto ha resultado ser un híbrido de las dos moscas mencionadas anteriormente. Es conocida como la mosca Lonicera y su linaje no debe tener más de 250 años. Este no es un caso aislado. La mosca del manzano (*R. pomonella*) antiguamente solo se alimentaba del fruto de los espinos americanos. Pero tras la introducción del manzano en el siglo *XIX*, un grupo se especializó en las manzanas. En un descarado ejemplo de evolución, ha aparecido una subespecie que va camino de convertirse en una nueva especie[26] cuya edad sería menor a 150 años.

Los ejemplos de *Mimulus peregrinus, Rhododendron x superponticum, Rhagoletis pomonella,* la mosca Lonicera y otros tantos ponen el foco en un interesante debate. Son casos en los que las especies invasoras han dado pie a la evolución de nuevas especies o subespecies por un simple motivo: se han integrado en la naturaleza. Esto puede llevar a plantearnos si podrían ser positivas, de alguna manera, para los ecosistemas. En algunos casos, en cuanto a la biodiversidad, los números parecen indicar que así es. Por ejemplo, un estudio en el cantón de Ginebra reveló que en la región había 88 especies autóctonas frente a 597 especies introducidas. Es decir, más de medio millar de tipos de plantas que estarían generando nuevos hábitats y relaciones en las complejas redes ecológicas.

El caso del rascón de manglar de California o tingua (*Rallus longirostris*) ilustra bastante bien esta realidad. Su hogar son los pantanos de sal de la bahía de San Francisco. A decir verdad, este es el único ecosistema donde podemos encontrar a esta especie.

26 Este es un ejemplo de lo que los biólogos llamamos *especiación simpátrica*. En el caso de las moscas del manzano, solo se aparean con los individuos que se encuentran sobre una manzana, la cual madura antes que los frutos del espino. De esta forma, al quedar separadas las subespecies, pueden originar dos especies distintas.

La destrucción de su hábitat la ha relegado a este lugar, dejándola al borde del precipicio de la extinción. La región también está invadida por una planta de marismas, la *Spartina alterniflora.*[27] El crecimiento de esta especie ha supuesto diversos impactos ecológicos, que han originado la pérdida de biodiversidad y daños económicos por la obstrucción de canales de agua. Es por esto por lo que se propuso su erradicación sin posibilidades de tregua. Sin embargo, resulta que la tingua encontró en *S. alterniflora* una oportunidad para anidar y buscar alimento. Esto ha obligado a replantear la gestión de la invasora, haciendo una erradicación de *poco a poco*, mientras se restaura el ecosistema con la especie nativa *S. foliosa*, que es también del agrado del ave.

Como veremos en los siguientes capítulos, existen más ejemplos que nos obligan a no perder esta perspectiva a la hora de tratar con especies invasoras. Al fin y al cabo, hemos puesto tan patas arriba la práctica totalidad de los ecosistemas de la Tierra que las plantas y animales exóticos pueden entrar sin problemas. De esta manera, siguiendo aquel principio de «la vida se abre camino», han suplido el papel ecológico de aquellas que hemos expulsado. Aprovechando esta realidad, las nativas no tendrán reparo de apoyarse en las recién llegadas, ya que no entienden de etiquetas humanas. Aun así, debemos tener cuidado a la hora de usar el calificativo de positivas, ya que el saldo de las invasiones biológicas sigue siendo abrumadoramente rojo.

27 La *Spartina alterniflora*, una planta nativa de la costa atlántica de América, fue introducida en California en el año 1973. El Cuerpo de Ingenieros del Ejército de Estados Unidos la sembró con la intención de recuperar las marismas.

Una planta rodante en la carretera de El-Bahariya, en el desierto egipcio [Maloff].

IV. EL PLAN DE FRANKLIN ROOSEVELT

TERROR VEGETAL

Imagina que un día vas conduciendo de noche por una carretera y de repente empiezan a aparecer plantas rodantes que cruzan el asfalto impulsadas por el viento. Primero ves una, luego otra y seguidamente te encuentras con un grupo considerable de ellas. En poco tiempo, lo que parecía una anécdota se ha convertido en cientos de plantas que no te dejan ver el camino y te impiden avanzar. Estás atrapado. Esto es lo que les sucedió a algunas personas en el estado de Washington durante la Nochevieja de 2019. Los fuertes vientos habían arrastrado tantas plantas rodantes que la circulación era imposible. Los operarios tardaron unas 10 horas en desbloquear la carretera. En las labores de limpieza se encontró un coche totalmente cubierto cuyo ocupante, desesperado, lo había abandonado.

Existen varias especies catalogadas con el nombre de estepicursores. Este tipo de plantas, tras secarse, se valen del viento para salir volando y dispersar sus semillas. Una de las más comunes en Estados Unidos es *Kali tragus*, que, a pesar de aparecer como figurante en los wésterns, no es propia del continente americano sino de Eurasia. Se cree que su expansión sucedió en la década de los setenta del siglo XIX, cuando algunas de sus semillas embarcaron como polizones en un cargamento de linaza en Rusia con destino Dakota del Sur.

Debido a su forma de dispersión, las plantas rodantes invasoras dan lugar a escenas bastante llamativas. Los vientos pueden llevarlas desde los campos a las zonas residenciales, donde se acumulan bloqueando la entrada a las casas. En 2018 la ciudad de Victorville, en California, sufrió una de estas tormentas vegetales. Los vecinos tuvieron que llamar a emergencias, ya que las plantas se amontonaron hasta llegar a la altura de una segunda planta.

Recientemente se descubrió una nueva especie de este tipo de plantas, a la que han bautizado como *Salsola ryanii*. Su crecimiento es mayor que el de otras plantas rodantes, porque es un híbrido de varias invasoras. Como vimos en el capítulo III, este es un fenómeno común entre las plantas y un problema añadido. *Salsola ryanii* demuestra esta realidad con ejemplares que casi rozan los dos metros de altura.

Pero las plantas no necesitan recurrir a hibridaciones para volverse una pesadilla. Si las condiciones les son propicias, su propio repertorio de adaptaciones les permite expandirse allí donde la mano humana las deje. Una de las estrategias consiste en crecer

Ruinas del Monasterio de Santa María de Nogales invadido de retoños de Ailanto (*Ailanthus altissima*). San Esteban de Nogales, León, España [LF Rabanedo].

más que ninguna otra. Este el caso de la uña de gato (*Carpobrotus edulis*), que, cuando escapa de los jardines, puede expandirse creando una capa de materia vegetal viva y muerta. Prácticamente no dejan hueco para otras plantas. Además, como muchas otras especies botánicas, es capaz de reproducirse de forma vegetativa. Esto quiere decir que un nuevo individuo puede desarrollarse a partir de un pequeño trozo de tallo u hoja carnosa.

Otra estrategia reproductiva de éxito es producir una ingente cantidad de semillas. El árbol del cielo o ailanto (*Ailanthus altissima*) se dispersó por el mundo gracias a su uso en la medicina tradicional china y posteriormente a través de los viveros del siglo XIX. Una vez coloniza un nuevo hábitat, despliega todo un ejército de semillas: un solo ejemplar puede generar hasta 350.000 semillas al año. Si en el barrio no hay ningún pretendiente para polinizar las flores, las plantas también pueden recurrir a la autopolinización y crear descendientes viables. Esto es lo que hace la hierba del ajo o ajera (*Alliaria petiolata*), usada en Europa durante siglos como condimento en las comidas. Nuevamente, en el siglo XIX su uso culinario la llevó hasta América del Norte.

La guerra química también es de gran ayuda para alcanzar la victoria en el reino vegetal. Tendemos a ver a las plantas como organismos pasivos, pero entre ellas también hay luchas por el control del ecosistema. Algunas son capaces de liberar sustancias que perjudican o matan a sus competidores. El ailanthone es una molécula que el ailanto acumula en sus raíces, cortezas y hojas. Su presencia en el suelo impide la germinación de las semillas y mata las plántulas de varias especies. La ajera también cuenta con compuestos químicos que usa para eliminar del suelo determinados hongos micorrízicos que algunas plantas necesitan para su crecimiento.

Para hacer frente a las plantas invasoras pueden recurrirse a diferentes métodos. El primero de ellos es el control mecánico, que consiste básicamente en arrancar las plantas a mano o con algún tipo de maquinaria. La vía química, que se basa sobre todo en el uso de herbicidas, también suele ser una de las más empleadas. Por otra parte, en el control biológico se recurre a reclutar animales que devoran las plantas. La mayoría de las especies provienen del grupo de los insectos, pero en algunos sitios están apostando por las cabras. Eco-Goats es una empresa de Maryland que ofrece un servicio de limpieza integrado por un rebaño de estos cuadrúpedos. Sus dueños aseguran que, en unos pocos días, los animales pueden eliminar las especies invasoras que han aprendido a comer.

Sin embargo, algunas especies pueden ser unas verdaderas supervivientes que se burlan de todas las medidas que desplegamos. Aquí encontramos a *Reynoutria japonica*, conocida como *Japanese knotweed* en inglés, que en 1825 fue introducida como una especie ornamental en Reino Unido desde Japón. Para algunos británicos se ha convertido en una pesadilla, pues ha resultado ser el motivo para no poder vender sus casas o de que se les denieguen hipotecas. Esto es debido a las potentes raíces de la planta, con las que es capaz de atravesar asfalto y dañar los cimientos de una casa o sus estructuras de drenaje. Aunque se corte la planta, esta puede volver a brotar gracias a sus raíces refugiadas en el suelo. Por tanto, el control biológico o químico resulta ineficiente, así que en algunas zonas están probando con otras alternativas: un tratamiento eléctrico. El método consiste, literalmente, en aplicar un alto voltaje sobre las plantas, con la esperanza de que se marchiten desde las hojas a las raíces.

Hoy en día parte de la sociedad está concienciada sobre los inconvenientes de tener plantas invasoras cerca. Un ejemplo lo sufrieron los encargados de promocionar los cereales Honey Nut Cheerios en Estados Unidos. El declive de las abejas y otros insectos polinizadores es uno de los problemas medioambientales que más acaparan la atención de la prensa. Muchos tipos de cultivo y una parte importante del funcionamiento de los ecosistemas dependen de ellos, motivo por el cual han surgido todo tipo de iniciativas para mejorar la vida de estos artrópodos. En la empresa pensaron que sería una buena idea hacer una campaña para salvar a las abejas. A fin de cuenta, la publicidad de los cereales gira en torno a la miel y su mascota Buzz que, por supuesto, es una abeja. En 2017 lanzaron la campaña #BringBacktheBees. A los ganadores se les enviarían unas bolsitas con semillas de plantas silvestres para que las sembrasen en sus jardines. Así las abejas tendrían más sitios donde libar néctar. En total, se planeó una remesa de 1500 millones de semillas.

Pero la campaña no fue realmente como esperaban. Las redes sociales se llenaron de comentarios negativos que criticaban la acción. El motivo era que, entre las plantas seleccionadas, estaban algunas consideradas como invasoras en Estados Unidos o en algunos de sus estados. En concreto, las alarmas saltaron al aparecer en la lista de plantas elegidas el nombre *forget-me-not*, sin especificar un nombre científico que identificase a la especie concreta.

Forget-me-not es uno de los nombres comunes que recibe la especie *Myosotis scorpioides*, la cual es nativa de Eurasia, pero invasora en América del Norte. Tras todo el revuelo montado, la empresa contratada para hacer la selección de semillas tuvo que salir al paso. Aseguraron que la planta seleccionada era realmente *wood forget-me-not*, nombre con el que se conoce a *Myosotis sylvatica*. Esta planta también es propia de Europa, pero no tiene el potencial invasor de su prima. Añadieron que finalmente se decidió no incluirlas en las bolsitas. Sin embargo, nadie avisó a la persona encargada de la campaña para que quitase el nombre de la lista promocional.[28]

La promoción volvió a repetirse en 2018, pero esta vez las bolsitas solo incluían semillas de plantas de jardín del género *Cosmos*, parecidas a las margaritas, dejando de lado la idea de usar especies silvestres. De esta historia se pueden sacar dos conclusiones: la primera es que siempre es mejor usar los nombres científicos de las especies, porque, aunque suenen muy feos, ayudan a evitar el caos de nombres comunes que pueden variar de un pueblo a otro; por otra parte, que la campaña se volviese una crisis en redes sociales nos indica el grado de concienciación que la población tiene sobre las especies invasoras. Tras años sufriendo sus efectos, en algunos países han aprendido que es mejor prevenir que curar. Una de estas naciones es Estados Unidos, donde el terror vegetal ha sido el protagonista de algunas historias surrealistas y dignas de aparecer en la gran pantalla.

---

28 Parte del revuelo fue por el artículo «*Don't Plant Those "Bee-Friendly" Wildflowers Cheerios is Giving Away*», publicado en la plataforma *Lifehacker*. Su autora, la editora Beth Skwarecki, consiguió que las empresas implicadas en la campaña tuvieran que salir a dar explicaciones.

Tormenta de polvo en Rolla, Kansas. 6 de mayo de 1935. La foto fue enviada al presidente Franklin Roosevelt [Everett].

Maquinaria enterrada en un terreno de granero en Dallas, Dakota del Sur en 1936. El desastre ecológico del Dust Bowl se extendió desde Texas a las llanuras del norte y Canadá [Everett].

11 DE MAYO DE 1934

El 11 de mayo de 1934 no fue un viernes cualquiera para los neoyorquinos. Desde el corazón del país, una tormenta de polvo viajó más de 3000 km hasta llegar a Nueva York. Durante cinco horas, una nube de arena de más de 3 km de altura engulló literalmente la ciudad. La imagen debió parecer la secuencia de una película de Hollywood. La Estatua de la Libertad desapareció entre unas fauces marrones, mientras que los ciudadanos intentaban no respirar la arena. No fue la única ciudad que sufrió la tormenta, ya que se extendió por toda la costa este del país y llegó también a Atlanta y a Boston. En Washington D. C. se repitió la misma escena en el Capitolio de los Estados Unidos. El polvo incluso alcanzó a barcos que estaban en el mar a más de 400 km. Aquel monstruo era la consecuencia de una sequía que afectó al 75% del país, pero también de una desacertada gestión de la agricultura.

Para entender el comienzo de esta historia debemos remontarnos a la primera guerra mundial, cuando la demanda de trigo aumentó en muchos países. Las mejoras tecnológicas pusieron sobre la mesa la posibilidad de solventar el problema e ir un poco más allá. La creación del tractor de gasolina y del arado de acero ayudaron a que el grano de trigo inundara los mercados, hasta llegar a una saturación en 1931. Una de las zonas que pasaron a ser el granero del mundo fueron las Grandes Llanuras, conocidas como *The Great Plains* en inglés, que se extienden por el centro de América del Norte desde el sur de Canadá hasta el norte de México. Allí había grandes tierras cubiertas de hierba verde prácticamente sin explotar, así que ¿por qué no darles un buen uso? Ya en 1909 el Gobierno de Theodore Roosevelt había incentivado que los ciudadanos se asentaran en el lugar e hicieran de la agricultura su forma de vida.

Parecía una buena idea, salvo por un par de detalles: las Grandes Llanuras estaban viviendo una buena época de lluvias que no se correspondía con la climatología real del lugar; por otra parte, se promovieron técnicas agrícolas que consistían en destruir los primeros centímetros de suelo y convertirlos en polvo, para que el agua entrase en la tierra. Sin ser conscientes de la bomba de relojería que tenían entre manos, los americanos disfrutaban de la pujanza económica de los felices años 20. Pero el espejismo empezó a deshacerse el 24 de octubre de 1929, día en el que la bolsa se desplomó y el país se sumió en la Gran Depresión. Cuando aún no se habían recuperado de los temblores del crac del 29, las lluvias abandonaron las Grandes Llanuras.

En 1931 los estados de Colorado, Kansas, Nuevo México, Oklahoma y Texas comenzaron a sufrir unas severas sequías. A esta lista se le unirían después Nebraska, Wyoming, Dakota del Sur, Dakota del Norte y Montana. El ganado murió deshidratado y las plantas se marchitaron, dejando desnuda la tierra que había sido arada hasta convertirla en polvo. El viento hizo el resto, creando las conocidas como *black blizzards*. En 1932 se llegaron a registrar 14 grandes tormentas, mientras que el siguiente año serían un total de 38. En estas fechas, en marzo de 1933, Franklin Roosevelt llegó al poder y se convirtió en el tregésimo segundo presidente de los Estados Unidos. Para entonces, el país estaba inmerso en la desesperación debido a los efectos de la crisis económica y de las tormentas de arena. Al poco tiempo de empezar su mandato, en el mes de octubre, los trabajadores del algodón de California se declararon en huelga durante veinticuatro días. Las protestas se saldaron con tres muertos y cientos de heridos.[29]

Para hacer frente a todos estos problemas, en 1935 el Gobierno de Franklin Roosevelt puso en marcha el Emergency Relief Appropriation Act, que tenía como objetivo dar empleo a unos 8,5 millones de personas y conceder ayudas económicas frente a las sequías. Una de las medidas que incluía el plan era la creación del Soil Conservation Service, cuyo cometido era incentivar que los agricultores usaran técnicas respetuosas con el suelo. Pero, mientras se ponían manos a la obra, las tormentas no daban tregua. Los niños tenían que acudir a la escuela usando máscaras y gafas protectoras, se desataron plagas de saltamontes y conejos debido al desastre ecológico y la electricidad estática provocada por el polvo era tan grande que estropeaba los automóviles. El

29 Muchos de los agricultores que se pusieron en huelga eran personas que se habían visto obligadas a abandonar sus tierras por el *Dust Bowl*. En California se los conocía como *okies*, un descalificativo que hacía referencia al estado de donde provenían, Oklahoma.

15 de abril de ese mismo año otra gran tormenta azotó el país. El periodista Robert Geiger fue testigo del desastre y lo bautizó con un nombre que pasó a la historia: *Dust Bowl.*

La pesadilla de arena continuó hasta el año 1940. Para aquel entonces, 2,5 millones de personas habían tenido que abandonar sus hogares. El final del *Dust Bowl* se debió al regreso de las lluvias en 1939, pero también a los esfuerzos de la Administración de Roosevelt por frenar la erosión. El músculo del Gobierno fue el Civilian Conservation Corps (CCC), un programa de trabajo público que se mantuvo desde el año 1933 hasta el 1942. La idea era sencilla: emplear a hombres jóvenes, de entre 17 y 28 años, para que trabajasen en la conservación y el desarrollo de los recursos naturales del país. A cambio, se les pagaban 30 dólares al mes, además de darles un hogar, ropa y comida. En total, unos 3 millones de jóvenes fueron empleados por el CCC para hacer tareas como mejorar edificios, limpieza del paisaje, eliminación de depredadores, mejoras de la pesca, control de mosquitos, lucha contra incendios o control de inundaciones. Pero la parte que nos importa en esta historia, son los trabajos realizados con el fin de controlar la erosión y la mejora de los recursos forestales. Para entender la importancia de este plan podemos tener en cuenta este dato: durante el tiempo que operó el CCC se sembraron 3000 millones de árboles. De ellos, unos 200 millones de plantas fueron usadas como escudo en el Great Plains Shelterbelt, otro ambicioso proyecto destinado a plantar árboles desde el sur de Canadá al norte de Texas. Se trataba de una muralla verde de 30.000 kilómetros para frenar el viento y proteger el suelo.

Pero para combatir las tormentas de arena no se hizo distinción entre especies nativas y exóticas. La desesperada situación de Estados Unidos, además del desconocimiento de los posibles impactos ecológicos, hizo que se buscaran aliados entre el catálogo botánico de todo el mundo. Si la planta resistía las condiciones de sequía, era un firme candidato a ser sembrada por los jóvenes del CCC. De esta forma llegó a Estados Unidos el taray o tamarisco, un arbusto originario de Europa que ofrecía una barrera contra las tormentas. Sin embargo, años más tarde la planta aprovechó la oportunidad para lanzarse a la conquista de nuevos hábitats.

A YOUNG MAN'S OPPORTUNITY
CCC
FOR WORK PLAY STUDY & HEALTH
APPLICATIONS TAKEN BY
ILLINOIS EMERGENCY RELIEF COMMISSION
ILLINOIS SELECTING AGENCY
MADE BY ILLINOIS WPA ART PROJECT CHICAGO

La primera colonia naturalizada de taray apareció en Galveston, Texas. Luego se convertiría en una invasora del suroeste de Estados Unidos. Pero antes de hablar de los problemas que genera, conviene hacer un pequeño análisis del matorral. El tamarisco que traicionó a los americanos es en realidad un híbrido de varias especies del género *Tamarix*, que fueron traídas desde Europa y Asia.[30] Como ya hemos comentado, la aparición de este tipo de organismos puede suponer que sean más difíciles de combatir que sus antecesores.

Así que, gracias a las buenas intenciones del Gobierno de Roosevelt, el taray encontró terrenos donde echar raíces y desplazar a la flora nativa. Las especies del género *Tamarix* se sienten como en casa en ambientes secos e incluso con suelos con altas concentraciones de sales. No les afecta, ya que son capaces de excretar el exceso de sal por las hojas, liberándolo al suelo y por tanto impidiendo el establecimiento de otras especies de plantas. Pero el delito que más se le imputa es el de acabar con las reservas de agua subterránea. Esto se debe a que transpira grandes cantidades de agua, lo cual deseca el suelo y desplaza el nivel freático a una mayor profundidad.

Sin menospreciar otros efectos, como el cambio climático, el impacto de las especies invasoras sobre las reservas de agua no debería ser pasado por alto. Por ejemplo, en el año 2018, Ciudad del Cabo, en Sudáfrica, estuvo a punto de ser la primera gran ciudad del mundo en quedarse sin agua. Según algunos estudios, en estas regiones las especies invasoras, como la acacia negra y los pinos, pueden llegar a consumir 100 millones de litros de agua al día. Estas cantidades suponen una quinta parte del consumo de la ciudad. Por otro lado, los sudafricanos ven reducida el agua de escorrentía media anual, la que llega a ríos y lagos, en 1400 millones de metros cúbicos, es decir, que las plantas invasoras se quedan con el equivalente a 577.600 piscinas olímpicas al año.

Pero volvamos a Estados Unidos y al taray. Después de ser un aliado contra el *Dust Bowl*, el matorral entró en la lista de delincuentes. En el año 2001 se puso en marcha un plan de control biológico

---

30 Los híbridos de taray están formados sobre todo por las especies *Tamarix ramosissima*, *T. chinensis* y *T. gallica*.

usando un viejo enemigo suyo: el escarabajo *Diorhabda elongata*. Este insecto se alimenta de las hojas de las especies *Tamarix* en su medio natural. Por ello ha sido liberado en California, Oregón, Nevada, Utah, Wyoming, Colorado, Montana, Nuevo México y Texas. Sin embargo, en medio del fuego cruzado apareció un pequeño pájaro que vino a complicar un poco más la gestión. El mosquero saucero (*Empidonax traillii*) es un ave migratoria que cría en América del Norte y que se divide en cuatro subespecies. Una de ellas, el mosquero saucero del sudoeste (*Empidonax traillii extimus*), se encuentra amenazada debido a la destrucción de su hábitat. Sin embargo, encontró en el tamarisco un refugio de esperanza que, ajena a lo que los humanos opinemos de la planta, le pareció ideal para criar. Esto derivó en un culebrón de demandas judiciales entre los que defendían la suelta del archienemigo del taray y los que pedían la protección del ave. Finalmente, la liberación del control biológico fue realizada teniendo en cuenta las áreas de distribución del ave.[31]

Con la deforestación y la desertización asediando actualmente gran parte de los ecosistemas del mundo, deberíamos estar alertas por si las Administraciones no han aprendido nada del caso de Estados Unidos. La misma historia podría repetirse, por ejemplo como está pasando en China. En este país, el Gobierno lleva impulsando desde 1978 el programa *Great Green Wall* para luchar contra la expansión de los desiertos. La idea resulta bastante familiar, ya que consiste en dar ayudas a los agricultores para que siembren árboles. Las cifras hablan por sí solas: desde su puesta en marcha se han plantado 66.000 millones de árboles. Al año una extensión del tamaño de Irlanda queda cubierta por árboles. Este esfuerzo está consiguiendo ganarle la batalla al desierto del Gobi y a otras zonas desérticas, que en 2010 se habían expandido unos 10.400 km cuadrados. Para el año 2017 el plan del Gobierno chino consiguió invertir la tendencia: los desiertos se reducían a un ritmo de 2400 kilómetros cuadrados. Sin embargo, las autoridades no se percataron de que la gente estaba talando las especies

31 El caso del mosquero saucero del sudoeste y el del rascón de manglar de California son ejemplos casi calcados y un recordatorio de lo difícil que puede volverse la gestión de las especies invasoras.

nativas y sembraban exóticas para acceder a las ayudas económicas. En un informe publicado en 2019, varios expertos expresaron su preocupación por que estas especies se conviertan en invasoras y acaparen la valiosa agua. Tras la advertencia de la comunidad científica, el Gobierno prometió mirar con lupa las especies usadas. El tiempo dirá si la Gran Muralla Verde no se ha convertido en un caballo de Troya.

LA ENREDADERA QUE SE COMIÓ EL SUR

«*Japan invaders. Far Eastern vines*». Así empieza el poema *Kudzu* del escritor estadounidense James Dicke.[32] El título hace referencia a uno de los nombres que recibe la planta *Pueraria montana*, variedad *lobata*, una de las especies invasoras más dañinas del mundo. Inspirado en su experiencia como soldado durante la segunda guerra mundial, el poeta compara a la enredadera con los soldados japoneses. La metáfora puede parecer un tanto excesiva, pero la realidad es que precisamente esta planta no se ha ganado el corazón de Estados Unidos, donde la describen como «la enredadera que se comió el sur». Este calificativo tal vez no sea tan exagerado. Basta con teclear «kudzu» en Google para ver imágenes de bosques, casas y vehículos literalmente engullidos por la enredadera. Contemplando estas escenas, es fácil comprender cuál es el problema medioambiental asociado a esta especie: crece hasta asfixiar los ecosistemas. Su colonización culmina con un monocultivo que acaba con la vida de las hierbas, los matorrales y los árboles a los que trepa, y los cubre por completo. Además, dependiendo de la temperatura del lugar, su invasión puede ser realmente rápida. En los estados sureños, el kudzu llega a crecer más de 20 centímetros al día, lo que se traduce en unos 15 metros por temporada de crecimiento.

32 El poema de James Dickey fue publicado en el periódico *The New Yorker* en el año 1963. Puede leerse al completo en la propia web del medio.

Pero, al igual que muchas otras plantas, se expandió por el mundo porque a los humanos nos pareció interesante. Su historia en Estados Unidos se remonta hasta el año 1876, durante la celebración del Centennial International Exhibition en Filadelfia. Este evento se realizó para conmemorar el centenario de la firma de la Declaración de Independencia del país. Los cerca de 10 millones de visitantes disfrutaron de 30.000 exhibiciones de todo el mundo repartidas en 249 edificios. Por el precio de 50 centavos podías subirte al brazo con la antorcha de la Estatua de la Libertad, que por aquellos días estaba aún en construcción. También se presentaron ingenios tecnológicos como la máquina de escribir o la primera demostración pública del teléfono, realizada por el mismísimo Alexander Graham Bell. Tampoco faltaron novedades para deleitar el paladar de las personas. El inventor de la *root beer*, Charles Elmer Hires, ofreció copas gratis de su bebida. Otra de las sensaciones fueron las palomitas de maíz con mantequilla y una fruta llamada plátano.

Allí, entre tantos ejemplos del mundo que estaba por venir, se encontraba el kudzu. A pesar de su mala prensa actual, esta planta tiene unas flores muy bonitas. El Gobierno japonés la eligió por

Un edificio de la escuela Arthur G. Dozier en Marianna, Florida [David Bulit].

esta razón, junto con otras especies, para formar un jardín con plantas nativas que representasen al país nipón en el centenario. Así que en Filadelfia nuestra protagonista tuvo una genial ocasión para presentar su currículum. Desde hace milenios, la especie ha sido usada como planta medicinal en el este de Asia, la región de donde es nativa. Por ejemplo, en China se la conoce como *gé gēn* y es considerada como una de las plantas fundamentales de la medicina tradicional, que la recomienda para tratar resfriados, ataques de tos o incluso los efectos del alcohol. Por otro lado, en Japón van un poco más allá y le encuentran uso para casi todo. El tratado *Seikatsu roku*, publicado en el siglo XIX, está dedicado enteramente a la planta. Su autor, Ōkura Nagatsune, describe al kudzu como «algo útil en lugares inútiles», ya que, al ser comestible, sería un gran aliado contra las hambrunas. De sus raíces se extrae un polvo que es usado como almidón para cocinar, mientras que sus hojas, flores y brotes pueden añadirse a sopas, ensaladas y otros platos. Además, con su celulosa se fabrica un tipo de papel tradicional y con su fibra se crean canastos e incluso ropa, por lo que su uso en la industria textil podría impulsar la economía. Por si fuera poco, cuando la planta es quemada, actúa como repelente de mosquitos y la miel que hacen las abejas con su néctar dicen que es deliciosa.

Con semejante carta de presentación, el kudzu conquistó los jardines americanos y se dispuso a colonizar nuevos nichos. Además, el Gobierno de Estados Unidos también le encontró un nuevo uso. Los investigadores del Soil Conservation Service se percataron de que las raíces de esta especie, de hasta un metro de longitud y que a veces suponen casi el 50% de la biomasa de la planta, crecen profundamente en el suelo. Esto la situaba como un buen candidato para combatir la erosión. De esta forma, la historia del kudzu se cruza con la del taray gracias a los esfuerzos de los jóvenes del Civilian Conservation Corps. Para el año 1946, más de un millón de hectáreas habían sido sembradas con la enredadera. Desde entonces, *Pueraria montana*, variedad *lobata*, se ha convertido en una pesadilla para los estados que la recibieron con los brazos abiertos.[33]

---

33 A pesar de los evidentes problemas medioambientales que genera el kudzu, sigue teniendo defensores. *The Book of Kudzu: A Culinary and Healing Guide*,

Un hipopótamo cubierto del invasivo jacinto de agua en el Parque Nacional de Mana Pools, Zimbabue [Kelly Ermis].

Pero el kudzu no es el único terror verde que engulle ecosistemas. Es el turno de conocer al jacinto de agua o camalote (*Eichhornia crassipes*). Esta especie es una planta acuática nativa de la región del Amazonas. Gracias a sus hermosas flores ha sido ampliamente usada en jardinería, lo que le ha permitido llegar hasta ríos y lagos de todo el mundo. Cuando aparece en un nuevo lugar, si las condiciones le son favorables, su población comenzará a crecer de forma descontrolada. Si nadie le pone remedio, al cabo del tiempo la superficie del agua desaparecerá bajo una alfombra verde. El destino para los ecosistemas acuáticos será el colapso. Privadas de la luz del sol, las plantas y algas acaban muriendo en masa, lo que supone un festín para los organismos descomponedores. Pero este banquete se saldará con el consumo del oxígeno disuelto en el agua y, finalmente, con la muerte por asfixia de peces y otros animales. Por si fuera poco, las condiciones creadas por el camalote sí son del agrado de mosquitos y algunas especies de caracoles que actúan como vectores de enfermedades como la esquistosomiasis. En resumen, no quieras que el jacinto de agua aparezca por tu pueblo.

En la actualidad, el jacinto de agua acapara los titulares de la prensa española de vez en cuando. Pero esta especie invasora lleva décadas dando dolores de cabeza a los Gobiernos. Uno de los episodios de su historia ocurrió en la región de Bengala, durante el tiempo que India fue una colonia inglesa. Nadie sabe a ciencia cierta cómo la planta llegó a estas tierras, pero existen varias teorías al respecto. La primera implica a un inmigrante escocés y quizás sea la más probable de todas. George Morgan era un comerciante de yute que vivía en los alrededores de Daca.[34] Entre finales del siglo XIX y principios del XX, Morgan viajó a Australia, donde ya se cultivaba el camalote. Sus flores le gustaron tanto

de William Shurtleff y Akiko Aoyagi, es un libro editado en los años setenta que aún se puede adquirir por Amazon. En el libro se hace una recopilación de los usos de la planta en Japón.

34 Hoy en día, la región de Bengala está dividida en dos zonas: el estado de Bengala Occidental, que forma parte de India, y la República de Bangladesh, cuya capital es Daca.

que, de regreso a la India, se llevó algunos ejemplares con él para sembrarlos en su casa. Por otra parte, la segunda teoría dice que fueron los responsables del Jardín Botánico de Calcuta quienes importaron la especie desde Brasil y que las mujeres, encantadas con su belleza, la sembraron en sus hogares. Pero la historia más sorprendente, y muy probablemente falsa, es la que culpa a los alemanes. Esto se debe a que la planta hizo su aparición en Bengala durante la primera guerra mundial. Algunos sospechaban que, para asestar un golpe a los británicos, los alemanes habían liberado la planta con la esperanza de que «matara a sus súbditos indios». Por eso, por aquel entonces a *Eichhornia crassipes* la conocían como la *German weed*. A falta de pruebas, dejo al lector o lectora que elija la historia que más le convenza.

De lo que sí estaban seguros los habitantes de Bengala era de que había que hacer algo con el jacinto de agua. En el año 1920, el Gobierno reconoció que suponía un grave problema. El comercio se veía entorpecido ya que las plantas no permitían la navegación de barcos por los ríos. La agricultura también estaba sufriendo daños cuantiosos, sobre todo el cultivo de arroz, que depende de campos inundados. Además, la salud de las personas estaba empeorando debido a las hordas de mosquitos que portaban malaria. Incluso llegó a considerarse al camalote como una de las cuestiones más importantes, después de los terroristas anticoloniales. Por todo ello, en el año 1933 se aprobó la Bengal Water Hyacintth Bill, con el objetivo de frenar la invasión.

Una de las acciones destinadas a la lucha contra el camalote fue la celebración de la Water Hyacintth Week, en abril de 1939. En un ambiente de festividad, funcionarios y políticos animaron a la población para que erradicasen la planta de Bengala. Por ejemplo, se incentivó a los jóvenes para que organizasen carreras de barcas y que, de paso, quitasen los jacintos que les impedían navegar. También se pidió la colaboración de los niños y niñas de las escuelas. Por desgracia, entre tantas iniciativas también se encontraba la de matar a las serpientes que usaban como refugio estas plantas. A un joven de Daca se le dio una medalla de oro por cazar 64 serpientes. De poco sirvieron tantos esfuerzos, salvo para que uno de los funcionarios acabase atrapado en el barro y otro sufriera una insolación. El camalote volvió a la carga a pesar de las grandes extensiones que habían sido limpiadas. Esto se debió a que no se atajaron los problemas medioambientales que habían permitido la colonización de Bengala.

Aunque el episodio más rocambolesco del jacinto de agua sucedió en Estados Unidos. Al igual que en el caso de Bengala, existen varios relatos[35] que explican su aparición en el país americano. Uno de ellos sitúa el origen de esta historia durante el World Cotton Centennial celebrado en Nueva Orleans en el año 1884. Por aquel entonces la ciudad producía una gran cantidad de algodón, así que decidieron celebrar una feria mundial con la que conmemorar esta industria. Como solía suceder con este tipo de eventos, todo se hacía a lo grande. A lo largo de las 101 hectáreas que ocupaba la feria, se construyeron varios edificios y jardines. La construcción más importante del lugar ocupaba unas 13 hectáreas y era, por aquel entonces, la mayor estructura techada del mundo. Su interior estaba iluminado por unas 5000 bombillas. Como era un evento internacional, se invitaron a delegaciones de países de todo el mundo para que pudieran llevar exhibiciones. Al acto acudieron un grupo de representantes del Gobierno japonés, que en uno de los edificios atendieron amablemente a los visitantes. Como muestra de gratitud, regalaron unas plantas acuáticas, con hermosas flores, que habían importado desde Venezuela. Cualquiera diría que Japón se la tenía jurada a Estados Unidos desde hace tiempo. Una vez que el jacinto de agua llegó a los ríos de Luisiana, hizo lo que mejor sabe hacer: crecer y cubrirlo todo de verde. La planta se extendió por los estados del golfo de México hasta llegar a Florida en 1890, donde en algunas zonas se podían recoger hasta 50 kilos por metro cuadrado de la planta.

Los intentos para erradicar al jacinto de agua fueron muchos, e incluso se implicó al ejército del país, pero la idea que se llevaría el primer premio fue propuesta en 1910. El primer protagonista de esta historia es Robert Broussard, congresista demócrata de Luisiana, al que sus paisanos llamaban cariñosamente *Cousin Bob*. Como político se implicaba a conciencia para solucionar los problemas de sus paisanos, motivo por el cual decidió declararle

35 Varios relatos implican al comercio de los viveristas y sus cazadores de planta durante el siglo XIX.

Burnham después de recibir la cruz de la *Distinguished Service Order* por el Rey Eduardo VII . El brazalete negro es señal de luto por la reciente muerte de la reina Victoria . Londres, 1901.

la guerra al camalote que horrorizaba a sus votantes. Pero antes necesitaba un arma para hacerle frente y la encontró gracias a un investigador del United States Department of Agriculture. William Newton Irwin llevaba tiempo analizando un serio problema de alimentación que traía de cabeza al Gobierno: no había carne para sus ciudadanos. La continua presión de la ganadería había agotado los pastos americanos. Sin zonas donde comer, el número de vacas disminuía por millones, pero el aumento de la población hacía que la demanda no parase de subir. Como consecuencia, el precio de la carne se estaba volviendo prohibitivo. Para Irwin, la solución se encontraba en centrar los esfuerzos de producción en aquellas tierras que eran «improductivas». Aquí es donde entraban los pantanos, que tenían el potencial para ser usados por la industria ganadera, pero no para criar vacas sino hipopótamos.

A Broussard la idea le pareció perfecta. Con ella se podían matar dos pájaros de un tiro: atajar la escasez de carne y poner en jaque al jacinto de agua. La esperanza de este plan era que los hipopótamos se zamparan aquellas molestas plantas que infestaban las aguas de Florida, Mississippi y Luisiana. Con los objetivos ya fijados, el congresista se dispuso a preparar una propuesta de ley para presentar al Congreso de los Estados Unidos: la American Hippo Bill. Pero en el punto de mira no solo estaban los hipopótamos, ya que el proyecto pretendía la importación de cualquier animal que fuera útil. Para hacernos una idea de la magnitud, para Irwin «útil» serían los rinocerontes blancos, que podrían pastar sin problema en los ecosistemas semiáridos del país. Como era de esperar, el ambicioso plan atrajo la atención de los medios de comunicación. Se hablaba de ello en periódicos como *The Washington Post* o en *New York Times*, donde se alababa al sabroso *lake cow bacon*. Pero Broussard iba a necesitar algo más para convencer a los congresistas. Concretamente al King of Scouts y a Black Panther.

Cuando Robert Baden-Powell fundó el movimiento *scout* tenía a una persona en mente, Frederick Russell Burnham, al que había conocido en su etapa militar en África. Burnham era un estadounidense que se había forjado como explorador en el suroeste de Estados Unidos, durante los conflictos con los pueblos indios. En 1893, llevado por su ímpetu por la aventura, se había trasladado

Robert F. Broussard presentó el «*American Hippo Bill*», un proyecto de ley que proponía 250.000 dólares en fondos del gobierno federal para importar hipopótamos de África con el fin de resolver dos problemas: la escasez de carne en los Estados Unidos y luchar contra el jacinto de agua que invadía las vías fluviales de Louisiana [Biblioteca del Congreso].

a África, donde luchó por la liberación de las colonias controladas por los británicos. Los que le conocían decían de él que era un superviviente en la naturaleza, capaz de pasar días sin dormir, salir al paso con solo unas mazorcas de maíz o que podía oler el agua a distancia. En 1900, tras una breve estancia en Alaska buscando oro, regresó a Sudáfrica. Pero en esta ocasión lo haría a sueldo del Imperio británico, que requirió sus servicios como explorador y espía. Un año antes había estallado la segunda guerra bóer, conflicto durante el cual la potencia europea se enfrentó a las repúblicas bóers por el control del sur de África. Durante la guerra, a Burnham[36] se le mandó asesinar a Fritz Duquesne, un experto cazador que luchaba en el bando bóer y de gran fama. Los detalles de la trayectoria de Duquesne son difíciles de discernir porque, al parecer, él mismo solía adornarlos con más detalles de la cuenta. Había adoptado el apodo de *Black Panther*, inspirado por un encuentro con una pantera negra que acechaba a una presa en un abrevadero. Una cosa está clara: la vida de Duquesne estuvo marcada por el odio a los británicos, ya que toda su familia había sido asesinada por las tropas coloniales. El famoso bóer también recibió la misión de asesinar a Burnham, aunque nunca llegaron a cumplir sus órdenes al no encontrarse en combate.

Pasada la guerra, Burnham se trasladó a Estados Unidos donde trabajó en un ambicioso proyecto personal. Animado por el impulso conservacionista de la Administración de Theodore Roosevelt, del que era amigo, había llevado a Washington D.C. una propuesta para importar animales africanos a Estados Unidos. La idea era introducir jirafas, treinta variedades de antílopes y otros tipos de especies en las reservas naturales que se estaban ampliando. Sin embargo, a pesar del apoyo del presidente y de la recaudación de dinero, el plan de Burnham no consiguió salir adelante. Por suerte, en la misma ciudad se encontraba un hombre que podría hacerle sortear los entresijos del Congreso: Broussard y su American Hippo Bill, que ya estaba en marcha. No debió de ser difícil para los dos convencerse de que debían unir fuerzas.

36 Durante la segunda guerra bóer, la lista de pericias de Burnham engrosó. En una ocasión, para divisar un campamento enemigo, se dejó llevar por la corriente de un río disfrazado con la piel y restos de una vaca muerta.

Fritz Duquesne [Biblioteca del Congreso].

Con el fin de completar su plan, *Cousin Bob* incorporó a otro gran fichaje. Duquesne también se encontraba en Estados Unidos, después de escapar de sus captores británicos y llegar como polizón en un barco. Su consumada fama como cazador le llevó a realizar una gira por el país. Los americanos se deleitaban escuchando sus historias sobre la vida africana. A *Black Panther* le gustaba ser el centro de atención y, por tanto, tampoco fue difícil de convencer. Así que, tras ser viejos enemigos, Burnham y Duquesne acabaron unidos por una misma causa: traer hipopótamos a América.

Para el año 1910, con los avales de dos leyendas africanas, Broussard ya podía presentar su proyecto de ley. En su discurso ante los congresistas, Duquesne aseguró que los hipopótamos no eran animales peligrosos y que podrían ser manejados por los granjeros estadounidenses.[37] Por su parte, Burnham desplegó una serie de casos dados anteriormente en Estados Unidos y que demostraban el potencial de la idea. Recordó el exitoso negocio de avestruces de Edwin Cawston en South Pasadena y el fallido intento de incluir camellos en el ejército de Estados Unidos.[38]También mencionó cómo el Gobierno de Alaska había importado renos rusos para satisfacer la demanda de comida. Ese mismo año, Burnham escribió el artículo «*Transplanting African Animals*», que apareció publicado en la revista *The Independent* de Nueva York, y que empezaba de la siguiente manera: «*There is in Africa a wonderfully varied range of interesting animals. Most of the desirable ones could easily be introduced into our own Southwest*». En la publicación defiende la introducción de antílopes como el bushbuck, el oribí, el órix, el dikdik, el eland o la gacela, por el sabor de su carne y el uso de sus pieles. También son alabadas las propiedades de la jirafa, el búfalo, el facóquero, el avestruz y otras tantas aves africanas. De la cebra contaba que, aunque no era muy valiosa, podía darle un toque de color a las llanuras americanas. La idea de convertir el suroeste de Estados Unidos en una sabana africana se sustentaba en que algunas regio-

37 Por contra, Irwin llegó a sugerir que era mejor usar hipopótamos pigmeos (*Choeropsis liberiensis*), un animal mucho más pequeño y por tanto más manejable.

38 De joven, durante un viaje por Arizona, Burnham se topó con un camello de la desaparecida United States Camel Corps. Veremos con más detalle esta historia en el capítulo IX.

nes de África se beneficiaban de la caza de estos animales. Por ello Burnham planteaba que se podría hacer lo mismo en su tierra. Sin embargo, en el artículo también se lamenta del trágico destino de los búfalos y salmones del país, en declive por la caza y la pesca con dinamita. Por eso abogaba por crear leyes que protegieran la naturaleza y que permitieran, además, enriquecer la fauna americana.

En la primavera de 1910 nuestros protagonistas crearon la New Food Supply Society, una organización destinada a la importación de animales útiles cuando fuera aprobada la American Hippo Bill. Sin embargo, la sociedad no consiguió llegar a buen puerto debido a los diferentes intereses de los miembros. Burnham estaba entusiasmado con la idea, pero sus negocios en otros ámbitos requerían su atención. Por su parte, Broussard debía seguir con sus obligaciones políticas, mientras que Duquesne continuaba en la búsqueda de su propia fama. Este último organizó en 1911 varios banquetes, donde se sirvieron exóticos platos como sopa de gacela y croquetas de hipopótamo. Pero el camino de *Black Panther* acabaría por separarlo de sus compañeros, en una maraña de tramas de espías al servicio de Alemania durante la primera y la segunda guerra mundial, persecución del FBI y huidas de prisiones.[39] Ese mismo año, Broussard y Burnham seguían impulsando el proyecto de ley. Ya no contaban con el apoyo de Irwin, que había fallecido poco antes de presentar la idea en el Congreso. Años después, en 1918, el congresista y olfato del proyecto en Washington D. C. también murió.

Pero ¿qué pasó con la American Hippo Bill? Visto desde un prisma actual, la idea de llevar hipopótamos a los pantanos de Luisiana es bastante rocambolesca. Sin embargo, debemos tener en cuenta que el impulso inicial de toda esta historia era encontrar soluciones para situaciones desesperadas. Sin un conocimiento claro sobre el funcionamiento de los ecosistemas, es normal acabar sembrando plantas contra el *Dust Bowl* o aceptar la hipótesis de Isidore Geoffroy. Estados Unidos estuvo a punto de convertirse en un gran safari africano. La American Hippo Bill fue rechazada por un solo voto de diferencia.

39 La historia completa de la American Hippo Bill y sus protagonistas puede leerse en la obra *American Hippopotamus*, del escritor Jon Mooallem. Sin duda alguna, tiene todos los ingredientes para convertirse en una película o serie de culto.

V. UN REGALO PARA EL REY KAMEHAMEHA V

VAN REED, EL CÓNSUL

En un desafortunado día, Kaukino se topó con un ciervo. El animal se estaba deleitando con las batatas dulces, conocidas como *uala* en Hawái, que había sembrado en su huerto. Enojado, trató de espantarlo, pero, lejos de amedrantarse, el intruso le atacó, le tiró al suelo y le propinó una cornada en la axila. Este suceso ocurrió en el año 1868, en la isla Molokai. Pero la cadena de sucesos que acabaron con el pobre Kaukino malherido se remonta a 1854, año en el que Joseph Heco se convirtió en el primer japonés registrado como ciudadano de Estados Unidos.

Desde principios de los años cincuenta del siglo XIX, Heco se encontraba en tierras americanas estudiando inglés, con el fin de convertirse en intérprete, a la espera de la inminente apertura de Japón. Como vimos en el capítulo III, este suceso ocurrió tras la expedición de Perry en 1853. La historia de Heco y su misterioso país inspiró a un comerciante estadounidense, Eugene Miller Van Reed, el cual fue una de esas personas que vieron una oportunidad de oro en Japón. Tras la firma del Tratado Harris, Van Reed pudo trabajar en el consulado que Estados Unidos había establecido en Kanagawa en 1859. Después de un breve receso, decidió volver al país nipón, pero esta vez no lo haría como empleado, sino como un alto cargo: cónsul del Reino de Hawái.

Antes de formar parte de Estados Unidos, las islas de Hawái fueron gobernadas por reyes. El primero de ellos fue Kamehameha

Joseph Heco, nacido como Hikozō Hamada, a la edad de catorce años.

Joseph Heco, fue el primer japonés en naturalizarse como ciudadano de los Estados Unidos y el primero en publicar un periódico en japonés.

I, conocido como el Grande, que consiguió la unión de todos los clanes bajo un único reinado en 1810. Descendiente de aquella rama real era Lot Kapuāiwa, que tomaría el poder con el nombre de Kamehameha V en 1863. Este fue el monarca para el que Van Reed trabajó en Japón. Al igual que estaban haciendo otras potencias, nuestro protagonista intentó cerrar un tratado entre el Reino de Hawái y Japón en 1866, cuando los *shogun* aún mantenían el poder. El acuerdo fructificó, pero el cónsul recibió un duro revés al año siguiente, ya que el recién instaurado gobierno Meiji prohibió su puesta en marcha.

Fue en aquellos primeros años como cónsul cuando Van Reed quiso agradecer a Kamehameha V su confianza. El 21 de diciembre de 1867, el periódico *Ka Nupepa Kuokoa* anunciaba en una pequeña nota la llegada de un grupo de ciervos axis o moteados (*Axis axis*), como regalo para el rey. Eran ocho en total, pero uno de ellos murió durante el viaje en barco. Días después, se informaba en otro medio, *Ke Au Okoa,* que los animales serían trasladados a la isla Molokai. Además, mencionaba un incidente producido tras escaparse algunos ejemplares. Los asustados ciervos acabaron saltando al mar y sus cornamentas se rompieron al ser rescatados. Como Kaukino pudo comprobar después, este no sería el único problema que generaría esta especie.[40]

Hoy en día, los ciervos axis abundan en las islas Molokai y Lanai del archipiélago hawaiano. Por supuesto, se trata de un animal exótico que proviene de muy lejos: de la India. En este caso fueron importados por el simple hecho de ser bonitos. Van Reed debió pensar que podrían embellecer los bosques hawaianos o las propiedades del rey. Pero, además, como cualquier otro cuadrúpedo con cierto parecido a Bambi, es una especie susceptible de ser cazada. Su carne es muy apreciada, así como también su pelaje y cornamenta. Este fue el motivo por el que llegaron a otra de las islas del archipiélago, Maui, en el año 1950. Por otra parte, la especie ha conseguido viajar a otras partes del mundo. En Texas incluso fueron criados en granjas y campos desde los que algu-

---

40 Los periódicos como *Ka Nupepa Kuokoa* y *Ke Au Okoa* se escribían en hawaiano. El blog independiente nupepa-hawaii.com ha realizado una valiosa labor para traducir las noticias al inglés.

Axis axis en el Parque Nacional Keoladeo Ghana, en Rajasthan, India [Larsek].

nos ejemplares han escapado y creado poblaciones salvajes.[41] Allí pueden reproducirse y comer con pocas preocupaciones gracias a la falta de depredadores. Como consecuencia, entran en competencia por los recursos con animales autóctonos como el ciervo de cola blanca (*Odocoileus virginianus*). Sin embargo, son las plantas las que se llevan la peor parte, puesto que sufren las consecuencias de tener una población de herbívoros descontrolada. Los pequeños brotes son víctima del pastoreo y ramoneo constante, lo que les impide crecer hasta crear árboles y arbustos. De esta forma, la regeneración de la comunidad vegetal se detiene, mientras el suelo queda cada vez más desnudo y expuesto a la erosión.

Ajeno a estos problemas, mientras los ciervos se extendían por Molokai, Van Reed seguía inmerso en sus negocios. Tras las sospechas de comercio de esclavos, el Gobierno Meiji había congelado su tratado. Pero esto no le impidió conseguir que 153 inmigrantes japoneses aceptaran ir a vivir a Hawái en 1868. Fueron conocidos como *Gannenmono*, que significa «las personas del primer año». En su mayoría trabajaron en las plantaciones de azúcar.[42] En 1871 se fraguó el acuerdo bilateral entre los dos países. Por desgracia, al año siguiente falleció el rey Kamehameha V, sin dejar ninguna descendencia.[43] De ese modo, la corona pasó a una nueva casa real. Van Reed tampoco viviría mucho más para hacerse valer como cónsul: en 1873 murió tras caer enfermo en un viaje en barco hacia San Francisco.

41 Si recuerda el episodio de las avestruces de Cawston, que vimos en el capítulo II, verá que la historia se repite en el caso de los ciervos axis y otras especies. La diferencia es que estos mamíferos sí consiguieron escapar y llegar a nuevos ecosistemas.

42 Las sospechas del Gobierno Meiji no parecían infundadas. Tras las quejas por explotación en las plantaciones de azúcar, parte de los inmigrantes japoneses regresaron a su país. Entre los que se quedaron se encontraba Sentarō Ishii, un samurái que vivió hasta los 102 años.

43 Según la ley del Reino de Hawái, al no haber descendencia, el próximo monarca debía ser elegido por el Parlamento, que optó por Lunalilo. El nuevo rey fue coronado en 1873, pero falleció de tuberculosis en 1874. Tras una nueva votación, salió elegido David Kalākaua, perteneciente a otro linaje y que sería el penúltimo rey del Reino de Hawái.

¿POR QUÉ HAY RENOS EN ISLANDIA?

En la Edad Media, irse a vivir a Islandia no parecía una buena idea. Muchos relatos describían esta tierra de hielo y volcanes como la entrada al Infierno. De sus ríos y lagos se decía que estaban habitados por serpientes monstruosas, mientras que ballenas del tamaño de montañas gobernaban los mares. Incluso había sitios donde el agua entraba en llamas. La gente que allí vivía tampoco tenía muy buena prensa y se les acusaba de compartir a sus esposas. Por supuesto, todas estas historias enfadaban mucho a los islandeses, ya que estaban basadas en cuentos de marineros y habladurías de personas que nunca habían puesto un pie en la isla. Por ello, algunos eruditos decidieron tomar cartas en el asunto, dar a conocer la verdadera naturaleza del lugar y combatir las *fake news* de la época. Uno de ellos fue Arngrímur Jónsson, que ya en 1593 escribió el libro *Brevis comentarius de Islandia*. Desgraciadamente, culminar esta tarea les llevaría muchísimo tiempo.

El erudito Arngrímur Jónsson, autor de *Brevis comentarius de Islandia*, representado en un billete Islandés de diez coronas. El rey Christian IV le encomendó la tarea de recopilar manuscritos antiguos, traducirlos y enviarlos a Copenhague para su análisis.

En el siglo XVIII Islandia seguía teniendo mala prensa. Esto se debía a que, al margen de las leyendas, la naturaleza parecía estar empeñada en hacer de aquella región un lugar inhabitable. El clima dificultaba las labores agrícolas, debido a que cualquier invierno más frío de lo normal arrasaba los cultivos y sumía a la población en la hambruna, como ocurrió entre los años 1751 y 1758. Los islandeses también tuvieron que hacer frente a una epidemia de viruela y plagas que acabaron con su ganado. Durante los años 1761 y 1770, un brote de sarna y otro de una enfermedad pulmonar mataron a la mayoría de las ovejas de la isla.

La presencia de los volcanes tampoco ayudaba mucho. Suponían una seria amenaza y muestra de ello es el suceso ocurrido entre los años 1783 y 1784. En ese periodo, el volcán Laki entró en erupción a lo largo de una fisura con 130 cráteres repartidos en unos 25 kilómetros. Fueron expulsadas 14 kilómetros cúbicos de lava basáltica y millones de toneladas de flúor. Entre el 20 y el 25% de la población murió por sus efectos, además de que el envenenamiento por flúor diezmó ganado, plantas y pescados. Desde Islandia, una espesa niebla de dióxido de azufre se expandió por Europa y llegó a Dinamarca, Noruega, centro de Alemania, norte de Francia y Gran Bretaña. Los barcos no podían navegar por la escasa visibilidad y el sol presentaba un apocalíptico color rojo sangre.

Debido a todos estos sucesos, la población de Islandia rondaba las 38.000 personas a finales del siglo.[44] Aun así, sus gobernantes seguían decididos a cambiar la situación. En aquel entonces, la isla estaba bajo el dominio del reino de Dinamarca y Noruega,[45]por lo que se buscó la manera de equiparar aquellas tierras con las del resto de regiones del Estado. De esta forma, se pretendía incentivar la inmigración desde el continente europeo. En este punto, los trabajos de los historiadores naturales fueron cruciales para desmentir los mitos. La fauna de la isla era en muchos aspectos

44 Por hacer una comparación: en Jerez de la Frontera, ciudad desde la que escribo este libro, la población en 2019 era de 212.749 personas.

45 Islandia había pasado a formar parte de la Unión Kalmar en 1387, la cual se había creado con la fusión de las coronas de Noruega, Suecia y Dinamarca. La Unión se rompería, tras la salida de Suecia, creándose en 1536 el reino de Dinamarca y Noruega del que dependían, además de Islandia, Groenlandia y las islas Feroe.

Un joven tsaatan monta un reno en el norte de Mongolia [Katiekk].

desconocida y desde Europa nadie se había molestado en visitar el lugar para contar especies y describirlas. Por ejemplo, se decía que el zorro era uno de sus habitantes y, como en el continente este animal era de color rojo, pues debían ser iguales. Pero la realidad es que allí son de color negro. Esto se debe a que son especies distintas: el zorro común o rojo (*Vulpes vulpes*) y el zorro ártico (*Vulpes lagopus*), que es el que realmente habita Islandia. Estos pequeños carnívoros ya estaban allí antes de la colonización de la isla por parte de los humanos. Muy probablemente llegaron al lugar después de la última glaciación, aventurándose a través de un horizonte de hielo. De esta forma, se convirtieron en el único mamífero terrestre nativo de la región. Por otra parte, el resto de los vertebrados autóctonos se las apañaron con sus propios medios, bien sea nadando, como las focas, o volando, en el caso de las aves.[46] Así que, la descripción de la fauna y flora de Islandia permitió enmarcarla dentro de una idea: la naturaleza única del norte. Es decir, se trataba de una tierra cortada por el mismo patrón y que estaba gobernada por el mismo clima que el resto del reino de Dinamarca y Noruega. Por tanto, se podía habitar y, si se echaba en falta algo, bastaría solo con traerlo. Es aquí donde entra en escena el reno (*Rangifer tarandus*) y el gobernador Lauritz Andreas Thodal.

Noruego de nacimiento, en 1751 se le asignó a Thodal la tarea de trazar las fronteras entre Noruega y Suecia. Para ello, pasó más de catorce años midiendo y marcando los solitarios y fríos territorios escandinavos. Tiempo después, en 1770, fue nombrado gobernador de Islandia y las islas Feroe. Buscando una solución para las epidemias que habían acabado con la población de ovejas, propuso cortar por lo sano y traer renos. Estos herbívoros, propios de las frías tundras y taigas, seguro que no tendrían ningún problema en proliferar en los ecosistemas islandeses.[47] De esta forma, podrían ser un nuevo recurso que haría un poco más habitable la isla.

---

46 El desembarco de *Homo sapiens* en Islandia ayudó a romper el aislamiento de sus ecosistemas. Las ratas y los ratones llegaron como polizones en barcos, mientras que otra especie, como el visón americano (*Neovison vison*), apareció en la isla gracias al comercio de pieles. Hablaremos sobre este animal en el capítulo VI.

47 Como ya se ha mencionado, los climas de Noruega e Islandia eran parecidos, motivo por el cual la importación de renos parecía un proyecto lógico. Las

La primera compra de renos se realizó en 1771. Desde Finnmark, la provincia más al norte de Noruega, llegaron un grupo de 14 animales. Fueron soltados en las islas Vestman, un archipiélago al sur de Islandia, pero muchos de ellos murieron en el invierno del siguiente año. Volvieron a intentarlo, esta vez liberando siete renos en el sur de Islandia, pero desaparecieron sin dejar rastro. La terquedad es una cualidad humana y por ello los islandeses subieron la apuesta. En los años 1777, 1784 y 1787 se importaron más ejemplares en grupos de treinta con dirección al noreste del país. Así fue como, gracias a la insistencia, los renos comenzaron a formar manadas de cientos de individuos para finales del siglo XVIII.

Sin embargo, durante el cambio de siglo se hizo evidente que se habían acomodado demasiado bien. Los renos se estaban poniendo las botas con los líquenes, parte importante de estos ecosistemas, y compitiendo por el pasto con las ovejas. Esto derivó en las quejas de los granjeros, que los empezaron a ver como una plaga. Algunas personas incluso pedían que el Gobierno repartiera balas gratis para cazarlos. Finalmente, se puso en marcha un sistema de control de la población, mediante cuotas de caza, que se ha mantenido hasta el presente.

En la actualidad, nadie cree que existan monstruos en Islandia o que sus tierras sean un lugar indómito. Los esfuerzos, a través de lo que podríamos llamar una campaña de *marketing* que ha durado siglos, le han dado la vuelta a la tortilla. Las imágenes de montañas verdes y negras, cruzadas por ríos y cascadas, son habituales en las agencias de viajes. El reno es también un atractivo turístico del país, a la vez que sus posibles daños ecológicos han sido perdonados. De esta forma, obviando la etiqueta que clasifica a la especie como introducida se le permite formar parte de la lista de fauna islandesa, junto al zorro ártico.

---

empresas de aclimatación supondrán un punto y aparte, al buscar la adaptación de los animales a unas nuevas condiciones.

CAZADORES, CIERVOS Y HELICÓPTEROS

En Nueva Zelanda, gracias a su aislamiento del resto del mundo durante millones de años, la evolución ha podido experimentar creando una fauna única. Los primeros humanos que llegaron al lugar se encontraron con una tierra gobernada por aves: moas de tres metros de altura, que hacían pequeñas a las avestruces, o águilas, con alas superiores a los dos metros de envergadura, que les daban caza. Por desgracia, estas especies se extinguieron, pero allí aún podemos admirar rarezas como el kiwi, el kakapo o el kea. En sus ecosistemas también habitan los wetas gigantes, unos insectos familiares de los grillos que pueden medir hasta los 10 cm. Se cree que esta fascinante diversidad ha sido posible gracias a la ausencia de mamíferos terrestres.[48] Los únicos representantes que habían podido llegar a estas apartadas tierras fueron los murciélagos y los pinnípedos. Una realidad que ha cambiado por el mismo motivo que los ciervos axis llegaron a Hawái o los renos a Islandia.

Situemos la línea cronológica en Reino Unido durante el siglo XIX. Para satisfacer el gusto por la caza, la aristocracia inglesa mantenía poblaciones de ciervos en parques controlados. Esta era una práctica que se llevaba haciendo desde la época medieval. Tal cultura influiría en el resto de sus colonias, de la misma forma que lo hizo la añoranza por las aves europeas. La colonia británica de Nueva Zelanda se había creado en 1841,[49] la cual se vendió como una tierra de oportunidades para así favorecer la captación de inmigrantes. Con ellos también llegaron animales como el ciervo común o rojo (*Cervus elaphus*), traídos para enriquecer los bosques neozelandeses.

---

48 En el año 2006 se descubrieron fragmentos de una mandíbula inferior y un fémur que parecen indicar que, al menos durante el Mioceno, si existía algún representante de los mamíferos terrestres en Nueva Zelanda. A falta de darle aún un nombre científico, se le conoce como el mamífero de Saint Bathans.

49 Este acontecimiento fue posible tras la firma del Tratado de Waitangi entre las tribus maoríes y los británicos en 1840. Las distintas interpretaciones que se le dieron a este tratado, que variaba según la lengua en la que se leyese, dio lugar a diversos conflictos entre los maoríes y los colonos, conocidas como las Guerras de Nueva Zelanda, entre 1845 y 1872.

El primer intento de introducir estos animales fue un fracaso. William Petre, un noble inglés de Essex, era el propietario de una manada de 2000 ciervos y gamos que mantenía en Thorndon Park. En 1851 decidió mandar a la Isla Sur una pareja de ciervos como regalo, pero uno de los animales murió durante el trayecto, por lo que la reproducción fue inviable. Tiempo después, en 1860, volvería a enviar tres ejemplares que se subieron al barco *Donna Anita* en Londres. Tras cuatro meses y medio de viaje, llegaron a su destino y fueron liberados en las inmediaciones de la ciudad de Nelson. La historia se repitió en 1861. El príncipe Alberto hizo lo mismo con seis ciervos, de su propia manada que tenía en Windsor, como regalo para Frederick Weld, un político que formaba parte del gobierno de la colonia. Los animales fueron transportados por separado. Tres hicieron el trayecto a bordo del velero *Triton*; solo sobrevivieron dos al viaje. El resto fue enviado en el *Harwood*, pero solo uno llegaría con vida. Tras un breve receso en Wellington, en la Isla Norte, los llevaron a una granja para su posterior liberación. Como en aquella época aún no había ferrocarril en la isla, tuvieron que hacer el trayecto dentro de unas cajas en carros tirados por caballos.

Al igual que en el episodio de los renos, la clave de una buena introducción radica en aumentar las posibilidades. Después de traer más ejemplares de los parques de ciervos, se optó por importar animales escoceses, los cuales eran menos mansos, pero más apreciados para su caza. Como en muchas otras ocasiones, la *Otago Acclimatization Society* también estuvo implicada en esta empresa. Gracias a estos esfuerzos, la especie pudo optar a la categoría de plaga. La cadena de sucesos volvería a rimar con las anteriores historias de la siguiente forma: las descontroladas poblaciones de herbívoros acababan con los pastos y ponían en riesgo la flora nativa, lo cual generaba erosión y cabreaba a agricultores y silvicultores. Nuevamente, la solución de la caza se ponía sobre la mesa. Aunque en Nueva Zelanda subieron un poco más la apuesta.

Avancemos hasta la década de 1960. Fiorland es una región que se encuentra al suroeste de la Isla Sur. Se trata de un lugar dominado por fiordos y montañas cubiertas de bosques. Un sitio hermoso, pero bastante inaccesible, donde los ciervos rojos se habían establecido. Aun así, los cazadores llegaron a la región siguiéndoles la pista. Anteriormente, este sector se lucraba cobrando las recompensas que daba el Gobierno por acabar con la plaga. Sin embargo, la carne de venado comenzó a importarse a Alemania; de repente, se estaba convirtiendo en una opción muy económica. El problema era sacar los ciervos muertos de Fiorland. Esta situación se solventaba usando caballos o incluso lanchas, hasta que Tim Wallis cambió las reglas del juego.

En el año 1965, el cazador Tim Wallis decidió invertir su dinero en comprar un helicóptero. Tiempo antes, había contratado los servicios de uno de estos aparatos para que acudiese a las montañas y recogiese las piezas cazadas. Quedaban así eliminadas las dificultades que suponían el traslado y se abría así la posibilidad de cazar ciervos a gran escala. Con el precio de la carne de venado subiendo, la idea de Wallis fue copiada por otras personas. De esta forma, en 1970, alrededor de 60 helicópteros surcaban los cielos de Fiorland. En su momento más álgido, en una batida se conseguían más de cien ciervos.

Cazar ciervos desde helicópteros se convirtió en un modo de vida. En cierta manera, la historia de cazadores rozando el éxito se hicieron leyenda o parte de la cultura neozelandesa. Esto atrajo a más personas, que buscaron enriquecerse con la carne de venado. Esta tarea no era sencilla y las muertes por accidentes de helicópteros también se volvieron algo habitual. Pero eso no importaba y, tras cada funeral, se volvía al trabajo. En algunas ocasiones, llegaban a trabajar hasta 18 horas al día. Las promesas de riquezas también propiciaron las incursiones ilegales, las cuales subieron la tensión en la región. De las peleas entre cazadores, se pasó a los disparos a helicópteros en vuelo, al sabotaje o los incendios provocados. Toda esta situación obligó a actuar al Gobierno, el cual, para controlar las actuaciones furtivas, envió algunos helicópteros del ejército. Este episodio fue conocido como las *Deer Wars*.

Pero esta fiebre carnívora tenía sus días contados por un simple motivo: las poblaciones de venados se desplomaron. Viendo que el negocio peligraba, algunos cazadores decidieron dar un nuevo paso. En 1969, Nueva Zelanda legalizó la cría de ciervos y se permitieron las instalaciones de granjas. En ese momento, las flotas de helicópteros cambiaron de propósito: serían usadas para transportar animales vivos. En un principio, los ciervos eran sedados

Portada del libro de Graeme Marshal *Aerial hunter*, prologado por Tim Wallis.

con dardos tranquilizantes o con corriente eléctrica; posteriormente, el sistema se optimizó usando cañones que lanzaban redes de nailon desde los helicópteros. De esta forma, los animales fueron reubicados para abastecer el nuevo modelo de negocio. Para la década de 1980, en Nueva Zelanda se habían establecido más de 1500 granjas de ciervos. Este sector se centró en la selección de ejemplares por la calidad de su carne y el tamaño de sus astas. Curiosamente, también se le encontró una salida al terciopelo que recubre las astas: cortadas en rodajas o molidas, se importaron a Corea del Sur para su venta en el mercado asiático, donde son apreciadas por sus supuestas propiedades afrodisíacas y para prevenir enfermedades. Al margen de cuestiones pseudocientíficas, para algunos criadores de ciervos rojos este episodio sería la primera domesticación ocurrida en los últimos 5000 años.

La caza también fue el motivo de entrada de otras especies en Nueva Zelanda. El gamo (*Dama dama*), el sambar (*Rusa unicolor*), el sika (*Cervus nippon*), el ciervo de Timor (*R. timorensis*), el ciervo de cola blanca (*Odocoileus virginianus*) o el alce (*Alces alces*) son algunos de los animales cuyas pezuñas tocaron tierras neozelandesas. En 1905 el wapití (*C. canadensis*) llegó a Fiordland desde el parque nacional de Yellowstone, como regalo de Theodore Roosevelt. En 1907 el emperador Francisco José I de Austria haría lo mismo con unos rebecos (*Rupicapra rupicapra*). En el resto del mundo, la cría cinegética también se convertiría en el pasaporte para muchas otras especies. De esta forma, el faisán (*Phasianus colchirus*) pasó a ser un ave exótica en unos cincuenta países, el zorro (*Vulpes vulpes*) acabaría en tierras australianas gracias a la tradición británica de darles caza y el jabalí (*Sus scrofa*) viajaría desde Europa a América del Norte. En algunos casos, estas introducciones podrían tener impactos no tan evidentes como las pérdidas económicas o la alteración de ecosistemas. Por ejemplo, en las perdices rojas (*Alectoris rufa*), una especie autóctona del suroeste de Europa, se han detectado genes de otras dos especies. En concreto, la perdiz griega (*A. graeca*), propia del centro sur de Europa, y la perdiz chukar (*A. chukar*), con una distribución que va desde Turquía hasta China. Esta contaminación genética, la cual podría acarrear problemas de conservación de ciertas poblaciones, ha sido posible gracias a la liberación continua de aves para abastecer los cotos de caza.

Ammotragus lervia [Zoran Karapancev].

Debido al historial de introducciones para la caza, esta actividad es una de las situadas en el centro de los debates sobre especies invasoras. Como en muchos casos, la clasificación de estos animales varía según pesen más su valor cultural o sus impactos ecológicos; o, mejor dicho, si suman o restan euros. En España, durante los últimos años, el arruí (*Ammotragus lervia*) es un claro ejemplo de esta situación, el cual acapara titulares de prensa de vez en cuando. Aunque su historia nos resultará ya familiar, pues vuelve a rimar con los episodios del reno, el axis y el ciervo rojo. Este herbívoro es nativo de los ecosistemas rocosos del Sahara y del Magreb, y dado su valor cinegético, ha sido importado a Estados Unidos y España. Concretamente, en la región de Murcia llegaron de la mano del Instituto para la Conservación de la Naturaleza, conocido como ICONA, y con el aval de José Antonio Valverde, el ecólogo español al que apodaron el Padre de Doñana. El motivo, lo podrás adivinar, era hacer de los montes murcianos un lugar más productivo. Nuevamente, sin un depredador que los controle, su población creció y se les acusó de competir con herbívoros autóctonos como la cabra montesa (*Capra pyrenaica*). Por contra, algunos estudios dirigidos por el investigador Jorge Cassinello Roldán del CSIC, indican que ambas especies podrían convivir al ocupar hábitats diferentes.[50] Añaden que sus efectos sobre la vegetación no serían muy diferentes a los producidos por el muflón europeo, otra especie exótica pero no invasora. Incluso podría tener algunos beneficios, como la limpieza del monte o la promoción de la biodiversidad al controlar el crecimiento de la flora dominante.[51] A pesar de estos argumentos, tomados como agua caída del cielo por el sector de la caza, el arruí sigue incluido como especie invasora dentro de la legislación española. Esto implica que solo puede ser cazado en los territorios que ocupaba antes de 2007. Fuera de esas fronteras, está prohibido su aprovechamiento económico y es competencia de las administraciones tomar medidas para controlar la población. Sin embargo, hoy en día sigue el tira y afloja que se juega en el campo social y político, usando como munición leyes, sentencias judiciales y artículos científicos. Un debate entre los que quieren su erradicación total de los ecosistemas murcianos y los que consideran al arruí como un murciano más.[52]

50 Siendo fiel a su lugar de origen, el arruí preferiría pastar en zonas semiáridas y con pocos árboles, dejando a la cabra montés el resto del monte.

51 A falta de confirmación por otros estudios científicos, estos supuestos efectos positivos deberían tomarse solo como una hipótesis que no estaría demostrada. Aunque tampoco está refutada.

52 En el año 2017, el político español Teodoro García Egea se refirió al arruí como «un murciano más», un animal que ya forma parte de los ecosistemas y que podría considerarse una especie naturalizada.

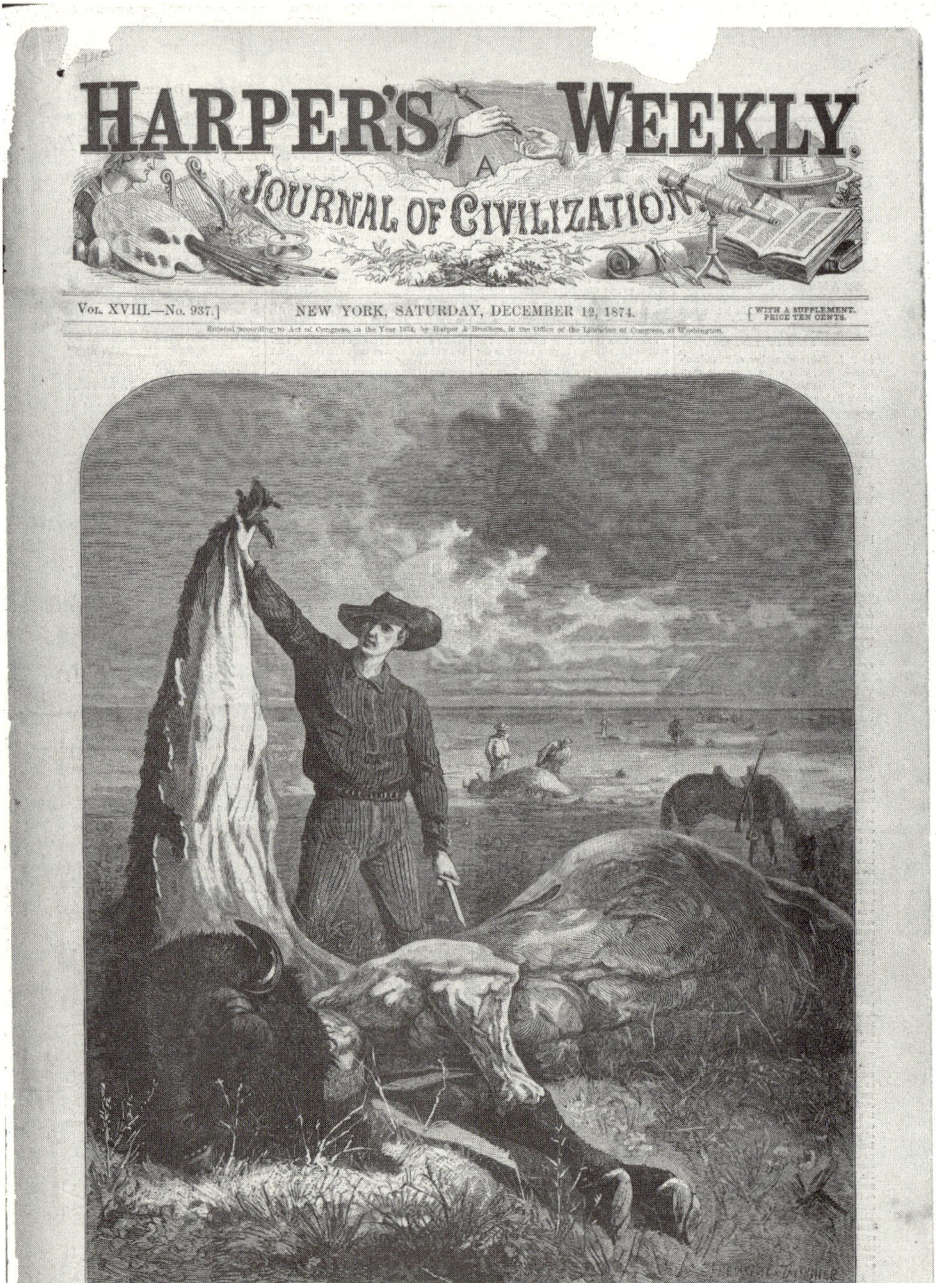

HARPER'S WEEKLY.

A JOURNAL OF CIVILIZATION.

Vol. XVIII.—No. 937.] NEW YORK, SATURDAY, DECEMBER 12, 1874. [WITH A SUPPLEMENT. PRICE TEN CENTS.

Entered according to Act of Congress, in the Year 1874, by Harper & Brothers, in the Office of the Librarian of Congress, at Washington.

SLAUGHTERED FOR THE HIDE.—[See Page 1022.]

Un cazador desuella a un bisonte.

VI. UN ENCARGO PARA TOM LAMB

CUANDO LAS PIELES JUSTIFICARON LA GUERRA

La expansión colonial en Norteamérica no fue una buena noticia para los castores americanos (*Castor canadiensis*). Realmente, por aquella época muchas especies se enfrentaron a tiempos difíciles debido a sus pieles, que eran codiciadas por los humanos. A principios del siglo XVII, los franceses se habían hecho con el monopolio de las pieles americanas, las cuales eran exportadas desde Nueva Francia. Esto fue posible gracias a la colonización impulsada por Samuel de Champlain en 1603, que se centró en realizar comercio con las tribus amerindias. En esta transacción, los europeos ofrecían armas a cambio de pieles obtenidas por los nativos. La relación estaba propiciada por dos motivos: abastecer el mercado de Europa y hacer frente a la expansión de la Confederación Iroquesa.

En el sur de la región de los Grandes Lagos, los hurones y los algonquinos llevaban años en guerra contra los *mohawk* y otras tribus,[53] que se habían unido para crear la Confederación Iroquesa. El conflicto había dibujado una especie de frontera a lo largo del lago Ontario, pero esto iba a cambiar debido a la participación de un actor europeo. En el año 1610, los holandeses comenzaron a dar armas a la Confederación, por supuesto, a

53 Los *mohawk* eran el pueblo dominante dentro de la Confederación Iroquesa, pero también estaba conformada por otras tribus o naciones: oneida, onondaga, cayuga, seneca y tuscarora.

cambio de pieles. De esta forma, los *mohawk* y sus aliados pudieron lanzar una campaña contra los mohicanos y otros pueblos; siendo el control del comercio de pieles con las colonias europeas fue el motivo de la expansión. A los efectos de la guerra se le sumó una epidemia de viruela. Todo ello desembocó en la derrota de los mohicanos en 1624. En el bando ganador, la Confederación pudo ampliar su territorio y cazar cientos de castores, y esto provocó el colapso de sus poblaciones en pocos años.

Nativos americanos comercian con fardos de pieles de 90 libras en un puesto comercial de la Compañía de la Bahía de Hudson en el siglo XIX.

La falta (o mejor dicho exterminio) de los recursos fue el presagio de una nueva pugna. La Confederación Iroquesa se lanzó a otra campaña contra los hurones y los algonquinos. El objetivo era controlar sus tierras, para así acceder a las poblaciones de castores que las habitaban. Este fue el origen de la Guerra de los Castores, un sangriento episodio de la historia Norteamericana que, además de las batallas, estuvo marcado nuevamente por la viruela. El conflicto se cobró la vida de numerosas personas nativas e incluso supuso el exterminio de tribus como los oneida y el pueblo wenro. En este clima, los acuerdos de paz no fructificaron e incluso Francia se vio obligada a enviar tropas en 1660 para ayudar a hurones y algonquinos. Veinte años después, la guerra aún continuaba, en gran medida porque otra potencia europea había decidido tomar parte en él. Después de que los holandeses dejasen de suministrar armas a la Confederación, este papel fue suplido por el Reino de Inglaterra. Los ingleses esperaban romper el monopolio francés. Hubo que esperar otros veintiún años para que se dibujara el final, mediante la firma de la Gran Paz de Montreal en 1701. Esto permitió un pequeño periodo de tranquilidad que favoreció el restablecimiento del comercio de pieles, hasta que se volviera a desenterrar el hacha de guerra.

La Guerra de los Castores es un ejemplo de la importancia económica que en aquella época tenían las pieles. Una auténtica maldición para los castores, que no solo fueron cazados en los Grandes Lagos, sino en toda Norteamérica. Entre los años 1620 y 1630, se capturaban más de 10.000 ejemplares al año en Connecticut y Massachusetts. En la siguiente década, en la región de Nueva York la cifra ascendería a 80.000 castores asesinados al año. Uno de los actores de este negocio fue la Compañía de la Bahía de Hudson, que, desde las costas americanas, mandaba todos los años barcos llenos de pieles de esta especie y otros desafortunados animales.

La historia de la Compañía de la Bahía de Hudson comienza en el año 1670, fecha en la que el rey Carlos II de Inglaterra avaló su fundación. La corona otorgó a la empresa el monopolio comercial sobre la cuenca hidrográfica de todos los ríos y arroyos que desembocaban en la bahía de Hudson. Así, se creó la colonia conocida como Tierra de Rupert, que se extendía por unos 3.900.000 kilómetros cuadrados, abarcando un tercio de la actual Canadá. Una región donde los castores estarían condenados por su piel.

Como consecuencia de todo este comercio, las poblaciones de castores de la zona oriental de América del Norte se estaban agotando o habían desaparecido en siglo XVIII. Pero la expansión hacia el oeste permitió seguir nutriendo el mercado. En el año 1783, comenzaron a cazar nutrias marinas en la costa del Pacífico, cuyas pieles eran muy apreciadas en China. Cuando la información sobre este negocio llegó hasta Connecticut, se decidió enviar barcos a California para aprovechar la nueva oportunidad, la cual ayudaría a la recuperación económica tras la Guerra de Independencia de Estados Unidos. Poco tiempo después, la fiebre de las pieles arrasaría con las poblaciones de nutrias, lobos marinos, martas, visones, zorros, comadrejas y castores, entre otros animales.

Llegado el siglo XIX, después de décadas de caza, el castor americano se encontraba cerca del precipicio de la extinción. Se calcula que, antes del comercio de pieles, los ecosistemas de América del Norte estaban habitados por unos 200 millones de castores. Hoy en día, tras los esfuerzos de conservación,[54] la especie se ha recuperado y habría superado los 15 millones de ejemplares. Irónicamente, el mismo motivo que supuso su declive y motivó guerras transportó a este animal a nuevas partes del mundo, regiones donde se ganaría el apelativo de especie invasora.

54 En la década de 1930, el Civilian Conservation Corps ayudó a la recuperación del castor en algunas regiones de EE. UU. Alrededor de 600 animales fueron reintroducidos para luchar contra la erosión del suelo.

MR. NORTH Y LOS CASTORES

En la década de 1940, el Gobierno argentino de Perón se puso en contacto con la Compañía de la Bahía de Hudson.[55] Estaban interesados en comprar 50 castores americanos (*Castor canadiensis*) vivos para introducirlos en Tierra de Fuego. Desde el siglo XIX, en esta región de la Patagonia los colonos habían construido granjas para criar ovejas,[56] pero aún se consideraba un lugar vacío y estéril. Esta situación podía cambiar con la importación de los castores, cuyo comercio de pieles se esperaba que incentivase la economía. Pero la Compañía rechazó la oferta, así que los argentinos remitieron la propuesta al Ministerio de Recursos Naturales de Canadá. En concreto fueron dos peticiones, una al gobierno provincial de Manitoba y otra al gobierno federal del país. Tampoco aquí encontraron a nadie dispuesto a venderles los animales. El motivo era que consideraban que el proyecto era inviable. El transporte debía realizarse en barco, un viaje que duraría 40 días. Sin embargo, un funcionario de Ottawa pensó que el encargo era ideal para una persona: Mr. North.

A la edad de 10 años, Tom Lamb se ganaba la vida porteando pescado en trineos tirados por caballos. Era parte del negocio familiar, dedicado al transporte de comida, pieles, madera y otros suministros. Para esta labor se usaban camiones, botes o trineos tirados por perros. En 1930, nuestro protagonista se subió al carro del progreso e invirtió en la compra de un avión de cinco plazas. De esta forma, consiguió acortar de forma considerable el tiempo de viaje de las mercancías. Cuatro años después, los buenos resultados le llevaron a fundar la empresa Lamb Air, con sede en la ciudad de The Pas, en Manitoba. Con el tiempo, la aerolínea creció con más aviones y empezó a dar servicio a Canadá, Estados Unidos y Groenlandia. Esto hizo que sus pasajeros fueran una mezcla de familias inuit y trabajadores de plataformas petrolíferas. Su lema era: «*Don't ask us where we fly, tell us where you want to go*».

---

55 La Compañía de la Bahía de Hudson sigue existiendo hoy en día, lo que la convierte en una de las empresas más antiguas del mundo.

56 La expansión colonial en Tierra de Fuego se produjo a expensas de pueblos nativos como los *selknam*, víctimas de genocidio a mano de los colonos ganaderos.

Familia Lamb: Bob, Bert, Donald, Laddie, Tom y Eric en el rancho de Eric en Leaf Lake [Archivo Lamb].

Tom Lamb fotografiado por R.H. Williams Studio [Archivo Lamb].

Debido al éxito, Lamb fue un personaje querido en su comunidad y pasaría a ser conocido como Mr. North. Por ello, la empresa Lamb Air colaboró en proyectos de muy diversa índole. Por ejemplo, en 1962 se encargaron de rastrear y recoger varias cápsulas de pruebas de la NASA. Dentro de ellas habían viajado dos monos y un par de hámsters, que no sobrevivieron al experimento espacial. Pero el evento que nos interesa para nuestra historia ocurrió en 1940, cuando Tom transportó 16 castores a la provincia de Manitoba para su reintroducción. Como ya hemos contado, la fiebre peletera de los siglos anteriores había resultado en la desaparición de la especie en muchas regiones. Fue esta experiencia en el transporte de animales vivos, lo que motivó el contacto entre el empresario y el Gobierno de Perón.

Tom no tuvo dudas a la hora de aceptar la propuesta, así que hizo una oferta que los argentinos aceptaron con agrado. Cobraría 650 dólares por cada animal, más los gastos ocasionados por el viaje. En el año 1945, Mr. North se dirigió, junto con un compañero, a las inmediaciones de la ciudad Prince Albert, donde esperaban poder capturar los castores vivos. La tarea no fue fácil, ya que el hielo congelaba las trampas haciendo que no saltasen cuando los animales se paseaban sin inmutarse por ellas. Finalmente, consiguieron un total de 20 ejemplares.

En 1946, los castores realizaron junto con Lamb un largo viaje en avión, que los llevaría desde Canadá hasta Tierra de Fuego. La primera parada del trayecto fue en Nueva York, donde se encontraron con la *Sacred Cow*, el avión presidencial que usaba el presidente Harry Truman. Tras continuar, hicieron escala en Miami para descansar y cambiar la caja donde eran transportados los animales. Mientras aguardaban en una oficina, los animales consiguieron roer la madera y escapar. Esto generó todo un revuelo entre las empleadas, que se subieron asustadas a las mesas mientras Tom intentaba recapturarlos. Después de este incidente, continuaron su camino haciendo escala en San Juan (Puerto Rico), Puerto España (Trinidad y Tobago), Río de Janeiro (Brasil), Montevideo (Uruguay) y, por fin, Ushuaia, la ciudad más austral del mundo.[57]

57 Este eslogan es usado como un potente reclamo turístico por varias ciudades, que se disputan el título. En función de la latitud, Ushuaia ocuparía el segundo

CF-AUS, uno de los primeros aviones de Tom Lamb
comprado en 1934 a Stinson [Archivo Lamb].

Liberando castores en Tierra de Fuego, 1946 [Archivo Lamb].

De esta forma, los 20 castores llegaron a Tierra de Fuego y fueron liberados en el lago Fagnano. Tiempo después, un contacto de Tom le contó en una carta que los animales habían construido una gran presa, cortando el paso de un río. Esto provocó una inundación que afectó a varias granjas de ovejas, llamas y alpacas. Una muestra de lo que estaba por venir.

Los castores son animales famosos por su brillante habilidad para construir. Gracias a sus potentes dientes incisivos, cortan palos y ramitas de los árboles, que usan para crear presas en ríos y arroyos. El objetivo consiste en hacer estanques artificiales a modo de fosos defensivos. Dentro de las pilas de madera, reforzadas con piedras y barro, acomodan su hogar. Allí se sienten seguros porque la entrada es a prueba de depredadores, ya que se encuentra bajo el agua. Pero esta adaptación también los convierte en unos eficientes ingenieros de ecosistemas. La instalación de estos roedores hace que el vecindario se vuelva más agradable para un buen puñado de animales acuáticos. Además, dado que ralentizan el curso del agua, la erosión del suelo también se verá reducida. Por otro lado, el éxito de la especie ha influido en la evolución de plantas como el haya americana (*Fagus grandifolia*) y los representantes de los sauces y álamos de Norteamérica, entre otras. Estos árboles han desarrollado una capacidad de brotación más rápida, tolerancia a las inundaciones e incluso tienen ciertos compuestos para su defensa química.

Pero los ecosistemas de Tierra de Fuego no conocían a los castores, ni a nada que se les pareciera. En la década de 1980, la supuesta industria peletera ni siquiera había brotado, pero las poblaciones de los roedores no habían dejado de crecer, modificando el paisaje patagónico. Algunos bautizaron el suceso como el *Beavercene*, la época en la que los bosques subantárticos se sumieron en un colapso ecológico. Las presas cambiaron los cursos de los ríos, generando inundaciones que ahogaban a la flora nativa que no había evolucionado como las especies de Norteamérica. De esta forma, allí donde se instala la especie invasora, los árboles mueren o son talados con los incisivos, dejando paso a un bosque fantasma.

---

puesto, mientras que el primero sería para la ciudad chilena de Puerto Williams, aunque esta localidad tiene menos habitantes.

Trabajadores de una fábrica de sombreros que fabricaban sombreros de castor en el siglo XVI cuando se les llamaba sombreros «bever», grabado de 1845.

En 2018, se calculaba que en Tierra de Fuego debía de haber entre 100.000 y 150.000 castores, los cuales habrían afectado a un área de 31.000 hectáreas. Esta extensión supone dos veces la superficie de Washington D. C. El gasto económico rondaba los 66 millones de dólares anuales. Además, el problema ya no era solo de Argentina, puesto que en 1960 la especie invasora había cruzado la frontera y llegado a la región fueguina gestionada por Chile. Por ello, se ha planteado un plan de erradicación centrado en su caza, aunque la factura puede ascender a millones de dólares. El colapso de los ecosistemas también ha movilizado a los ciudadanos del lugar y han surgido iniciativas privadas como la empresa Navarino Beaver. Su jefe, Miguel Gallardo, ofrece a los turistas un *tour* por los bosques fantasmas, para luego cazar algún castor y freírlo en una sartén.

La historia del Beavercene vuelve a relacionar una actividad económica con las especies invasoras. Pero este no es el único legado de la industria peletera. En la propia Tierra de Fuego se ha constatado la alianza, o mejor dicho sinergia, entre especies invasoras. Los estanques de los castores, con sus gratas condiciones para animales acuáticos, son también atractivos para otra especie exótica: la rata almizclera (*Ondatra zibethicus*). A esto hay que añadirle que la presencia de este segundo roedor llama la atención de un depredador no autóctono: el visón americano (*Neovison vison*). Toda una cadena que lleva la huella de las granjas de pieles.

Como hemos dicho anteriormente, antes del siglo XIX el comercio de pieles se basaba en la caza de animales. Puntualmente, también se realizaban sueltas para enriquecer los lugares poco fructíferos para los estándares de la época. Esto es lo que sucedió con los zorros árticos (*Vulpes lagopus*) y rojos (*Vulpes vulpes*) en algunas de las islas Aleutianas,[58] el archipiélago de más de 300 islas que va desde Alaska a la península de Kamchatka, en Rusia. La idea era que estos animales se establecieran en estas regiones, de manera que abastecieran de pieles a los barcos comerciantes rusos que estuvieran de paso. La llegada de los carnívoros tuvo un efecto directo sobre las aves marinas, muchas de ellas endémicas del mar de Bering, que acudían a estas tierras para anidar. Especies como la gaviota piquicorta (*Rissa brevirostris*), el frailecillo coletudo (*Fratercula cirrhata*) o el mérgulo bigotudo (*Aethia pygmaea*) de repente se encontraron con que sus polluelos eran presas fáciles para los depredadores, por lo que sus poblaciones comenzaron a menguar.

La introducción también afectó a las colonias de la barnacla de Hutchins (*Branta hutchinsii*). La subespecie *B. hutchinsii leucopareia*, que se concentraba en las Aleutianas, fue dada por extinta durante años, hasta que en 1962 se descubrió una población en la isla Buldir. Desde entonces, los esfuerzos por protegerla y eliminar las especies invasoras parecen que están dando sus frutos. No ha tenido la misma suerte otra subespecie, *B. hutchinsii asiatica*, la cual vivía en la región de Bering y que se extinguió en 1929 debido a la caza y a la presión de los zorros árticos. Este tipo de animales tenían un papel clave en los ecosistemas de las islas, ya que ocupaban el papel de herbívoros en la red trófica. Pero, además, la desaparición en conjunto de todas estas aves tuvo un efecto indirecto sobre el resto de los ecosistemas de las Aleutianas. Antes de la llegada de las especies exóticas, el guano de tantas aves fertilizaba el suelo en cantidades de 362 g por metrocuadrado al año. Después, esta cifra descendió hasta los 6. La consecuencia de este suceso fue un cambio en

58 En muchas de estas islas también fue introducido el caribú o reno (*Rangifer tarandus*) para enriquecer sus recursos.

la estructura de la comunidad vegetal, que pasó de ser unas praderas dominadas por gramíneas a una tundra con un puñado de especies.

En el año 1895 la industria de la peletería iba a vivir un punto de inflexión. En esa fecha, dos ciudadanos canadienses, Charles Dalton y Robert Oulton, consiguieron criar zorros en la isla Príncipe Eduardo. Dalton era hijo de inmigrantes noruegos y había dedicado parte de su vida a la agricultura y al comercio farmacéutico, pero la caza era su verdadera pasión. Estaba obsesionado con los zorros negros o plateados, una variante melanésica de la especie *Vulpes vulpes*, cuyas pieles se encontraban entre las más valoradas del mundo. Así que, cuando consiguió algunos ejemplares vivos, intentó criarlos en un establo dentro de jaulas, pero no obtuvo ningún resultado. Lejos de desanimarse, se asoció con Oulton, agricultor y compañero de cacería, que trasladó los animales a un entorno más natural en el interior de un cercado instalado en su granja. De esta forma, nació una empresa en la que Dalton se ocuparía de las finanzas y ventas, mientras que Oulton cuidaba a los animales. Al principio mantuvieron el proyecto en secreto, dado que las pieles eran muy codiciadas. Por ejemplo, en el año 1900 les llegaron a pagar 1807 dólares por la compra de una única piel. Viendo que la empresa crecía, decidieron aceptar a otros socios. Esto significó la ruptura de su monopolio, ya que en 1910 un sobrino de uno de los asociados vendió a la competencia una pareja de zorros plateados por 10.000 dólares.

Otro de los criadores de zorros, JP Hooper, de Charlottetown, en 1929 [Archivos Públicos y Oficina de Registro de la Isla del Príncipe Eduardo]

Desde entonces, la cría de animales en granjas para obtener sus pieles se extendió por el resto del mundo, incluyendo a otras especies. Entre ellas encontramos al mapache boreal (*Procyon lotor*), que gracias a este negocio dio un salto desde Norteamérica a Europa, donde se convertiría en especie invasora. La mayor población de este animal fuera de su hábitat se encuentra en Alemania, gracias a que ha sido introducido múltiples veces. En una de las ocasiones, siguiendo la tradición de *enriquecer la fauna*, el mamífero fue liberado junto a un embalse al norte del estado de Hesse en el año 1934.[59] Por otro lado, varios ejemplares lograron escapar de una granja en Altlandsberg, al este de Berlín, después de un bombardeo en 1945, durante el transcurso de la segunda guerra mundial. En otras partes de Europa también se realizaron sueltas de mapaches. Destaca aquí el papel de la Unión Soviética. Entre 1936 y 1958 se llegaron a liberar más de 1000 ejemplares en diferentes regiones, nuevamente con la idea de favorecer el comercio de pieles. Debido a estas acciones,[60] la especie se ha establecido en los ecosistemas de centro Europa. Según un informe de investigadores del Museo Nacional de Ciencias Naturales (MNCN-CSIC) publicado en 2018, en 20 años su población en esta zona ha crecido en un 300%. Al tratarse de una especie carnívora, su expansión supone un serio problema para la fauna como las aves autóctonas.

La rata almizclera (*Ondatra zibethicus*) también es otra de las especies norteamericanas que la industria peletera ha expandido por el mundo. La primera liberación en Europa se produjo en 1905, de la mano de un terrateniente de Checoslovaquia que introdujo varios ejemplares en las cercanías de Praga. Desde allí, la especie se ha expandido hacia Europa occidental. De la misma forma, la Unión Soviética volvió a jugar un papel importante en la dispersión de este animal. El científico Vladimir Yakovlevich Generozov,

59 Según cuenta la leyenda, esta población de mapaches se habría establecido en Alemania gracias a que Hermann Göring promovió su liberación. Todo parece indicar que el jefe de la Luftwaffe ni se enteró de la llegada de estos animales. Aunque claro, suena más atractivo hablar de *nazi raccoons*, y así se han referido a ellos en varias ocasiones en la prensa inglesa.

60 Otra de las vías de introducción del mapache ha sido su importación como mascota. En el año 1966, fueron liberados en la base aérea de Laon-Couvron, al norte de Francia, por parte de miembros de la Fuerza Aérea de los Estados Unidos. Hablaremos de la relación entre las especies invasoras y las mascotas en el capítulo XI.

Neovison vison [Stephan Morris].

Mustela lutreola [Martin Mecnarowski].

especializado en la gestión de la caza, impulsó la crianza de la rata almizclera al conocer de primera mano los beneficios que reportaban las granjas en Estados Unidos. Por ello, en 1926 liberó algunos ejemplares en las islas Solovetsky para estudiar su aclimatación a los ecosistemas rusos. Tiempo después, otro científico las llevaría hasta territorio continental. Nikolay Kuzmich Vereshchagin estudió Biología y se convirtió en un experto en mamuts, pero también era aficionado a la caza, trabajó en granjas de pieles e incluso se interesó en la cría de renos. Por eso, en 1929 se implicó en la liberación de un centenar de ratas almizcleras en las inmediaciones de la ciudad de Tiumén, en Siberia Occidental. Después de estas iniciativas, el Gobierno soviético promovió la introducción de la especie en gran parte del norte de Rusia, Siberia y Kazajistán. Desde allí, este animal, ya contando con sus propios medios, ha llegado hasta China, Mongolia y la península de Corea.

Paralelas a todas estas historias, encontramos el episodio del visón americano (*Neovison vison*) y su llegada a España. Esta especie es de mayor tamaño que su primo, el visón europeo (*Mustela lutreola*), motivo por el cual era más apreciada en el mercado de las pieles. Pero sus poblaciones también se habían desplomado debido a la caza excesiva, así que su crianza, que se remonta a la década de 1860, fue el siguiente paso lógico. Tras el auge de las granjas de pieles, impulsadas por los acontecimientos de 1895, la especie llegaría al Viejo Mundo en 1926 e invadiría los ecosistemas europeos gracias a los ejemplares que se escaparon o a las sueltas deliberadas. Por ejemplo, para el año 1971, la Unión Soviética había liberado más de 20.000 visones americanos en unas 250 regiones distintas.

En España, las poblaciones salvajes de visón americano se nutrieron de desastres y escapes ocasionales. El 3 de octubre de 1984, el ciclón Hortensia golpeó Galicia con vientos de hasta 158 kilómetros por hora. Las pérdidas económicas fueron millonarias, con campos de cultivos arrasados, casas destrozadas, barcos rotos y un gran número de negocios afectados. Entre ellos se encontraban algunas granjas de pieles situadas en La Coruña, cuyos animales obtuvieron la libertad gracias a la tormenta. Un año antes, en Barcelona, un incendio forestal también permitió a la especie crear una población en la región. Otro foco lo encontramos en Teruel, donde en el año 1990 una de estas explotaciones fue abandonada, dejando que los animales murieran de hambre. De allí, algunos ejemplares lograron escapar y se unieron al resto de poblaciones que ya se habían establecido en la península ibérica.

Por último, un tercer factor lo encontramos entre el movimiento animalista. Tras siglos de comercio de pieles, la industria peletera se enfrenta hoy en día a la oposición de parte de la sociedad, centrada cada vez más en la defensa de los derechos de los animales. Sin embargo, en ciertas ocasiones las actuaciones de determinados grupos han acabado teniendo el mismo efecto que las sueltas para enriquecer la fauna. En España debemos mencionar el caso del Frente de Liberación Animal, el cual ha actuado liberando a los ecosistemas miles de visones americanos en diferentes puntos del país. Una de sus acciones fue llevada a cabo en 2005, cuando una granja de Santiago de Compostela apareció con pintadas como: «Abajo los muros, fuera las cárceles» y sus jaulas abiertas. Aunque en la mayoría de las ocasiones los animales fueron recapturados, estos actos ponen en peligro a la fauna autóctona y los ecosistemas que conforman.

Al igual que en el caso de los castores o los zorros, el principal problema con el visón americano es su impacto medioambiental, concretamente porque compite con otro animal carnívoro. Con permiso del lince ibérico, el visón europeo supone una joya de nuestra fauna al ser un mamífero carnívoro exclusivo de Europa. Sin embargo, la destrucción de su hábitat, la caza y el avance de su pariente norteamericano han hecho que esta especie se encuentre en peligro crítico de extinción. En el año 2016, se calculaba que en España quedaban solo unos 500 ejemplares, la gran mayoría de ellos concentrados en Navarra. Gracias a la puesta en marcha de proyectos de conservación, se espera que la situación se revierta. Por supuesto, esto tiene un coste económico, que debemos asumir para garantizar el correcto funcionamiento y supervivencia de los ecosistemas. Pero también, por qué no decirlo, para pagar la deuda que a lo largo de siglos hemos adquirido con la naturaleza.

VII. LA GRANJA DE SAMUEL WILMOT

CARGAMENTOS DE OSTRAS

Alrededor del año 1860, un barco se hundió en el golfo de Vizcaya, cerca de la localidad francesa de Arcachon. Una tempestad sorprendió a la embarcación que provenía de Portugal con un cargamento de ostras portuguesas (*Crassostrea angulata*). Los bivalvos viajaban vivos, por lo que, al verse liberados en mar abierto, se aclimataron y establecieron una floreciente población en Francia. En vez de representar una tragedia, para muchos este suceso supuso una bendición.

Durante siglos, la ostra plana (*Ostrea edulis*) fue uno de los moluscos marinos habitual en las cocinas de los europeos. La especie, nativa de las costas de Europa y del Mediterráneo, era ya muy apreciada en la época romana cuando el abundante recurso se transportaba desde el mar Adriático hasta el Tirreno. Para ello se usaban las conocidas como *ostriaria*, una antigua forma de granjas acuáticas de engorde. Tiempo después, durante el siglo XI, el rey vikingo Canuto el Grande mandó traerlas desde Inglaterra al mar de Frisia, frente a las costas holandesas, alemanas y danesas. Pero, tras tantos años de capturas, las poblaciones acabaron por agotarse y en muchas zonas, como en la Francia del siglo XIX, se estaban quedando sin ostras que recolectar.

A fin de llenar el vacío dejado por la ostra plana e incentivar la industria del marisco, se decidió importar otras especies de bivalvos. La ostra portuguesa tuvo la suerte de ser elegida entre las especies útiles, así que fue transportada a la costa atlántica de Francia para establecer sus criaderos. Por eso nadie se declaró en contra suya cuando, tras el suceso de 1860, el molusco se estableció por

Ostrea edulis.

su cuenta. Hoy en día sabemos que la historia de este animal con el ser humano es incluso más antigua. A pesar de su nombre, los estudios genéticos han confirmado que en realidad su hogar se encuentra en las costas asiáticas del océano Pacífico. Su llegada a Europa se remonta al siglo XVI, cuando los comerciantes portugueses promovieron su introducción. Otro candidato seleccionado fue la chirla mercenaria (*Mercenaria mercenaria*), que proviene de la costa atlántica de América del Norte y Central. Gracias a la intervención de nuestra especie, también acabó en Europa.

Como hemos visto en capítulos anteriores, las oportunidades para las especies exóticas crecían conforme las sociedades estaban más conectadas. Las importaciones de animales marinos con interés comercial no fueron una excepción. Siendo favorecidas por los avances en el transporte que dibujan un mundo cada vez más pequeño. Por ejemplo, a mediados del siglo XIX, en Estados Unidos para ir desde la costa este a la oeste tenías que invertir meses viajando en caravanas. Pero esta situación cambió con la creación del primer ferrocarril transcontinental del país. Tras la firma por parte de Abraham Lincoln de la Pacific Railroad Acts en 1862, comenzaría la construcción de una vía para unir Omaha, en el estado de Nebraska, con Sacramento, en California.[61] El trabajo sería realizado por las empresas Central Pacific y Union Pacific, en una carrera para ver quién construía más kilómetros, la cual estaría llena de historias de trampas y sabotajes.[62] Finalmente, las dos líneas se unieron en Promontory (Utah) el 10 de mayo de 1869. La ceremonia para celebrar la proeza fue conocida como el *Golden Spike*, ya que los últimos clavos usados estaban chapados de oro. De esta forma, el trayecto de un punto a otro pasó a ocupar poco más de una semana. Pero, además, se acababa de abrir una vía terrestre para las especies del océano Atlántico y Pacífico.

En el año 1882, desde Nueva York eran exportados cada semana unos 5000 barriles con ostras americanas (*C. virginica*) vivas conservadas en harina. Su destino eran los mercados de Europa, faltos

61 La conexión con Nebraska, permitió conectar California con la red de ferrocarriles del este de los Estados Unidos que llegaban hasta la costa atlántica.

62 Central Pacific llegó a construir 1110 kilómetros de ferrocarril, mientras que Union Pacific los superó con 1746 kilómetros.

del manjar por la sobrepesca. El valor comercial de la especie también propició que fueran llevadas hacia las costas de California y la Columbia Británica. En estas regiones existían otras especies comestibles, pero de menor tamaño y con un sabor distinto. El establecimiento del ferrocarril y las mejoras en la industria del hielo a finales del siglo XIX hicieron posibles estos viajes. Gracias a esta conexión, en la bahía de San Francisco se establecieron criaderos de ostras americanas, que llegaron a generar un monopolio en 1880. Las ganancias de este negocio incluso motivaron la aparición de piratas de ostras, que asaltaban por la noche las granjas.

Junto a las ostras, también llegaron otros animales marinos a la bahía de San Francisco. Lo harían como polizones asociados a las conchas de los moluscos. De esta forma, moluscos, poliquetos, crustáceos y otros invertebrados del Atlántico salvaron el trayecto por tierra hasta llegar a las aguas del Pacífico. Tiempo después, otra vía de entrada serían los gusanos usados como cebo vivo, cuyo traslado se realizaba envueltos en algas. Asociadas a ellos, viajaron ejemplares de especies como el cangrejo verde europeo (*Carcinus maenas*) y el caracol de mar *Littorina saxatilis*.

Mientras tanto, en Europa la ostra plana y la mal llamada ostra portuguesa quedarían relegadas al olvido económico durante el siglo XX. Además de la sobrepesca y los efectos de la contaminación de los mares, las poblaciones de ostra plana entraron aún más en decadencia debido al impacto de las enfermedades. En concreto, la más mortal de ellas fue la producida por el parásito *Marteilia refringens* entre los años 1970 y 1977. Se desconoce el origen del brote, pero la epidemia acabó con el 75% de la producción europea, la cual se concentraba en Bretaña. Por otra parte, en el año 1969 una enfermedad vírica arrasó con las poblaciones de ostras portuguesas e hizo que su cultivo dejase de tener interés comercial.

Tras estos acontecimientos, la industria de la acuicultura volvió a acudir a la introducción en el mercado de una nueva especie: la ostra japonesa, rizada o del Pacífico (*C. gigas*).[63] Gracias al impulso humano, este molusco ha llegado a las costas de América del Norte, Europa, Australia y Nueva Zelanda. Pero con ella también viajaron como polizones, aferradas a las conchas del bivalvo, otras especies

63 Esta especie también es conocida con el nombre científico de *Magallana gigas*.

Sargassum muticum en Namlea, Maluku, Indonesia, 2019 [Ague].

no tan deseadas que consiguieron ampliar sus horizontes. Esto es lo que ocurrió con el alga japonesa *Sargassum muticum*, que colonizó la costa de California en la década de 1940 y llegó a Europa occidental en el año 1970. Debido a su rápido crecimiento, es capaz de cubrir el fondo marino alterando la sedimentación y expulsando a la comunidad de algas nativas, además de otras especies autóctonas. Evidentemente, estos cambios en los ecosistemas marinos tienen un efecto inmediato en los recursos pesqueros.

El comercio de vida marina y su importación no solo entraña riesgos de organismos polizones. Cuando las especies escapan de sus sitios de cría o son directamente soltadas en el medio, sus poblaciones pueden crecer de forma descontrolada y tener impactos sobre los ecosistemas. Este es el caso de la almeja de Manila *(Ruditopes philippinarum)*, nativa de las regiones asiáticas de los océanos Pacífico e Índico, que ha sido introducida por diferentes vías. A la costa oeste de Norteamérica llegó en la década de 1930 gracias a la comercialización de la ostra japonesa. Mientras, en 1983 hizo su aparición en el mar Adriático debido a la liberación intencional por parte de Italia. Nuevamente, la acción se realizó motivada por el declive de una especie nativa, la almeja *R. decussatus.* Al igual que el resto de los bivalvos, la almeja de Manila se alimenta por filtración, tomando la materia en suspensión y microorganismos del ambiente. Esto puede suponer un problema si son demasiados ejemplares, ya que filtran tal cantidad de agua que alteran el resto de la cadena trófica. Por otra parte, también existe el riesgo de hibridación con las especies autóctonas, con la consecuente pérdida de biodiversidad genética.

Sin embargo, la aparición de estas especies de ostras y almejas, ya bien sea de forma intencional o accidental, en un contexto de colapso de las poblaciones nativas, supone un balón de oxígeno para las personas que viven de este recurso. Por ejemplo, en el año 2017 las mariscadoras del puerto de O Barqueiro, en Galicia, recogieron más de 45.000 kilos de ostra rizada que en el mercado se vendieron por 61.361 euros. Debido a este beneficio económico, al igual que en anteriores casos y en los que veremos en este capítulo, resulta difícil poner el foco sobre los daños medioambientales, pero debemos esforzarnos en tenerlos en cuenta para visualizar el puzle al completo.

Vista aérea de las bateas para la producción de mariscos en O Grove, Ría de Arousa (Galicia, España) [Maphke].

La conferencia sobre pesca más grande del siglo XIX se celebró en Londres. En el año 1883, alrededor de 2,6 millones de personas visitaron la International Fisheries Exhibition. Delegaciones de todo el mundo se dieron cita en la capital británica para exponer la historia natural acuática de sus naciones. La mayor exhibición fue un acuario con más de 200.000 litros de agua, el más grande que se había construido. Además de peces vivos, se trajeron animales como pelícanos, cormoranes, focas, nutrias y castores. Pero la verdadera sensación del evento era la información, sobre todo la referida a la cría artificial de peces. Con el fin de garantizar su difusión, los organizadores se preocuparon de redactar informes, manuales y otros documentos que serían enviados a los países participantes.

En este punto, debemos recuperar la figura de Frank Buckland. Además de por sus exóticas comidas que conocimos en el capítulo II, Buckland destacó por el estudio sobre la vida acuática,[64] al igual que por sus esfuerzos por conservarla. En aquella época comenzaba a ser evidente el declive de los recursos pesqueros, afectados por la sobrepesca y la destrucción de hábitats. Por eso, el zoólogo inglés promovió, por ejemplo, la regulación de la pesca del salmón por parte del Gobierno. Además, se embarcó en la investigación sobre la cría de determinadas especies con el fin de afrontar el problema de su desaparición. Fruto de este trabajo, logró enviar huevos y ejemplares adultos de trucha y salmón a lugares tan alejados como Australia y Nueva Zelanda.

De la misma forma que los avances botánicos impulsaron la dispersión de plantas, en el siglo XIX el cultivo de peces se vería favorecido por el desarrollo científico y tecnológico. Ya en el año 1851, determinadas técnicas habían permitido establecer un criadero en Francia. Pero uno de los hitos más importantes se pro-

64 En 1865, Frank Buckland fundó el Museum of Economic Fish Culture, que es considerado como el primer museo sobre la pesca de Reino Unido. Parte de su colección pudo admirarse en la International Fisheries Exhibition, evento que Buckland no pudo disfrutar, ya que falleció en el año 1880.

duciría en Canadá. En 1856, tras la muerte de su padre, Samuel Wilmot había heredado la gestión de la granja de su familia, situada en Wilmot Creek, en la provincia de Ontario. Dentro de ese terreno pasaba un arroyo donde los salmones venían a desovar. Sin embargo, la sobrepesca y el desarrollo urbano estaban restando cada vez más peces a la población.

Wilmot pensó que podía atajar el problema echando mano de la propagación artificial. Pero antes debía conseguir huevos para iniciar un experimento. En el año 1866 pudo atesorar en el arroyo un puñado de ellos y los trasladó a una instalación con agua en el sótano de su casa. De esta forma, creó una planta de incubación experimental en la que los alevines de salmón pudieron crecer comiendo hígado picado. Los resultados fueron prometedores, lo que se tradujo en que el Gobierno se animara a financiar la idea. Dos años después, el esfuerzo fructificó al poner en marcha el primer criadero de peces a gran escala, instalado en la comunidad de Newcastle. A medida que avanzaba el proyecto, nuestro protagonista también participó en la vida política del país, actividad que le permitió ser supervisor del Departamento de Marina y Pesca. Además, en 1876 sería nombrado superintendente de cultivo de peces, puesto que mantuvo hasta jubilarse en 1895. Gracias a su posición en las instituciones, promovió este modelo de producción, incluido la construcción de otras 15 granjas en Canadá.

Pero no todo el mundo veía con buenos ojos estos proyectos. En 1871, un grupo de personas intentó incendiar la instalación de Newcastle, lo que provocó la muerte de los animales. Aun así, cincuenta años después, esa misma planta había producido 155 millones de alevines de salmones y otras especies. Los éxitos cosechados también llamaron la atención de la Société Zoologique d'Acclimatation, que concedió a Samuel una medalla de oro en 1872 por el impulso de la aclimatación de especies útiles acuáticas. La técnica de Wilmot y su equipo también triunfó en la International Fisheries Exhibition, donde presentaron un modelo a pequeña escala de la granja en Newcastle. La exhibición de Canadá estaba coronada por un gran castor de peluche de 20 kilos. Los organizadores del congreso quedaron encantados con la muestra, por lo que les entregaron otra medalla.

Exposiciones y reuniones como la de Londres sirvieron para ampliar el conocimiento sobre la aclimatación de especies acuáticas. De esta manera, se tejieron redes de contactos entre diferentes proyectos que estaban surgiendo en el mundo. Una de estas empresas fue impulsada por Robert Roosevelt, el tío del presidente de los Estados Unidos, Theodore Roosevelt. Entre otras facetas, Robert es considerado como uno de los primeros conservacionistas del país, ideas que calaron en su sobrino. Uno de sus puntos fuertes fue la preservación de la pesca, visión que promovió al impulsar la creación de la United States Fish Commission en 1871. Este organismo tendría el objetivo de repoblar las especies en declive debido a la sobrepesca, a la vez que apostó por la acuicultura. Unas medidas que se tomaron sin hacer distinción entre especies nativas y exóticas.

Los salmones fueron uno de los primeros grupos de peces en beneficiarse del trabajo de la United States Fish Commission. La cría artificial se aplicó en los casos del salmón real o *chinook* (*Oncorhynchus tshawytscha*), el salmón rojo (*O. nerka*), el salmón plateado (*O. kisutch*), el salmón rosado (*O. gorbuscha*) o el salmón chum o keta (*O. keta*). La producción de estas especies se realizó entre los años 1872 y 1930, y se llegaron a generar millones de huevos destinados a la repoblación. Pero también se enviaron a otros países y regiones con el fin de introducirlos. En lugares como Hawái o Argentina los proyectos fracasaron, pero sí se lograron establecer poblaciones en Chile, Nueva Zelanda, la isla de Tasmania, el estado de Maine o en la provincia de Ontario.

Otra protagonista de este movimiento de peces fue la trucha marrón (*Salmo trutta*), una especie propia de los ríos y lagos de Europa. Gracias al transporte en barco, las introducciones intencionadas y los escapes de criaderos, ha ampliado su horizonte hacia lugares tan alejados como Australia (1864), Tasmania (1866), el Himalaya (1868), Canadá (1882), Sudáfrica (1892), Argentina (1904) o Kenia (1909). A Estados Unidos llegó en 1883 tras las gestiones realizadas por Fred Mather, un piscicultor de Nueva York que trabajaba para la United States Fish Commission. En esa fecha, el Barón Lucius von Behr, presidente de la German Fishing Society, le envió por barco unos huevos de trucha marrón. Al año siguiente, tras criarlos en granjas, se produjo la primera libera-

Trucha degollada [Kevin Cass].

Thamnophis sirtalis [Randy Bjorklund].

ción de la especie en el país, concretamente en el río Baldwin, en Michigan. El éxito de esta introducción se debió a la experiencia de Fred, quien previamente mantuvo una explotación de peces en Nueva York. Pero, además, había conseguido mejorar las técnicas de incubación, con lo que llegó a inventar una caja refrigeradora que permitía el transporte de huevos a larga distancia. Este avance catapultó el envío de especies por todo el mundo.

El trasiego de peces a lo largo del siglo XIX acabó por revolver aún más los ecosistemas de ríos y lagos de la Tierra. Muchas de estas especies introducidas compiten por los nichos con los animales nativos, lo cual provoca su desaparición. Esto es lo que sucedió con la trucha degollada *yellowfin* (*Oncorhynchus clarkii macdonaldi*), una subespecie propia de Twin Lakes, en Colorado. Debido a la competencia con las invasoras y la hibridación con la trucha arcoíris (*O. mykiss*),[65] este tipo de pez se extinguió en 1910. Por otra parte, también debemos tener en cuenta los efectos que producen al actuar como depredadores. Por ejemplo, la trucha de plata (*Salvelinus agassizi*) solo estaba presente en dos lagos de New Hampshire.[66] Este reducido rango llevó a su extinción tras años de sobrepesca e impactos por parte de peces foráneos. En su hábitat natural esta trucha no contaba con depredadores naturales, pero todo cambió con la llegada de actores como la perca amarilla (*Perca flavescens*), introducida para favorecer la pesca deportiva. En 1939, la trucha de plata fue declarada extinta.

Los impactos ambientales que producen estos animales también pueden trasladarse al resto de la cadena trófica. Por ejemplo, los renacuajos de la rana montana patiamarilla (*Rana sierrae*), que habita la región de Sierra Nevada, en California, están sufriendo la depredación de peces como la trucha arcoíris. A consecuencia de este efecto, los animales que se alimentan de los anfibios, como las serpientes de jarretera (*Thamnophis sirtalis*), se ven afectados directamente, lo cual se traduce en el descenso de sus poblaciones por la falta de comida.

---

65 El epíteto específico de la trucha arcoíris, *mykiss*, proviene del nombre local que recibía en lengua kamchatkan: *mykizha*.

66 Concretamente, los lagos Dublín y Christine.

Antes de marcharnos de Estados Unidos, debemos mencionar el episodio de la carpa asiática plateada (*Hypophthalmichthys molitrix*). Esta especie es nativa de China y Siberia oriental, y se ha convertido en uno de los peces más cultivados por la acuicultura. Gracias a su interés comercial, podemos encontrarla en más de 80 países del mundo. Al ser un animal filtrador, fue importada a Estados Unidos en 1970 para que ayudara a limpiar los estanques de piscicultura en el río Mississippi. Debido a las inundaciones y los escapes, ha conseguido llegar a diversos ríos y lagos del país. Al margen de sus impactos medioambientales, este pez es el protagonista de muchos vídeos de YouTube por su comportamiento de huida: cuando se asusta puede saltar hasta dos metros fuera del agua. Esto hace que las aguas invadidas por cientos de ejemplares se vuelvan un espectáculo de salpicaduras y destellos plateados. Pero, lejos de ser algo anecdótico, si te aventuras a cruzarlas, debes saber que más de uno ha sufrido golpes en la cabeza, los ojos o se han roto algún que otro hueso por el impacto de una carpa plateada. Aun así, el ingenio de los estadounidenses los ha llevado a inventar nuevas modalidades de pesca, como la caza con arco. En el pueblo de Bath, en Illinois, incluso se organiza el Redneck Fishing Tournament, en el que las carpas son capturadas en el aire con redes.[67]

En el resto del mundo, las importaciones de peces también se han producido en tiempos recientes. En muchas ocasiones esto ha sucedido en una mezcla entre el interés por fomentar la pesca recreativa y la intención de favorecer la economía de las regiones. Uno de los ejemplos más famosos es la perca del Nilo (*Lates niloticus*), un depredador que puede crecer hasta los 2 metros de longitud y pesar 200 kilos, y su introducción en el lago más grande de África: el Victoria.[68] Esta región, que se encuentra entre las fronteras de Uganda, Tanzania y Kenia, es conocida por su gran

---

67 El evento se organiza desde el año 2005 y tiene lugar en el río Illinois. Su objetivo es la disminución de la población de carpa asiática plateada. Está prohibido el uso de cañas de pescar, solo están permitidas las redes de pesca. Los peces son sacrificados y destinados a la investigación científica, la fabricación de fertilizantes y comidas para gatos o el consumo humano.

68 El lago Victoria se extiende por un área de 69482 kilómetros cuadrados. Para hacernos una idea del tamaño, podemos comparar este dato con la superficie de la comunidad de Andalucía (87268), Castilla-La Mancha (79463) o Madrid (8022).

diversidad de un tipo de peces conocidos como cíclidos. Se cree que esta variedad surgió tras un proceso de evolución rápida cuyo origen podría estar en una única especie, la cual quedó atrapada en aquellas aguas hace menos de 15.000 o 12.000 años. De esta manera, los cíclidos se habrían adaptado a los diferentes hábitats del lago, apareciendo unas 500 especies distintas. Sin embargo, este tesoro natural comenzó a desaparecer debido a la sobrepesca y otros impactos medioambientales, que desembocaron en la disminución de los recursos pesqueros y en la liberación, a modo de solución, de la perca del Nilo.

Las primeras sueltas de perca del Nilo fueron realizadas en 1954 por parte de la Administración británica.[69] Poco después, serían los recién formados Gobiernos de Uganda y de Kenia quienes asumirían esta labor durante la década de 1960, una actuación que tendría graves consecuencias sobre los ecosistemas del lago Victoria. Los datos sobre las capturas de peces son un buen indicativo de ello. En el año 1977: los cíclidos representaban un 32% del total de las capturas, mientras que la perca del Nilo apenas llegaba al 1%; sin embargo, para 1983 la situación había cambiado por completo, pues la perca suponía el 68% de la pesca y los cíclidos el 1%. Esta realidad ha supuesto la extinción de más de 200 especies de cíclidos y la puesta en peligro de un centenar más. Pero, para ser justos, todas las culpas no deberían ser cargadas sobre la invasora. La explotación pesquera de esta especie permitió el establecimiento de grandes barcos, a la vez que el desarrollo de una industria destinada a su comercialización hacia el exterior. La consecuencia de esta situación fue el crecimiento social alrededor del lago, lo cual favoreció el incremento de la agricultura y la extensión urbana. Esto ha conllevado una mayor contaminación por basura, aguas residuales y fertilizantes. Por otra parte, la tala masiva ha favorecido la erosión del suelo y la llegada de más nutrientes al agua. El conjunto de los impactos humanos, sumado al apetito voraz de la perca del Nilo, acabaron revolviendo los eco-

69 En la década de 1950, las regiones alrededor del lago Victoria estaban gobernadas por Reino Unido. Uganda se independizó en 1962 y Kenia lo haría en 1963. Por otra parte, Tanzania se formaría en 1964 tras la unión de Zanzíbar con Tanganica, que se independizaron en 1963 y 1961 respectivamente.

Niños etíopes preparan percas del Nilo pescadas en el lago Turkana [Arnold John Labrentz].

sistemas. Por si fuera poco, en el año 1989 se detectó la presencia del jacinto de agua, que ha colonizado grandes extensiones y originado los mismos problemas de los que ya hemos hablado en el capítulo IV. Este es el escenario gracias al cual la perca del Nilo se alzó como especie invasora, mientras los cíclidos se vieron abocados a la extinción.[70]

Las introducciones de especies exóticas también han estado avaladas por organizaciones como las Naciones Unidas. Esto fue lo que ocurrió en Papúa Nueva Guinea durante la década de 1990. El río Sepik es el más largo de la isla de Nueva Guinea, pero, a pesar de ello, la historia natural del lugar y los impactos humanos la han convertido en una región pobre en recursos pesqueros. Para contrarrestar esta situación, se puso en marcha el Sepik

70 Los impactos de la perca del Nilo en el lago Victoria se han hecho famosos en parte gracias al documental *Darwin's Nightmare* del año 2004. Aunque su director, Hubert Sauper, ha sido acusado de poco riguroso en sus argumentos, el documental sirve para comprender la complejidad de este caso.

River Fish Stock Enhancement Project, el cual sería conocido más tarde como proyecto FISHAID. Con ayuda de las Naciones Unidas, el Gobierno liberó entre los años 1987 y 1997 diversas especies de peces exóticos con el objetivo de impulsar la pesca. La premisa era que resultaría más fácil gestionar los ecosistemas degradados con estos animales, en vez de intentar conservar la naturaleza de manera intacta. De esta forma, la esperanza era que las especies no autóctonas pudiesen mantener el funcionamiento de las redes tróficas. Evidentemente, este programa fue un grave error.

Para que el programa tuviera éxito, las Administraciones se preocuparon en explicar los diferentes detalles de cada pez a funcionarios locales, maestros, trabajadores y otras personas. Ellos harían la función de traducir la información a los distintos idiomas locales. Entre las especies elegidas se encontraba la tilapia de pecho rojo (*Coptodon rendalli*), procedente del sur de África, vista como un aporte de proteínas para la población. Del barbo de Java (*Barbonymus gonionotus*), originario del sudeste asiático, resultaba interesante que se alimentara de plantas acuáticas, entre ellas el jacinto de agua. Por otra parte, el *masheer* dorado (*Tor putitora*), nativo del Himalaya, es un pez que puede superar los dos metros de largo y por tanto un buen candidato para incentivar la pesca deportiva. Pero la más rara de las incorporaciones fue el pacú de vientre rojo (*Piaractus brachypomus*), un pariente de la famosa piraña, cuya pesca podría impulsar la economía. Este pez, autóctono de las aguas del Amazonas, es característico por sus dientes planos y fuertes que usa para romper frutos duros como las nueces. Desde el Gobierno avisaban que el pez no era agresivo, pero se debía tener cuidado al manipularlo, ya que su mordedura podía ser dolorosa.[71]

El pacú de vientre rojo llegaría a ser protagonista de uno de los programas de la serie documental *Monstruos de río*, presentada por el biólogo Jeremy Wade. Aunque la mayor parte de su dieta es vegetariana, puede llegar a comportarse como un carnívoro en determinadas situaciones. De esta forma, ante la falta de alimen-

71 La tilapia de pecho rojo fue introducida entre los años 1991 y 1992, fecha en la que también llegó el barbo de Java. Mientras que el pacú de vientre rojo haría su aparición entre 1995 y 1997.

tos no le importa llenar la barriga con peces más pequeños. Es por este motivo que los pescadores del río Sepik señalan a esta especie como la culpable del declive de las poblaciones. Incluso le acusan de estar detrás de la desaparición de los cocodrilos de agua salada, ya que podría alimentarse con las crías recién nacidas de estos reptiles y la vegetación que usan para refugiarse. Aunque otro de los delitos imputados tiene más tintes de leyenda que de realidad. En el año 2001 ocurrieron una serie de ataques a personas mientras se bañaban en el río. Los sucesos tenían una característica especial: habían sido contra hombres, en concreto contra sus genitales. No se ha demostrado que el culpable sea el pacú de vientre rojo, pero su mala fama, y sobre todo el aspecto de sus dientes, ha sido más que suficiente para convertirle en el protagonista de las historias contadas por lugareños.

Por supuesto, España no está exenta de casos de peces exóticos. Algunos ejemplos que podríamos mencionar son la perca americana o *black bass* (*Micropterus salmoides*), el siluro (*Silurus glanis*), la lucioperca (*Sander lucioperca*) o la trucha arcoíris, todas ellas con una gran capacidad de revolver los ecosistemas de ríos y lagos. Quizás la más antigua de las introducciones sea la carpa (*Cyprinus carpio*), que llegó al país gracias a los romanos. Debido a su forma de alimentarse, esta especie remueve los sedimentos del fondo, lo que aumenta la turbidez del agua. Esto tiene una consecuencia directa sobre las plantas acuáticas, que son incapaces de hacer la fotosíntesis. Estas, después de morir, dejan de ser el

Black bass (*Micropterus salmoides*) [Noel V. Baebler].

sustento para animales como el porrón europeo (*Aythya ferina*) y la malvasía cabeciblanca (*Oxyura leucocephala*).

El denominador común de todas estas especies es el beneficio económico, aunque también son los impactos ecológicos. La gestión de estos casos es motivo de debate en muchos lugares, pero, cuando se apuesta por el control o erradicación de los peces, nos encontramos con una difícil tarea. ¿Cómo atrapar a unos animales que se ocultan en el agua? Una opción puede ser cortar por lo sano, como hacen en Japón. En este país se aprovecha la práctica de una técnica agrícola tradicional para dicho fin. Durante el Kaibori, se drenan los estanques para evitar la acumulación de lodo y actualmente también está sirviendo para capturar peces exóticos. Por ejemplo, en el parque Inokashira, al oeste de Tokio, se capturaron más de 20.000 ejemplares de peces en enero de 2014. De ellos, dos tercios eran especies no autóctonas, las cuales fueron sacrificadas. Solo le salvaron la vida las nativas. Evidentemente, este tipo de actuaciones no se pueden realizar en ríos y lagos. Otra de las opciones consiste en usar el poder de la electricidad. Frente a la invasión de varias especies de carpas, en los Grandes Lagos se decidió instalar una valla eléctrica submarina, aunque la medida no sirvió para mucho. Por otra parte, en Kentucky optaron por usar una barca desde la que mandar corriente eléctrica para aturdir o matar a los peces. Sin embargo, quizás la mejor medida para controlar las poblaciones la encontremos en buscar la complicidad de los pescadores, para que actúen como centinelas que eviten la introducción y expansión de las invasoras.

Siluro (*Silurus glanis*) [Edvard Ellric].

En las frías aguas del mar de Barents viven a su antojo miles de cangrejos de Kamchatka (*Paralithodes camtschaticus*). Llevan décadas haciendo de estos ecosistemas su hogar, pero su origen se encuentra a más de 5000 kilómetros de distancia, en las costas orientales de Rusia. Estos enormes crustáceos, que pueden pesar 12 kilos y presentan patas de casi dos metros de longitud, son una de las especies que se beneficiaron de los proyectos de aclimatación de la Unión Soviética.

Durante el siglo XIX, el Imperio ruso puso en marcha diversas expediciones científicas para catalogar la historia natural de sus territorios. Uno de los objetivos era conocer las especies de aguas dulces y marinas, en una búsqueda por encontrar animales con interés comercial. De esta forma, al delimitar sus hábitats, los funcionarios del zar podrían trazar una gestión de los recursos pesqueros de la nación. Este espíritu también se transmitió a la Unión Soviética, que mantuvo la idea con el fin de desarrollar la pesca industrial. Los científicos soviéticos se afanaron en eva-

Sello postal de la extinta URSS que muestra una ilustración de *Paralithodes camtschaticus*, 1975 [Igor Golovniov].

luar las poblaciones de peces y describir sus dinámicas, para así establecer cuotas de capturas y predecir sus impactos. Estos estudios pusieron de manifiesto una realidad que se estaba repitiendo en el resto del mundo: la degradación medioambiental estaba acabando con los recursos acuáticos. Por ejemplo, los esturiones que acudían a desovar al río Volga desde el mar Caspio habían disminuido por la construcción de presas hidroeléctricas. Para hacer frente a estos problemas, se puso en marcha la Estación Central de Producción y Aclimatación en el año 1947. Uno de sus cometidos era enriquecer los ecosistemas rusos con especies comerciales. Entre las acciones que realizaron se encuentra la suelta de salmón rosado (*Oncorhynchus gorbuscha*) en el mar de Barents, o la introducción de diversas especies de peces en el mar Báltico.[72]

No solamente fueron movilizados peces de un ecosistema a otro. Los funcionarios soviéticos también acudieron a unos pequeños animales del grupo de los anélidos. En el mar Caspio no existían representantes de la familia *Nereidae*, un tipo de poliquetos, hasta la intervención humana. Hoy en día, escondidos entre los sedimentos, podemos encontrar dos especies: *Alitta succinea* y *Hediste diversicolor*.[73] Estos invertebrados se introdujeron entre los años 1939 y 1941 desde el mar de Azov, al norte del mar Negro, para que sirvieran como alimento de los esturiones y así favorecer la pesca. En 1944 se constató que se habían instalado con éxito cuando se encontró un esturión con grandes cantidades de poliquetos en sus intestinos. En parte, estos invertebrados lograron establecerse gracias a su alta capacidad de reproducción, ya que cada hembra es capaz de poner entre ochenta y cien mil huevos. Actualmente los científicos tratan de determinar los posibles impactos medioambientales de estos pequeños y alargados invasores.

Una de las introducciones rusas más exitosas fue la del cangrejo real rojo o cangrejo de Kamchatka en el mar de Barents. La carne de este crustáceo es muy apreciada en la actualidad, pero,

72 Algunas de los peces introducidos fueron el esturión del Danubio (*Acipenser gueldenstaedtii*), el esturión beluga (*Huso huso*), el salmón rosado (*Oncorhynchus gorbuscha*) o el salmón keta (*O. keta*).

73 Ambas especies de poliquetos son muy similares en su forma morfológica, por tanto, lo más probable es que las importaran sin saber que en realidad eran dos especies distintas.

cuando la especie fue descubierta, pasó bastante desapercibida. Su historia se remonta a principios del siglo XIX, en concreto al año 1803, cuando el médico y naturalista alemán Wilhelm Gottlieb Tilesius se embarcó en un viaje alrededor del mundo en la expedición marítima comandada por el almirante ruso Adam Johaun von Krusensteru. Esta andanza entró en la historia como la primera circunnavegación rusa. Durante el viaje, mientras visitaban la península de Kamchatka en 1804, los nativos del lugar les ofrecieron unos cangrejos que Tilesius describió científicamente por primera vez y les dieron el nombre de *Paralithodes camtschaticus*.

Un joven «pescador» sostiene un gran cangrejo rojo en la isla noruega de Mageroya [Oleg Mit].

Tiempo después, el interés comercial en el cangrejo real rojo llevó al desarrollo de fábricas a lo largo de la costa oriental rusa. Por ejemplo, ya en 1908 se pusieron en marcha plantas de conservas en el país para su envío al resto del mundo. Durante el gobierno de la Unión Soviética, los barcos fueron adaptados para asumir la tarea de enlatado de los crustáceos, además de su captura. Debido al crecimiento de este comercio, en 1932 el propio Joseph Stalin se interesó en la especie y promovió su introducción en el mar de Barents, frente a las costas del norte de Rusia y Noruega. Pero los intentos resultaron en fracaso, porque los animales morían durante el largo trayecto invertido en su transporte. Esta realidad cambió en la década de 1960, gracias a los esfuerzos de científicos como Yuri Illarionovich Orlov, el cual trabajaba para la Estación Central de Producción y Aclimatación, y que consiguió introducir más de 20 animales acuáticos comerciales en todo el país.

La clave para la importación del cangrejo de Kamchatka estaba en conocer sus zonas de crías, una información que era un misterio para la comunidad científica. Una de las primeras pistas se encontró en el mar de Japón, tras el descubrimiento de algunos juveniles. Animados por este acontecimiento, se inició una búsqueda más exhaustiva por parte de los científicos rusos. Para ello, se envió a un grupo de buzos al mar de mar de Ojotsk, una importante zona de captura industrial, donde consiguieron detectar cangrejos jóvenes en algunas de las islas del lugar. Sin embargo, realizar el traslado de estos ejemplares tampoco iba a ser fácil, ya que debían sobrevivir a un viaje de miles de kilómetros a bordo de bandejas acondicionadas con agua de mar. El primer tramo del trayecto se realizó en barco y, tras un breve instante en coche, tomaron un avión en Vladivostok. Las siguientes escalas serían Jabárovsk, Krasnoyarsk, Omsk, Moscú y finalmente, la bahía de Kola en el mar de Barents. La travesía debía realizarse teniendo en cuenta las condiciones climáticas, para evitar que una tormenta bloquease el vuelo y los cangrejos murieran. A pesar de todo, la operación fue un éxito y, tras repetirlo varias veces, se pudieron liberar más de 10.000 cangrejos juveniles, pero también otros 2000 adultos.

El resultado de este proyecto fue el establecimiento de una industria pesquera que se nutre del cangrejo Kamchatka en el mar de Barents. Este recurso económico es explotado tanto por Rusia como por Noruega. Tanto es así que la especie está protegida por acuerdos diplomáticos entre ambos países, a fin de determinar las cuotas de cangrejo que pueden capturarse. Entre los noruegos, el crustáceo es conocido como *el cangrejo de Stalin* y pocos se quejan de su presencia en sus aguas. Esto se debe a que, por ejemplo, en el año 2006, se pagaban 10 dólares por kilo de cangrejo, y 85 dólares por kilo de sus pinzas. Por ello, personas como Orlov argumentan que Rusia debería estar orgullosa del esfuerzo intelectual y físico que supuso este caso. Pero no todo el mundo está de acuerdo con esta visión. El avance de la especie preocupa a los científicos, ya que se trata de un depredador que se alimenta de todo lo que pueda capturar. Su expansión hacia el sur es una mala noticia para los ecosistemas marinos, que podrían colapsar por el apetito del cangrejo de Stalin.

Procambarus clarkii [Praisaeng].

En España encontramos un episodio similar cuyo protagonista es el cangrejo de río americano o cangrejo rojo (*Procambarus clarkii*). Esta especie es nativa del sur de Estados Unidos y norte de México, pero, gracias al ser humano, se ha convertido en el cangrejo de río más ampliamente introducido en el mundo. Sus pinzas han colonizado más de 40 países de América, Europa, África y Asia. Las primeras importaciones se produjeron alrededor del año 1920, cuando fue exportada a California, Hawái, Japón o China como alimento para otra especie invasora, la rana toro (*Lithobates catesbeianus*). Pero sería la industria de la acuicultura quien le daría un verdadero impulso a finales de los años sesenta. A España llegó desde Nueva Orleans, Luisiana, después de que el aristócrata Andrés Salvador de Habsburgo-Lorena promoviera su suelta con motivos comerciales. La primera liberación se realizó en Badajoz en 1973, mientras que al año siguiente se hizo lo mismo en las marismas del río Guadalquivir, concretamente en La Puebla del Río. Estas acciones contaron con el aval del Instituto para la Conservación de la Naturaleza, más conocido como ICONA, que apoyó su introducción para favorecer la economía de los pueblos.[74]

El cangrejo rojo se ha convertido en una especie de gran interés comercial para pueblos como Isla Mayor, en la provincia de Sevilla. En esta localidad, la importancia de la especie se refleja en la celebración de eventos como las Ferias y Fiestas del Arroz y el Cangrejo, el Día del Cangrejo o la realización de concursos de recetas. Desde estas regiones se producen millones de kilos de cangrejos al año, que en su mayoría son exportados a Estados Unidos o China. Este negocio supone millones de euros y empleo para las personas que trabajan en la industria limpiando, envasando y congelando cangrejos. Una actividad que ha convertido a España en el tercer productor del mundo y en el segundo exportador de esta especie.

Aun así, los impactos ecológicos del cangrejo de río americano le han valido un hueco en la lista de especies invasoras de España.

---

74 Según un estudio genético, llevado a cabo por investigadores de la Estación Biológica de Doñana del CSIC y publicado en 2020, los cangrejos liberados en Badajoz se extendieron sobre todo hacia Portugal. Mientras que las poblaciones de La Puebla del Río nutrieron las del resto de España, incluidas las sueltas en Valencia y en el Delta del Ebro durante los años 1978 y 1979 respectivamente.

Uno de los problemas medioambientales que genera se debe a su capacidad de actuar como vector de enfermedades para otros crustáceos. Concretamente, es portador del hongo *Aphanomyces astaci*, que produce la conocida como afanomicosis en especies como el cangrejo de río europeo (*Austropotamobius pallipes*), del que hablaremos en el capítulo VIII. Además, diversos estudios científicos han demostrado sus consecuencias negativas al actuar como un depredador de distintas especies de anfibios. Esto ocurre porque los renacuajos no están adaptados para reconocer las señales químicas del invasor y, por tanto, no salen huyendo ante su presencia.[75] Por otro lado, también es el causante de daños económicos al ser un excelente excavador: crea galerías en la tierra húmeda que afectan a los ecosistemas acuáticos y los cultivos de arroz.

Pero el cangrejo de río americano no es la única especie de crustáceo que ha llegado a España gracias a los intereses de su comercio. El cangrejo *yabbie* (*Cherax destructor*), procedente de Australia, fue introducido en el país también por su interés gastronómico. La primera suelta se realizó en Zaragoza en el año 1983. El cangrejo de los canales (*Orconectes limosus*) también proviene de Norteamérica y su primera cita se dio en el año 2010, cuando se encontraron 16 ejemplares en el río Muga, en Cataluña. Pero a Europa llegó mucho antes, en 1890, como alternativa al declive de los cangrejos autóctonos. Hoy en día, se ha perdido su interés comercial, aunque el daño ya está hecho, es la especie más dominante en Alemania y Polonia. Por último, podemos mencionar al cangrejo señal (*Pacifastacus leniusculus*), nativo de la costa oeste de América del Norte, cuya primera importación por parte de la industria cangrejera española ocurrió entre los años 1974 y 1975 en Guadalajara y Soria.

75 Los impactos sobre las poblaciones de ranas pueden transmitirse a niveles superiores e inferiores de la cadena trófica. Por un lado, los renacuajos ya no controlarán el crecimiento del fitoplancton y el zooplancton, mientras que los animales que se alimentan de los anfibios se verán privados de esta comida. Por otra parte, se ha constatado que algunas especies de aves acuáticas, como las garzas, han añadido al cangrejo de río americano en su menú sin ningún problema.

CUANDO LA PLAGA DA DINERO

Los casos tratados en este capítulo, así como los ejemplos aparecidos en los capítulos V y VI, muestran cómo algunas especies invasoras se han diseminado por el mundo gracias a un salvoconducto. Con los informes científicos en la mano, sabemos que ciervos, castores o cangrejos suponen un grave problema para los ecosistemas donde son introducidos. Sin embargo, para determinados sectores sociales no importan sus daños ecológicos si reportan un beneficio económico. Esta realidad hace que la gestión de tales animales se vuelva aún más compleja, lo que nos lleva a un punto donde la erradicación se convierte en un Santo Grial. ¿Cómo eliminar el cangrejo de río americano sin afectar a la economía de Isla Mayor? ¿Se debería permitir la caza o la pesca deportiva para controlar las poblaciones de arruís y truchas arcoíris? Estos dilemas solo podrán ser resueltos con una gestión que tenga en cuenta a todos los actores sociales y que implique tanto a personas del ámbito científico como de las ciencias sociales.

Ahora bien, si el objetivo es la conservación de la naturaleza, se debería hacer todo lo posible por desligar el factor económico de las especies invasoras. Esto se debe a que usar métodos de control como la cacería, la pesca, la inclusión en la gastronomía local o cualquier actividad que reporte un beneficio monetario, nos alejará del horizonte deseado. El motivo es una cuestión ecológica: la relación entre la tasa de natalidad y la tasa de mortalidad de las especies invasoras. Los organismos que se comportan de esta forma se suelen distinguir por tener un rápido crecimiento y una alta tasa de reproducción. En algunos casos la tasa de mortalidad en los juveniles puede ser del 50% y aun así seguir comportándose como una plaga. Por tanto, para conseguir erradicarlas se deben adoptar programas radicales de manera que la tasa de natalidad, que determina la renovación de una población, esté muy por debajo de la tasa de mortalidad. A veces incluso esta estrategia falla, pues, si queda una población remanente, podría aprovechar los nichos vacíos que han quedado si el ecosistema no se ha regenerado. O incluso ese instante puede ser la oportunidad para otras especies invasoras.

Una opción que evite caer en esta trampa sería darle un uso sin buscar beneficios. En el estado de Illinois encontramos la iniciativa *Target Hunger Now*, que trabaja para repartir alimentos entre las personas más necesitadas. Desde la plataforma han hecho un llamamiento para que cazadores y pescadores donen los ciervos rojos (*Cervus elaphus*) y carpas asiáticas plateadas (*Hypophthalmichthys molitrix*) que capturen.

Pero la moraleja de todos estos episodios, y de todos los que se puedan contar sobre especies invasoras, es que lo mejor es prevenir las introducciones. Porque, una vez han llegado, resulta bastante llamativo que no seamos capaces de llevarlas a la extinción.

Orconectes limosus [Alex Stemmer].

VIII. EL CAPRICHO DEL REY FELIPE II

LA EPIDEMIA DE LOS CANGREJOS

Una peste ha puesto en jaque a los cangrejos de río europeos. El inicio de la epidemia de afanomicosis[76] no está claro. Algunos lo sitúan en algún punto entre Alemania y Francia, durante el siglo XIX, mientras que otra posibilidad podría ser la introducción del cangrejo de los canales (*Orconectes limosus*) en Italia en el año 1860. Esta especie, de la que hemos hablado en el capítulo VII, habría actuado como portadora de la enfermedad a la cual es resistente. La tragedia también llegó a España, donde ha llevado al borde de la extinción al cangrejo de patas blancas (*Austropotamobius pallipes*), un crustáceo identificado como autóctono. En el año 1977 se produjo una gran mortalidad de esta especie en el río Riaza, que fluye por las provincias de Segovia y Burgos. Los animales quedaban paralizados, por el efecto del parásito, hasta morir. Para 1981, el suceso había diezmado a la práctica totalidad de ejemplares ibéricos. La velocidad de la infección fue realmente abrumadora, reduciendo las poblaciones en un 50% cada cinco años. En 2019, solo quedaban 500 núcleos aislados en arroyos de montañas.[77] El foco de este exterminio se encontraba en las importaciones de cangrejos de ríos rojos (*Procambarus clarkii*) y cangrejos señal (*Pacifactacus leniusculus*), especies que también actúan como vectores de la enfermedad.

---

76 Como hemos mencionado en el capítulo VII, la afanomicosis es una enfermedad producida por la especie *Aphanomyces astaci*, un parásito emparentado con los hongos.

77 En el año 2017 se anunció el descubrimiento de una población de cangrejos de patas blancas en Girona que es resistente a la enfermedad. Su estudio genético podría permitir encontrar las claves de la resistencia en la especie.

Debido a este episodio, se pusieron en marcha diversos programas de conservación como el LIFE Potamo Fauna.[78] Concretamente, este proyecto perseguía mejorar el hábitat y las poblaciones del cangrejo de río de patas blancas, pero también de otras especies acuáticas y amenazadas como el sapo corredor (*Bufo calamita*), el barbo de montaña (*Barbus meridionalis*) o los mejillones de agua dulce conocidos como náyades (*Unio mancus* y *Unio ravoisieri*). Por otra parte, también se tomaron medidas para luchar contra especies invasoras como el mejillón cebra (*Dreissena polymorpha*), la carpa (*Cyprinus carpio*) o las especies de cangrejo que hemos mencionado anteriormente. En este contexto, el cangrejo de patas blancas es presentado como un ejemplo de especie paraguas.[79] Sin embargo, alrededor de este animal ha surgido un intenso debate científico que gira en torno a una pregunta: ¿Y si nuestro cangrejo no fuera autóctono?

Antes de entrar en materia, vamos a conocer un poco a la familia de los cangrejos de río europeos. En esta región encontramos dos géneros que están representados por dos especies cada uno. Por un lado, tenemos a los *Astacus*, que incluyen a los cangrejos nobles (*Astacus astacus*), los cuales habitan en la zona central desde Escandinavia hasta los Balcanes, pasando por Francia. Mientras, sus primos, los cangrejos del Danubio (*As. leptodactylus*), viven en la zona más oriental. El otro género son los *Austropotamobius*, conformado por los ya mencionados cangrejos de patas blancas y por los cangrejos de piedra (*Au. torrentium*). Estos últimos se concentran alrededor de los afluentes del Danubio.

Además, los cangrejos de patas blancas se dividen en dos grupos que en un futuro podrían ser definidos por la comunidad científica como especies distintas. De esta forma, tendríamos poblaciones identificadas como *Au. pallipes*, que se concentran en Francia, mientras que aquellos conocidos como *Au. italicus* están presentes en el sur de Europa. Estos últimos se encuentran dis-

---

78 El proyecto LIFE Potamo Fauna se realizó durante los años 2014 y 2017 y estaba centrado en la conservación de la fauna fluvial de las cuencas de los ríos Ter, Fluvià y Muga en Cataluña.

79 En biología de la conservación se conoce como *especie paraguas* a aquella que, al ser protegida, se garantiza la protección indirecta de otras especies que comparten su hábitat.

tribuidos en dos núcleos, la península ibérica e Italia, junto con poblaciones de los Balcanes. Si afinamos un poco más, veremos que las poblaciones de *Au. italicus* están divididas en varias subespecies. Para nuestra historia nos interesa conocer a *Au. italicus italicus*, cuyo hogar se encuentra en la región de la Toscana, pero que también es el linaje que aparece en España. Esta distribución en dos grupos es el motivo del duelo científico aquí narrado.

Los estudios genéticos han demostrado que los cangrejos de España y de Italia están más relacionados entre sí que con las poblaciones de *Au. pallipes* en Francia. La primera explicación planteada fue que esta situación es el resultado de la última glaciación sufrida por Europa. De esta manera, en el pasado, *Au. italicus* tendría una distribución mayor que se vio mermada por el avance del hielo; sobrevivieron solo aquellos que quedaron más al sur. Por contra, otra hipótesis planteaba que la especie realmente había sido introducida desde Italia gracias a la intervención humana. A falta de más pruebas, la duda se mantuvo sobrevolando sobre el cangrejo autóctono hasta la publicación en 2015 de un artículo científico,[80] con el investigador del CSIC Miguel Clavero a la cabeza, donde se defendía que la especie fue introducida en España en el siglo XVI. El debate es bastante extenso, así que vamos a tratar de sintetizar las pruebas que se han aportado de un lado y de otro.[81]

La premisa desde la que se parte es el concepto de *especies criptogénicas*. Este término hace referencia a aquellos organismos que no estamos seguros de poder catalogar como nativos o introducidos. El movimiento de especies a lo largo del mundo no solo se produjo durante los últimos siglos, sino que han acompañado a la humanidad desde casi nuestros inicios. Por ejemplo, como veremos en el capítulo XIV, el transporte marítimo en el pasado habría permitido la expansión de ciertos animales a lo largo de las costas o hacia mares y océanos que les serían difíciles de colonizar de forma natural. Por ello, en ausencia de un registro fósil

---

80 El artículo se publicó en la revista científica *Biological Reviews* con el título «*Interdisciplinarity to reconstruct historical introductions: solving the status of cryptogenic crayfish*».

81 Para más información sobre este debate, se puede acudir a la serie de artículos publicados en la revista Quercus, que aparecen referenciados en la bibliografía.

o arqueológico claro, muchas de estas especies son etiquetadas como cosmopolitas por su amplia distribución.

Así que nos podríamos preguntar si el cangrejo de río autóctono es una de estas especies criptogénicas. Una de las primeras opciones para responder esta incógnita sería acudir al registro fósil a fin de buscar una prueba que zanje el debate. Esto fue lo que ocurrió en Finlandia y Suecia con el cangrejo noble, cuyo origen se puso en duda hasta la aparición de fósiles que tendrían una edad de entre 3000 y 1000 años a. C. El problema es que en España no existen este tipo de evidencias para el cangrejo de patas blancas. La única pista son unos fósiles hallados en Las Hoyas, Cuenca, pero que datan de la época del Cretácico. Sin embargo, estas ausencias también se producen en Italia.

Por otra parte, se sabe que, a lo largo de la historia, debido al interés gastronómico en estos animales, las cuatro especies europeas han sido trasladadas a otras partes del continente y del mundo. Por ejemplo, gracias a estas acciones los cangrejos de patas blancas fueron introducidos en regiones como Córcega, Cerdeña o incluso las islas británicas. ¿Sucedió lo mismo en la península ibérica? El equipo de Clavero está seguro de que eso fue lo que realmente ocurrió. Basan el centro de sus argumentaciones en una serie de documentos históricos que involucran al rey español Felipe II. Cuando el monarca accedió al poder en 1560, la Corona Española controlaba gran parte de Italia, a la vez que contaba con estados aliados en esa región. Según las crónicas de la época, Felipe II estaba especialmente interesado en conseguir que su corte se pareciese a la sociedad italiana de la época. Una de las personas que le ayudó a conseguir este objetivo fue Gonzalo de Liaño, conocido como Gonzalillo por su pequeña estatura, que trabajó como diplomático en la Toscana.

Gonzalo de Liaño ejerció como enlace entre el rey y Francisco I de Médici, el gran duque de La Toscana. Gracias a su labor, los dos gobernantes intercambiaron animales a modo de obsequios,[82]

82 Además de obras de arte, aparatos científicos y reliquias, los intercambios incluyeron plantas y animales. En una de las ocasiones, Felipe II envió un grupo de pavas de monte centroamericanas y, a cambio, Francisco I de Médici correspondió con un guepardo para que el monarca pudiera usarlo como animal de caza.

pero además se le encomendó la misión de conseguir *gambaros*, un manjar del que podían disfrutar en Italia, pero no en España. Esta tarea no sería fácil y el diplomático tardó cinco años en conseguir su objetivo. Al parecer, existía cierto recelo por parte de los italianos por realizar el envío. Finalmente, en una carta fechada el 22 de febrero de 1588, Gonzalo le cuenta a Felipe II que los *gambaros* vivos han sido enviados en barco desde la localidad de Liorna, actualmente conocida como Livorno, a Alicante. Una vez allí, serían transportados por tierra hasta Madrid. Este episodio se refuerza con el relato de Luis Cabrera de Córdoba, escribano y secretario muy cercano a la casa real española. Tras la muerte de Felipe II, escribió *Felipe Segundo, Rey de España* para hablar sobre el legado del monarca. En esta obra indica que el rey mandó traer diversos peces de Flandes y *gambaros* de Milán.

Detengámonos un momento para hablar del viaje entre Livorno y Madrid. Los contrarios a la hipótesis de la introducción indican que el traslado de este tipo de animales por mar y tierra sería inviable en el siglo XVI, ya que los cangrejos acabarían muertos. Sin embargo, esta podría ser la razón por la que las poblaciones españolas tienen unas características que les hace un tanto únicas. Existe un grupo de anélidos conocidos como gusanos de cangrejo o *Branchiobdellida* cuyo ciclo de vida depende de los cangrejos de ríos. Estos pequeños invertebrados tienen una especie de relación parásita con los crustáceos, sin los cuales no pueden vivir. Curiosamente, mientras que aparecen en todos los cangrejos europeos, no ocurre lo mismo en aquellos que viven en la península ibérica y en Irlanda. En este último lugar se sabe que la especie fue introducida, por lo que este hecho ha sido presentado también como una prueba. La razón por la que los parásitos no están presentes se debería al propio viaje en barco, al cual habrían sobrevivido los cangrejos, pero no los anélidos.

Pero ¿los *gambaros* eran realmente cangrejos de río? Para responder a esta pregunta tenemos que hablar un poco de taxonomía. Dentro del grupo de los crustáceos, podemos distinguir entre los braquiuros y los astacídeos. El primer término hace referencia a los cangrejos de mar, mientras que el segundo engloba a animales como las langostas o los cangrejos de río. Clavero y su equipo están seguros de que la palabra *gambaro* hace referencia al

Un feliz pescador sostiene en sus manos un cangrejo
en el frío Mar de Barents [Don Serhio].

cangrejo de patas blancas, ya que actualmente en italiano se utiliza el término *gambero* para hablar de cangrejos de río. Mientras que *granchio* hace referencia a crustáceos como el buey de mar. En otros idiomas europeos, por ejemplo, el inglés o el francés, se da la misma distinción.[83] Sin embargo, esto no ocurre en castellano, ni tampoco en catalán (*cranc*) ni en vasco (*karramarro*). Concretamente, la palabra en español estaría relacionada con términos en latín como *cancer*, el cual también es usado para dar nombre al signo del zodiaco representado por un cangrejo de mar. De esta forma, la ausencia de palabras para distinguir entre los grupos de crustáceos se convertiría en una prueba de la ausencia de *Au. italicus* en España.

Siguiendo con las pruebas históricas, los investigadores a favor de la hipótesis de la introducción también señalan la pista aportada por el naturalista italiano Ulisse Aldrovandi, un prolífico estudioso de la historia natural. En el año 1538, a la edad de 16 años, realizó un viaje por el norte de España que le llevó desde Barcelona hasta Galicia. Debido a la experiencia en estas regiones, llegó a afirmar lo siguiente sobre los animales que estamos tratando: «En toda Europa abundan en arroyos, ríos y lagos; sin embargo, en Hispania, a pesar de no faltan los ríos, no los hay». Por contra, la parte de la comunidad científica que apoya la hipótesis de la glaciación indica que las pruebas históricas y lingüísticas no serían definitivas, que deberían tomarse con cautela. Por ejemplo, alegan que el uso de términos como *gambaro* o cangrejo de río era confuso durante aquella época. Además, añaden que existen citas e incluso refranes que se refieren a la especie antes del año 1588.[84] El nombre del pueblo Zaratán, en la provincia de Valladolid, también es presentado como una evidencia que provendría de la época musulmana en España. Según algunas obras,

---

83 En inglés usan los términos *crab* (cangrejo) y *crayfish* (cangrejo de río), mientras que en francés tienen las palabras *crabe* (cangrejo) y *écrevisse* (cangrejo de río).

84 Estas pruebas se refieren a las menciones a cangrejos de ríos en las obras *Cronología y repertorio de la razón de los tiempos*, de Rodrigo Zamorano, y *Discurso breve sobre la cura y preservación de la pestilencia de 1556*, escrita por Andrés de Laguna. Sobre estas pistas, se apuntó que las citas podrían deberse a que estos trabajos se basaron en obras redactadas desde países donde sí existían los cangrejos de río.

Grabado de Ulisse Aldrovandi extraído de *Vite e ritratti di illustri Italiani*, 1812

el nombre de la localidad deriva del término *çaratan*, que se traduciría como «cangrejo fluvial». Sin embargo, otros investigadores opinan que el origen habría que buscarlo en la palabra árabe *sarita*, la cual significa «cordel».

En el año 2016, se publicó un nuevo estudio genético,[85] encabezado por la investigadora Beatriz Matallanas de la Universidad Complutense de Madrid, en el que se aportan más argumentos a favor de la hipótesis del cangrejo autóctono. La principal conclusión fue que en España existían dos grupos diferenciados desde el punto de vista genético y que la elevada diversidad genética[86] era fruto de «una expansión poblacional hace unos 25.000 años». Este hecho encajaría con la idea de dos poblaciones, la ibérica y la italiana, separadas por una glaciación durante el Pleistoceno Superior. Sin embargo, para los defensores de la hipótesis de la introducción, esta variedad sería indicativo de que se produjeron múltiples importaciones de la especie desde Italia. Además, añaden que la afanomicosis con la que empezábamos este relato ha podido limitar la contundencia que las pruebas genéticas suelen tener en el debate científico. De esta forma, podría ocurrir que la variedad observada en España haya desaparecido de Italia tras la epidemia.

Como se ha mencionado anteriormente, el cangrejo de patas blancas fue introducido en Irlanda, pero allí las Administraciones han optado por su protección. En España, mientras aparecen o no pruebas que inclinen la balanza hacia una hipótesis u otra, cabe hacernos una pregunta que nos perseguirá a lo largo de todo este capítulo. En el caso de que se trate de una especie introducida, ¿deberíamos abandonar su conservación o apostar por mantenerla en nuestros ecosistemas?

85 El artículo se publicó en la revista científica *Organisms Diversity & Evolution* con el título «*Update of genetic information for the white-clawed crayfish in Spain, with new insights into its population genetics and origin*».

86 Concretamente, se mencionaba la presencia de 21 haplotipos del genoma mitocondrial, de los cuales 20 serían endémicos de la península ibérica. En contra de este estudio, se indicó que se habían analizado 24 poblaciones españolas y solo una población italiana.

Kangaroo Island, Australia. Un cuidador alimenta a un grupo de dingos en su recinto en un parque de vida silvestre [Moshe Einhorn].

¿QUIÉN TRAJO A LOS DINGOS?

Durante el Tiempo de los Sueños, el gran gecko Adno-artina desafió a una pelea al dingo Marindi. Pero al ver los grandes y afilados dientes del cánido, el reptil pospuso la lucha hasta la noche, cuando sus ojos les serían de mayor utilidad. En el combate, la sangre de Marindi cayó sobre las rocas y las tiñó de rojo...

Esta historia forma parte de la mitología de los Diyari, uno de los pueblos aborígenes de Australia. En la actualidad, un halo de misterio sigue envolviendo a los dingos, cuyo origen y llegada a la tierra de los marsupiales trata de desenredar la comunidad científica a base de pruebas genéticas y arqueológicas.

Cuando los británicos se establecieron en Port Jackson, en el año 1788, encontraron que junto a los indígenas australianos vivían unos animales, parecidos a perros, a los que llamaban dingos. Basándose en esta información y en ilustraciones, en 1793 el naturalista alemán Friedrich Meyer otorgó al conocido como perro de Nueva Gales del Sur el nombre científico de *Canis dingo*. Sin embargo, hoy sigue existiendo un debate taxonómico sobre el nombre y apellidos que deberían figurar en la ficha de estos cánidos. Y esto es debido en parte a las dudas sobre su origen.

Una de las primeras hipótesis se centraba solo en sus rasgos morfológicos. De esta forma, se planteó que el dingo era descendiente de lobos asiáticos, como por ejemplo el lobo indio (*Canis lupus pallipes*). Tiempo después, los estudios genéticos demostraron que pertenece a un árbol genealógico algo más complejo y que lo relaciona con el mejor amigo del ser humano. La aparición del perro está considerada como la primera domesticación de un animal, la cual pudo comenzar hace unos 35.000 o 30.000 años. Pero los investigadores aún no se han puesto de acuerdo sobre cómo ocurrió este suceso. A grandes rasgos, existen dos interpretaciones según los estudios del ADN y registros fósiles. Por un lado, tenemos a los que defienden que el evento tuvo lugar en un área geográfica en concreto, frente a los partidarios de que sucedió en varios puntos de origen.[87]

---

87 El debate sobre la domesticación del perro es bastante amplio. Para conocer un poco más sobre esta cuestión, puede leer el artículo *Origen del perro. Duelo científico de fósiles y genes* publicado en Naukas.

Cualquiera que sea el origen de esta rama, las pruebas de ADN nuclear, mitocondrial y del cromosoma Y han apuntalado la hipótesis de que el dingo está más emparentado con el perro que con el lobo. De esta forma, las ramas del árbol partirían de una población de lobos que se extinguieron en el Pleistoceno, la cual se bifurcó en los linajes de lobos grises (*Canis lupus*) por un lado y los perros (*Canis familiaris*) por otro.[88] Posteriormente, algunas poblaciones de estos viejos amigos se quedaron por el camino y dieron lugar a los dingos (*Canis familiaris dingo*) y a sus primos, el perro cantor de Nueva Guinea (*Canis familiaris hallstromi*).[89] Así que, mientras los perros eran modificados por siglos de selección artificial, nuestro protagonista habría sido moldeado en los calurosos ecosistemas de Australia.

Ahora bien, existen otras incógnitas sobre estos animales: ¿cómo y cuándo llegaron a Australia? Los primeros humanos colonizaron esta tierra hace unos 65.000 años, pero, como hemos dicho, la domesticación del perro se dio mucho después. Aun así, las primeras evidencias fósiles de dingos en esta región son bastante más recientes. En la cueva Madura, que se encuentra en la llanura de Nullarbor, se hallaron unos huesos cuyo análisis de radiocarbono arrojó un resultado de entre 3348 y 3081 años. Dado que esta región está al sur de la isla y que el punto de llegada más lógico debería estar al norte del país, los investigadores supusieron que el evento ocurrió en torno a hace 3500 años. En vista de la rapidez de esta propagación, sospechan que habrían tenido que contar con la complicidad del ser humano. Sin embargo, existe cierta discusión sobre esta capacidad de expansión, motivo por el cual otras propuestas adelantan la fecha a hace 5000 o 4000 años.

Dada la falta de más pruebas arqueológicas, la comunidad científica recurrió a los estudios genéticos para arrojar luz sobre el debate.

---

88 Existe cierto debate taxonómico con respecto a este punto. Pero, si el perro no desciende de las poblaciones de lobos actuales, deben ser considerados como taxones hermanos. Por tanto, tendríamos por un lado a *Canis lupus* y por otro a *Canis familiaris*.

89 El perro cantor de Nueva Guinea debe su nombre a que aúlla, de forma similar al lobo, pero modulando la voz. Esto da la impresión de que está cantando. Estos animales habrían quedado aislados de los dingos hace unos 7000 u 8000 años. Vivían en las altas montañas de la isla, pero desde 1976 no se les ha vuelto a ver en estado salvaje.

En el año 2017 se publicó un artículo en el que se defendía que la colonización de Australia por parte de los dingos se produjo en dos oleadas separadas en el tiempo. Esto explicaría la existencia de dos tipos de poblaciones, una al noreste y otra al sudeste del país, con genes diferentes. Según esta investigación, los cánidos habrían migrado desde Papúa Nueva Guinea hasta Australia hace unos 8000 o 10.000 años. Además, añadían que los animales se habrían valido de sus propios medios para llegar, gracias a un puente de tierra ahora inundado, sin implicar a nuestra especie.

Para comprender un poco mejor esta historia, debemos viajar al Pleistoceno, durante el desarrollo de la última glaciación. En esta época, Australia, Tasmania y Nueva Guinea, las cuales conforman el continente Sahul, estaban conectadas por tierra seca gracias al descenso del nivel del mar. Sin embargo, debido al deshielo de los polos, el agua comenzó a reclamar estas zonas hace unos 10.000 años. En este escenario, los dingos podrían haber aprovechado los puentes de tierra para pasar de una región a otra. Pero, si ampliamos el mapa, veremos que el relato se vuelve algo más complicado. Al igual que pasaba con Sahul, la península de Malasia y las islas de Borneo, Java y Sumatra estaban unidas mediante la conocida como Región de la Sonda. A pesar de esta facilidad, los dingos habrían tenido difícil llegar de una zona geográfica a otra, ya que las dos regiones sí estaban separadas por un mar salpicado de islas. Una barrera que se cree tendría una distancia mínima de 90 o 100 kilómetros.[90]

Llegados a este punto, hagamos una pequeña recapitulación. Existe un hilo común entre las diferentes hipótesis. Según las diferentes pistas, podemos estar seguros de que el linaje de los dingos habría aparecido en algún punto del sur o del este de Asia desde una población de perros primitivos y que su llegada a Australia sucedió hace unos 10.000 o 3000 años. Ahora bien, ¿quién les ayudó a cruzar el mar? Aquí de nuevo las hipótesis vuelven a diversificarse, con estudios que implican a marineros indios, a la cultura lapita o

90 Esta realidad se hace patente con la conocida como *línea de Wallace*. Al norte de esta demarcación imaginaria encontramos especies propias de Asia, mientras que al sur el catálogo faunístico está influenciado por los endemismos de Australia.

a pueblos de Timor o de Taiwán.[91] Sin embargo, las pruebas genéticas y arqueológicas sitúan a la mayoría de estas opciones en un tiempo después de la aparición de los cánidos en Australia.

Pero existe otra posibilidad, cuyas evidencias son más sólidas, que relaciona a nuestro protagonista con un grupo de cazadores recolectores conocidos como Toalean. Hace entre 8000 y 1500 años, la zona sur de Sulawesi estaba habitada por los Toalean. Este pueblo se servía de la navegación para subsistir en aquellas tierras, llegando a recorrer grandes distancias hasta regiones como Bornero. Eran herederos de una cultura de cazadores recolectores que, durante más de 40.000 años, habían perfeccionado las técnicas de pesca en alta mar e incluso tomaron parte en la colonización de Australia. Sin embargo, aunque las fechas parecen encajar, aún no se han encontrado restos arqueológicos en Sulawesi que apoyen esta hipótesis. Por otro lado, la falta del gen de digestión del almidón en los dingos parece indicar que habrían convivido con sociedades de cazadores recolectores, en vez de depender de pueblos agrícolas[92]. Así que, podemos imaginar el inicio de la epopeya del dingo en Australia a bordo de una primitiva embarcación cruzando el mar. Tal vez, sus compañeros de viaje decidieron quedarse en aquella tierra de arena roja. O quizás fue intercambiado como mercancía, pasando a vivir con los aborígenes australianos. O su llegada se produjo tras un fatídico naufragio que le llevó hacia nuevos horizontes. Sea cual sea la historia, el dingo acabó convirtiéndose en parte de la cultura de su nuevo hogar, incluso en la encarnación de seres mitológicos.

El dingo es uno de los pocos mamíferos placentarios que desembarcaron en Australia antes de la llegada de los europeos. Le acompañan en la lista los murciélagos, que llegaron volando, y los ratones y ratas, que usaron *el expreso Homo sapiens*. De la misma forma que está ocurriendo con las introducciones actuales, la aparición de un nuevo depredador debió tener algún impacto

---

91 Para más información, puedes ver el artículo «*Who let the dogs in? A reviewof the recent genetic evidence for the introduction of the dingo to Australia and implications for the movement of people*», publicado en la revista científica *Journal of Archaeological Science: Reports.*

92 Tras el desarrollo de la agricultura, los perros tuvieron que adaptarse a una nueva dieta que implicaba poder digerir el almidón de los cereales.

en los ecosistemas. No está claro el grado, pero se ha relacionado tal expansión con las extinciones del demonio de Tasmania (*Sarcophilus harrisii*), el tilacino (*Thylacinus cynocephalus*) o la gallineta de Tasmania (*Tribonyx mortierii*), especies que en el pasado habitaban los ecosistemas australianos. Sin embargo, transcurrido el tiempo, el dingo se habría convertido en un depredador del ápice, es decir, en un animal que se encuentra en lo más alto de la cadena alimenticia y que cumpliría ciertas funciones ecológicas. Concretamente, se cree que ayudan a controlar las poblaciones de grandes herbívoros como los canguros, además de mantener a raya a invasores como los gatos o los zorros.

El debate sobre la clasificación del dingo o su estatus ha trascendido el ámbito académico y se ha transformado en una cuestión política o social. A pesar de formar parte de los ecosistemas, cultura y mitología del país, no todo el mundo está contento con la presencia del cánido. Al igual que con su pariente el lobo, la industria ganadera ha puesto precio a su cabeza. Este fue uno de los motivos por el que, en el año 2018, el Gobierno de Australia Occidental le quitó la categoría de fauna nativa y lo rebajó a perro salvaje, permitiendo que fuera posible cazarlos sin ningún tipo de limitación. Este paso ha escandalizado a quienes abogan por su conservación y consideran al animal una parte importante y única de la naturaleza de la región. Al margen de los intentos por volver a darle el estatus de especie,[93] se ha argumentado que el dingo no puede clasificarse como un perro salvaje porque no podemos estar seguro de su grado de domesticación. La ausencia de rasgos presentes en perros modernos, como las orejas flexibles o el celo durante todo el año, serían indicativos de que no sufrieron un proceso de cría selectiva. Por tanto, sus antepasados habrían sido animales habituados a la presencia humana o amansados. Desde este punto de vista, se añade que, después de abandonar la calidez del fuego humano, tras años de selección natural, se han ganado su condición de nativos de Australia.

93 Han sido varios los intentos de devolverle al dingo el estatus de especie con el nombre de *Canis dingo*. Esto se debe a que, entre las Administraciones, resulta más fácil promover la conservación de una especie que de una subespecie o variedades genéticas únicas.

Amapolas [Manfred Ruckszio].

LEYENDO LA HISTORIA EN LOS ECOSISTEMAS

La cuenca del mar Mediterráneo se considera uno de los 25 puntos calientes de biodiversidad, es decir, que se encuentra en el *top* de los lugares con más diversidad del mundo. Esto es debido a que ahí confluyen la flora y fauna de Europa, África, Oriente Medio y el océano Atlántico. Pero, además, también ha sido testigo del auge y caída de civilizaciones, que, sin ser conscientes de ello, moldearon sus ecosistemas. En cierta manera, observando la naturaleza de esta región podemos viajar hacia atrás en la línea del tiempo y encontrarnos las huellas de revoluciones, conquistas y descubrimientos. Así que, al margen de debates medioambientales o de conservación, cuando acudimos al campo podemos preguntarnos: ¿qué me cuenta este ecosistema de mi historia?

Si te pido que imagines un campo en plena primavera, probablemente lo visualices como un prado verde, salpicado de colores. Entre las pinceladas de rojo podríamos identificar algunas amapolas (*Papaver rhoeas*), una planta que para muchos resulta familiar e identificamos como *de nuestra tierra*. Pero la realidad es que los primeros indicios que tenemos de esta especie en Europa central datan de mediados y finales del Neolítico. Antes de esa fecha, sencillamente no florecían por estas tierras. De momento, la ciencia aún no ha podido determinar el lugar y la fecha exactos de su origen, pero hay una pista: sus primas.

La especie *P. rhoeas* pertenece a un grupo taxonómico compartido con otras amapolas, que se asemejan entre ellas desde el punto de vista genético y morfológico. Todas estas plantas se encuentran en la región del este del Mediterráneo. Por ejemplo, *P. clavatum* vive en el norte desértico de Siria, mientras que *P. guerlekense* habita en el oeste de Turquía y Chipre. Por otra parte, *P. umbonatum*, *P. carmeli* y *P. humile* tienen un rango más amplio, crecen desde Siria a Egipto. Los botánicos creen muy probable que nuestra protagonista surgiera en esta región, quizás tras la hibridación de alguna de las otras especies. Ahora bien, ¿por qué ella ha llegado incluso a Estados Unidos pero sus primas no? La clave de esta historia estaría en la revolución neolítica.

Cuando la agricultura y la ganadería hicieron su aparición en escena, comenzamos a afectar a los ecosistemas a otro nivel. Para sembrar o crear pasto, se debía despejar el terreno, lo cual perturbaba los bosques y otros tipos de hábitats. Esta situación favoreció a la amapola, ya que tenía una mano de cartas ganadora. Su ciclo de vida estaba en consonancia con el de los cereales: florecía entre las cosechas y soltaba sus semillas antes de la siega. Además, estas semillas aguantaban mucho tiempo en el suelo. Así que el campo de trigo se convirtió en su nuevo hogar y se valió de la revolución neolítica para expandirse por la cuenca del Mediterráneo y Europa. Por tanto, se había convertido en una especie sinantrópica.[94]

La amapola no fue la única planta que aprovechó esta oportunidad. Gracias a la expansión de la agricultura y la ganadería por Europa, otras especies ampliaron sus distribuciones. Por ejemplo, en Gran Bretaña se considera que existen unas 1500 plantas nativas, pero entre ellas habría alrededor de 300 cuya natividad podría catalogarse como dudosa. Además, sabemos que otro buen puñado llegaron a las islas británicas durante el Neolítico o la Edad de Hierro. Algunas de ellas son la avena (*Avena sativa*), el jaramago (*Diplotaxis sp*), la ortiga *(Urtica sp*), la colleja (*Silene vulgaris*), la bolsa de pastor (*Capsella bursa-pastoris*), el beleño negro (*Hyoscyamus niger*), la cicuta (*Conium maculatum*) o la malva (*Malva neglecta*). Muchas de estas introducciones fueron accidentales, pero otras especies se vieron favorecidas por su valor para crear tintes. Este es el caso de la gualda (*Reseda luteola*) o la hierba pastel (*Isatis tinctoria*). De esta última, obtenían los egipcios un tinte azul que usaban para teñir las telas con las que envolvían a las momias.

La presencia de determinados animales también puede hablarnos sobre la influencia de las civilizaciones en el tiempo. En la sierra del Molar, en Alicante, se encuentra una pequeña población de eslizón ocelado (*Chalcides ocellatus*). Este pequeño reptil tiene una amplia distribución por África y Oriente Medio, pero

94 El concepto de *especie sinantrópica* hace referencia a los organismos que son capaces de vivir en ecosistemas urbanos o en aquellos que se encuentran alterados por la actividad humana.

sus registros en Europa son puntuales y raros. Su presencia, casi testimonial, en la península ibérica podría estar relacionada con los viajes fenicios o con la cultura mozárabe. El camaleón común (*Chamaeleo chamaeleon*) también se encuentra en tierras ibéricas, concretamente en pequeños núcleos en el sur de la región. Las pruebas genéticas los han relacionado con las poblaciones de Argelia y Marruecos. Dado que hay restos arqueológicos de hace 4500 años, algunas hipótesis han apuntado que se habrían introducido durante el Neolítico.

El viaje de estos pequeños animales seguramente se produjo como polizones que aprovecharon la conexión marítima de los pueblos mediterráneos. Sin embargo, en otros casos parece haber estado involucrado el ser humano de una forma más activa. En las islas de Mallorca y Menorca se hallan poblaciones de culebras de cogulla (*Macroprotodon cucullatus*) cuyo origen se debe a la presencia romana. El hábitat nativo de esta especie se encuentra en el norte de África, pero en el siglo II a. C. habrían sido trasladas a estos lugares para ser usadas en algunos rituales romanos. Otro animal que debe parte de sus viajes a la religión es el gamo (*Dama dama*). En el tiempo de los fenicios, era usado como sacrificio para el dios Baal-Hammon. Los griegos también los criaron como ofrenda, pero para la diosa Artemisa. Esta costumbre fue heredada por la cultura romana para el culto de la diosa Diana. Gracias a estos últimos, este cuadrúpedo llegó hasta tierras inglesas, donde era una muestra del estatus de la aristocracia.[95]

La presencia del meloncillo o mangosta también sería una huella de la civilización romana. Originarias del continente africano, esta especie además habita en el suroeste de la península ibérica. Se trata del único tipo de mangosta que podemos encontrar en Europa. Al principio, todos los indicios apuntaban hacia la ocupación musulmana durante los siglos VIII y XV como momento de su introducción. Sin embargo, los descubrimientos arqueológicos han demostrado que fueron introducidas en el siglo I d. C. durante la época del Alto Imperio Romano. Su importación podría haberse

95 Los gamos que llevaron los romanos a Gran Bretaña no llegaron a establecerse. Todo apunta a que su presencia en este país se debe a una nueva introducción realizada por los normandos.

Genetta genetta [A.S. Floro].

producido debido a su interés como animal que controlara las plagas de ratas y ratones. Pero existe la posibilidad de que fueran considerados animales de compañía. Esta idea se sustenta con el descubrimiento de un enterramiento en el yacimiento de Augusta Emerita, la actual Mérida, donde han aparecido los esqueletos de tres humanos, cuarenta perros y una mangosta.

Siguiendo con los mamíferos carnívoros, la gineta (*Genetta genetta*) es otra especie de la que no existe un registro fósil en la península ibérica. Para su origen se barajan tres hipótesis que la comunidad científica trata de confirmar o desechar. La más conocida es que fue un animal traído por los musulmanes; de hecho, según cuenta la leyenda, tras la victoria de los francos contra los ejércitos de Al-Ándalus, en la batalla de Poitiers en el año 732 d. C., Carlos Martel descubrió un botín que contenía una gran cantidad de pieles de gineta. La segunda hipótesis apunta a las colonias griegas de Libia, durante el siglo VI a. C. Los griegos mencionaban a un animal conocido como «la comadreja de Tartesos». Esta especie podría haber sido introducida desde Egipto para controlar las ratas, quizás a través del comercio de los fenicios. Por último, una tercera hipótesis[96] considera que la especie habría llegado a la península ibérica sin la ayuda humana. Según esta versión, este animal, que es propio del norte de África, habría cruzado a Europa cuando existía un puente con el Magreb a través del estrecho de Gibraltar. Esto sucedió durante la crisis salina del Messiniense hace unos 5 millones de años, cuando el Mediterráneo no tenía ninguna conexión con el océano Atlántico. Se sabe que, gracias a este puente natural de tierra, muchas especies cruzaron a Europa. Tras la subida del nivel del mar, algunas de ellas quedaron atrapadas en la península. Así que, dentro de este marco la gineta sería una especie relicta.[97]

---

96 Por lo general, en los casos aquí tratados hay tres posibles escenarios: llegaron por su propio pie, viajaron como polizones o fueron traídos de forma intencionada. Por ejemplo, en el caso de la mangosta, se han encontrado restos de ejemplares aislados también de la época romana. Esto parece indicar que en esas fechas había tanto animales salvajes como domésticos. Por tanto, la introducción puede haberse producido anteriormente, quizás a mano de los cartagineses, o incluso de forma natural durante el Pleistoceno.

97 Una especie relicta es aquella que en el pasado abarcó una gran área de distribución y que actualmente está solo en pequeñas áreas.

¿Qué tiene la genética que decir al respecto del episodio de la gineta? El análisis de ADN de poblaciones europeas detectó que los ejemplares de la península ibérica estarían emparentados con las poblaciones del norte de Argelia. Su introducción se habría producido a través de Cataluña. En este estudio también se encontró que la mayor diversidad genética se encontraba en las zonas ocupadas por los almohades. Por otra parte, la distribución de la especie se ajusta a la máxima expansión árabe en el suroeste de Francia. Estas pruebas, unidas a que los primeros restos arqueológicos aparecen vinculados a yacimientos almohades, le da más peso a la primera hipótesis. Sin embargo, también se detectó que las poblaciones de Andalucía presentan similitudes con las de Libia. ¿Tal vez esta es la huella de los griegos? Habría que hacer más análisis genéticos, pero parece claro que la gineta es un ejemplo de introducción de una especie. Paradójicamente, este carnívoro se encuentra en regresión en el norte de África por la pérdida de su hábitat. Sin embargo, en suelo europeo se la considera una especie protegida.

Veamos un último ejemplo: la tortuga mora (*Testudo graeca*). De esta especie tampoco existen restos fósiles en la península ibérica y su distribución es reducida: Doñana, Almería, Murcia y Mallorca. Otra pista la aportan los estudios genéticos, los cuales indican que las poblaciones ibéricas están muy relacionadas con las del norte de África. Así que el diagnóstico parece claro: se trata de una especie introducida; de hecho, fue catalogada así en el *Atlas y libro rojo de los anfibios y reptiles de España*. Sin embargo, un análisis genético más fino reveló que su llegada se produjo hace 20.000 o 30.000 años. La ciencia la restituyó como especie autóctona.

NI ORO, NI PLATA, NI COCHINILLA

Una de las leyes promulgadas por el rey Felipe II decía lo siguiente:

> *Que ningún extranjero rescate oro, ni plata, ni cochinilla. Ningún extranjero pueda en las Indias por sí ni por interpósitas personas, rescatar oro, ni plata, ni cochinilla en tiangues, ferias ó mercados, ni en otra ninguna parte, pena de perder lo que así contratere, y la mitad de todos sus bienes aplicados a nuestra cámara y fisco, aunque tenga licencia general para tratar y contratar en las Indias.*

El nombre *cochinilla* se refiere a un insecto minúsculo, de apenas 5 milímetros de largo, nativo de América y conocido con el nombre científico de *Dactylopius coccus*. A pesar de su pequeño tamaño, encierra un secreto que lo volvió muy valioso durante siglos: el ácido carmínico. Esta sustancia es creada por el animal como un elemento de disuasión contra los depredadores, pero también era la base para crear el colorante conocido como carmín de las Indias. Antes del descubrimiento de América, el color rojo para teñir la ropa se extraía de otro insecto, el *Kermes vermillion*. Esta especie es un parásito de robles que también produce el ácido carmínico, pero en menores cantidades. Debido a este motivo, la producción de tintes rojos era escasa y, por tanto, se trataba de un producto caro.

Sin embargo, mientras que en el resto del mundo escaseaban los colorantes rojos, las sociedades mayas y aztecas llevaban siglos seleccionando cochinillas para que produjeran más pigmentos. Cuando los conquistadores españoles llegaron a México vieron la posibilidad de crear un monopolio rojo. La primera exportación del carmín de las Indias se realizó en 1523, desde la ciudad de Veracruz. Tal era la intensidad del color que producía que desplazó a las otras sustancias y se volvió muy importante para teñir la ropa de los poderes políticos y religiosos. Incluso su uso llegó al aislado mundo de los *shogun* en Japón. Sin embargo, durante años la producción de este preciado producto estaría rodeada de secretismo, hasta el punto de que en el resto del mundo se descono-

Fotografía macro de ejemplares hembra de *Dactylopius coccus* [Roberto Michel].

cía su origen. El propio Carl von Linné, que vivió durante el siglo XVIII, creía que se creaba con la semilla de una planta.

Ahora bien, ¿qué tiene que ver este insecto con las historias de las especies invasoras? Es el momento de conocer al verdadero protagonista de este episodio. Debido a su modo de vida parásito, la cochinilla es un insecto prácticamente sésil[98] y depende de las plantas del género *Opuntia*. Aquí vamos a hablar concretamente de la chumbera (*Opuntia ficus-indica*), una especie cuya domesticación comenzó hace unos 8000 o 9000 años. Por aquellas fechas, las personas que habitaban lo que ahora es México se alimentaban de ella. Lo sabemos porque los coprolitos, excrementos humanos de esa época, tienen restos de epidermis de esta planta. Se cree que, en alguno de los viajes de Colón a América, el primero en 1492, o el segundo, en 1493, la chumbera consiguió un billete para cruzar el Atlántico.

Conforme la planta se expandía por el mundo recibió varios nombres. El primero que le pusieron los españoles fue tuna, por un vocablo taíno. Al llegar a Europa se le empezó a conocer como higo de las Indias. A los musulmanes también les gusto y lo llevaron al norte de África, dándole el nombre de higo de los cristianos. A parte de unos higos dulces pero llenos de molestas semillas, las palas de la chumbera, esos tallos a modo de *hojas* carnosas, también son comestibles y tienen propiedades antiescorbúticas. Esta característica hizo que los navegantes le hicieran un hueco en sus bodegas. Sin embargo, como hemos dicho anteriormente, lo más valioso de esta especie eran sus insectos parásitos que le dieron a la chumbera la posibilidad de expandirse por el resto del mundo.

Uno de los primeros intentos de acabar con el monopolio del carmín español se produjo en 1777. En ese año, el botánico francés Nicolas-Joseph Thiéry de Menonville consiguió viajar hasta Veracruz y se hizo pasar por un médico catalán que buscaba un remedio botánico para tratar la gota. Desde allí, se escabulló hasta Oaxaca, donde compró algunas palas de *Opuntia* con insectos, los

98 Las hembras de las cochinillas están desprovistas de alas y viven prácticamente aferradas a la chumbera. Los machos presentan alas, pero viven solo el tiempo suficiente para reproducirse. El momento de mayor dispersión se da en la etapa de ninfa, cuando gracias a unos hilos de cera se dejan transportar por el viento.

Dactylopius coccus en una pala de chumbera [Paco Moreno].

cuales sacó de contrabando. En un jardín botánico que instaló en Puerto Príncipe, en la colonia francesa de Saint-Domingue, trató de criar la cochinilla. Pero el proyecto acabó en fracaso tras la muerte de Nicolas-Joseph. Posteriormente, en 1788, el almirante inglés Arthur Phillip también lo intentaría durante su etapa como gobernador de Nueva Gales del Sur en Australia. Había recolectado algunas plantas infectadas en Brasil con la idea de abastecer el mercado para teñir prendas como la equipación de los soldados británicos. Por desgracia, los animales murieron, pero no las plantas que gustaban de parasitar. La chumbera se acabó convirtiendo en una especie invasora y llenó los campos australianos. Para el año 1920, alrededor de 24 millones de hectáreas estaban invadidas por plantas del género *Opuntia*.

Habría que esperar hasta la Guerra de la Independencia de México, entre los años 1810 y 1821, para que la producción de cochinillas se extendiera por el resto del mundo. Aunque su gloria estaba cercana al final. La creación de tintes sintéticos, como la alizarina carmesí, desarrollados a mediados del siglo XIX, hizo que la cría de la cochinilla dejase de ser rentable.[99] Por extensión, la chumbera también perdió importancia y quedó relegada a una planta espinosa de la que recoger algunos higos y para delimitar las lindes de los campos. Actualmente, una plaga de cochinillas[100] está diezmando la población de chumberas en España. La plaga comenzó en Murcia y se está expandiendo rápidamente por el sur y el este del país. Cuando las plantas son infectadas, poco se puede hacer para salvarlas salvo retirar manualmente los insectos y lavar con jabón potásico. Sin embargo, dada su capacidad de competir con plantas autóctonas y alterar los hábitats, la chumbera está incluida en el Catálogo Español de Especies Exóticas Invasoras. Debido a este motivo, desde las Administraciones no se están tomando medidas para proteger lo que algunos consideran un patrimonio cultural del campo.

---

99 Hoy en día la cría de la cochinilla se centra en la creación de colorantes para pintalabios y alimentos. Suele aparecer en los ingredientes con el nombre E-120.

100 La plaga de cochinilla estaría provocada por las especies *Dactylopius coccus* y D. *opuntiae*. Debido a su parecido morfológico, resulta realmente difícil poder diferenciarlas incluso para los expertos.

Tequila, Jalisco, México. Agricultores cortan la planta de agave para hacer tequila [José de Jesús Churión Del].

Un episodio similar está sucediendo con los agaves en España. Entre los años 1956 y 1958, se llegaron a sembrar en Almería hasta tres millones de plantas de sisal (*Agave sisalana*) y henequén (*A. fourcroydes*), especies nativas de México. El motivo, que ya nos puede resultar hasta cansino, era darle a la región del cabo de Gata-Nijar algo de valor, puesto que se consideraban unas tierras improductivas. Se esperaba que las fibras producidas por los agaves, que tienen múltiples usos, ayudasen a impulsar la economía. El experimento no fructificó y las plantaciones fueron abandonadas, oportunidad que los agaves aprovecharon para medrar en un nuevo hábitat.

Estas especies empezaron a ocupar el lugar de las autóctonas. En concreto, el arbusto conocido como azufaifo (*Ziziphus lotus*) fue uno de los perjudicados por su expansión. Esta planta es clave en ciertas regiones áridas, en el sur de España y norte de África, ya que crea un tipo de ecosistema único conocido como azufaifar. Así que su presencia supone un refugio para la fauna y flora en estos lugares. Al tener unas raíces profundas, es capaz de alcanzar la escasa agua y proveer de humedad al sistema. Además, proporciona sombra para el crecimiento de determinadas plantas. Por otro lado, ofrece un sitio donde las aves pueden hacer sus nidos y suministra frutos que son el alimento de diversos animales.

Debido al riesgo que la presencia de agaves supone para la supervivencia del azufaifar, las Administraciones han puesto en marcha planes para erradicar estas especies[101] en lugares como el parque natural del Cabo de Gata-Níjar. El agave amarillo o pita (*Agave americana*), que está incluido en el Catálogo Español de Especies Exóticas Invasoras, también está en el punto de mira. En su lugar de origen, esta planta es cultivada para destilar mezcal, con el que se hace tequila. Aunque en España fue usada para delimitar los terrenos, al igual que la chumbera, y se convirtió así en parte de un paisaje que ha sido el telón de fondo para el cine wéstern. Por este motivo las medidas tomadas han generado cierto debate, ya que, tras tantos años en los campos, muchas personas consideran que la pita y sus hermanas son un bien cultural de Almería.

---

101 Uno de estos planes se encuentra dentro del marco del proyecto LIFE Adaptaned, que engloba acciones en el espacio natural de Doñana, el parque natural Cabo de Gata-Níjar y el espacio natural de Sierra Nevada.

Un gusano dentro de una botella de Mezcal, un licor tradicional elaborado con la planta de agave. Guerrero, México [Antwon McMullen].

Mientras tanto, un tercer actor ha entrado en escena y amenaza con acabar con los agaves que habitan España. Se enfrentan a una plaga encarnada en el picudo negro de los agaves (*Scyphophorus acupunctatus*). Este escarabajo proviene de Centroamérica y sur de Norteamérica, donde sus larvas parasitan a las plantas y se las comen por dentro. Como curiosidad, estos gusanos son los que se añaden a las botellas de algunas marcas de mezcal para darles sabor. Se cree que la llegada del insecto se produjo debido al comercio de plantas de sisal, posiblemente a través de Barcelona, donde habrían viajado como polizones. Al igual que pasa con la chumbera, el insecto tiene el potencial de acabar con ellas. Pero, dado su origen, las Administraciones no tomarán medidas para protegerlas.

La intención de este capítulo es ampliar el marco temporal, ya que a lo largo del libro hemos visto episodios ocurridos en los siglos XVIII, XIX y XX. Los casos aquí tratados muestran que las introducciones de especies es un fenómeno que nos ha acompañado desde casi nuestros primeros días. Ahora bien, ¿por qué en España se cataloga a la amapola como nativa y a la chumbera como invasora? En los estudios botánicos existe cierto consenso en usar el año 1492, o el 1500, como una marca en el tiempo. De esta forma, el descubrimiento de América se toma como punto de referencia para dividir las introducciones de plantas en dos categorías. Por un lado, tenemos las especies arqueófitas, que son aquellas cuya expansión se produjo antes de la fecha indicada. Estos casos se suelen considerar como naturalizados o incluso autóctonos. Mientras que, por otro lado, las plantas neófitas serían aquellas que llegaron después, las cuales son catalogadas como exóticas y, por tanto, tienen mayor probabilidad de acabar en el catálogo de invasoras.

Es evidente que, si hacemos comparaciones, veremos paralelismos entre, por ejemplo, la historia de la gineta y la del mapache en Europa. Pero debemos recordar que el hecho de catalogar una especie como introducida no la convierte en invasora. Sin embargo, que en el pasado se hayan producido introducciones que ahora consideramos naturalizadas no debería llevarnos a tomar una actitud pasiva con las actuales. Con los datos en la mano y analizando cada caso por separado, nos toca decidir qué debemos hacer con el desorden que hemos generado.

Una de las láminas de ungulados del *Johnson's household book of nature*, New York [1880].

IX. EDWARD WILSON, EL HOMBRE QUE QUISO CAMBIAR AUSTRALIA

ALPACAS DE CONTRABANDO

Cuando la alpaca (*Vicugna pacos*),[102] una especie que proviene de los Andes peruanos, llegó a Europa era una curiosidad zoológica más. Por ejemplo, en 1811 uno de estos animales fue presentado como una mascota exótica, adornado con anillos en las orejas, en una casa de fieras de Londres. Poco tiempo después este aspecto cambiaría, pasando a formar parte de la lista de deseos de las sociedades de aclimatación. Un suceso ocurrido en 1836 sería clave en esta transformación: en esa fecha, un comerciante inglés llamado Titus Salt adquirió varios fardos de lana de alpaca en unos almacenes de Liverpool. Aunque el tejido ya se había usado con anterioridad, Titus aplicó los avances tecnológicos de la industria textil para crear un nuevo producto que le haría ganar una fortuna.

Para la década de 1840, la alpaca se volvió un animal valioso debido a su lana. No tardaron en aparecer diversos proyectos de aclimatación con el objetivo de ganar dinero. La primera opción británica consistió en incluir a la especie en la ganadería de Escocia e Irlanda, dado que la climatología hacía que estos lugares fueran similares a su zona de origen. Su introducción se alabó en confe-

102 La alpaca (*Vicugna pacos*), es considerada una especie domesticada a partir de poblaciones de vicuñas (*V. vicugna*). Pariente de estos animales son las llamas (*Lama glama*), que a su vez descienden de los guanacos (*L. guanicoe*).

rencias, artículos y libros, en los que se hablaba de las bondades de la lana de alpaca, el impulso que ofrecía para la industria textil e incluso las posibilidades que brindaba a fin de acabar con la pobreza social. A pesar de todo este delirio, existía un problema: trasladar a estos cuadrúpedos desde América hasta Europa no era fácil.

Durante el viaje por mar, muchos ejemplares morían por las malas condiciones en los barcos o directamente por la ignorancia de sus transportistas. En una ocasión, se embarcaron 400 alpacas junto con un cargamento de guano y los desdichados animales acabaron asfixiados por los gases que emitía el valorado excremento de aves; solo sobrevivieron tres ejemplares, que tampoco vivieron mucho tiempo en Inglaterra. En otros casos, las muertes se producían por el exceso de medicación que les suministraban o porque comían hierbas venenosas en los campos británicos. A estos contratiempos habría que sumarle las medidas tomadas por el gobierno de Perú. La lana de alpaca era, junto con el azúcar, el algodón y el guano, una de las mayores exportaciones del país. Así que, por motivos económicos pero también de identidad nacional, en 1845 se decretó la prohibición de la exportación de alpacas y llamas.

El periodista y filántropo inglés-australiano Edward Wilson (1813-1878).

Incluso con las medidas adoptadas por los peruanos, los ingleses siguieron apostando por la aclimatación de la alpaca. Sin embargo, dado los fracasos en las islas británicas, se decidió probar suerte en los territorios de Australia. En esta región previamente se había tenido éxito con la introducción de las ovejas merinas, lo cual ayudó a que la colonia fuera algo más viable desde el punto de vista económico. La especie andina podría servir para completar esta industria. Uno de los personajes que más se implicó en este proyecto fue Edward Wilson, periodista y dueño de varios periódicos y revistas, que había emigrado a la tierra de los marsupiales en 1842. Allí se convertiría en uno de los mayores impulsores de las ideas de la aclimatación. En el año 1861 fundó tanto la Acclimatization Society of Victoria (con sede en Melbourne) como la Acclimatization Society of New South Wales (localizada en Sidney).

Tiempo después, Edward Wilson regresaría a Reino Unido para tratarse una progresiva pérdida de visión que estaba sufriendo. Durante esa época, en el año 1858, tuvo noticias de que en Londres subastaban un lote de 10 alpacas. Consciente de la oportunidad, organizó una campaña para recaudar fondos, escribiendo incluso un artículo en *The Times*, y así hacerse con los animales con el objetivo de llevarlos a Australia. El proyecto también tuvo la aprobación del propio Titus Salt, que llegó a donar dos ejemplares pertenecientes a su propia colección. De esta forma, los animales fueron embarcados con dirección a Melbourne, aunque el plan acabaría en fracaso tras fallecer todas las alpacas.

Mientras tanto, otro comerciante inglés también estaba persiguiendo el éxito con la misma gesta. El episodio de Charles Ledger tiene ciertos tintes de una aventura de espías. A mediados del siglo XIX, se ganaba la vida en la localidad peruana de Tacna comprando lana de alpaca y de oveja para suministrar al mercado británico. Conociendo las posibilidades de negocio que ofrecían las alpacas, en 1852 viajó a Sydney para evaluar la posibilidad de introducir la especie en Australia. Tras considerar que el proyecto era viable, trazó un plan para transportar los animales. Debemos recordar que ya en 1845 el Gobierno de Perú había prohibido la exportación de estos animales. Si alguien era descubierto con las manos en la masa, corría el riesgo de acabar diez años encadenado en las islas Chincha recogiendo guano.

Portada del libro de Gabriele Gramiccia *The Life of Charles Ledger, 1818-1905.*

A pesar de la posibilidad de acabar escarbando excrementos de aves durante una década, Ledger debió sopesar que merecía la pena correr el riesgo viendo los supuestos beneficios. La primera parte de su plan se centraba en comprar alpacas y llamas, que iría guardando en una finca que poseía al sur de Perú. Desde allí, de forma clandestina, los animales serían llevados a través de los Andes hasta la localidad argentina de Laguna Blanca. El siguiente paso consistía en acostumbrarlos a una dieta de alfalfa seca, que sería el menú que iban a tener que degustar durante el viaje por mar. Finalmente, volverían a hacer un trayecto por las montañas hasta la ciudad chilena de Copiapó y posteriormente serían embarcados con destino Sydney.

Ledger invirtió seis años de su vida en el plan, que, por supuesto, tendría múltiples contratiempos. Unas 200 alpacas murieron tras beber agua en un lago infectado con sanguijuelas. Otros animales sucumbirían tras sufrir los estragos de una tormenta en los Andes. Además, las autoridades peruanas sospecharon en varias ocasiones de sus intenciones, motivo por el que fue arrestado dos veces.[103] Cuando los animales llegaron a Australia en 1858 también surgieron otros problemas al acabar muertos o enfermos. Debido a ello, el Gobierno británico retiró la financiación del proyecto, liquidando el sueño de Ledger por aclimatar alpacas y llamas en tierras australianas. Nuestro protagonista perdió todos sus ahorros y nunca los llegaría a recuperar. Así que en 1864 regresó a América del Sur con otra idea en mente. Las potencias de la época deseaban hacerse con el árbol chinchona, del cual se extrae la quinina, usada para tratar la malaria. Sin embargo, la exportación de las plantas o sus semillas estaban igualmente prohibidos. En esta empresa Charles Ledger tuvo más éxito, pero eso es otra historia. Nosotros nos vamos a quedar en Australia para conocer a otros animales que sí se adaptaron a sus condiciones, aunque lo hicieron demasiado bien.

---

103 En ambas ocasiones, Ledger se las apañó gracias a su ingenio para librarse del arresto. La primera vez ejerció de médico para curar a la esposa de uno de sus captores, motivo por el que lo liberaron. En el segundo arresto, puso una dosis de láudano, una preparación con opio, en el grog, un tipo de bebida mezcla de agua caliente y licor, del carcelero.

El apuesto John Ainsworth Horrocks.

Harry tiene el título de ser el primer camello en llegar a Australia. También posee el dudoso honor de haber provocado la muerte de su dueño. Desembarcó en la colonia británica en el año 1840, tras un viaje a bordo del *SS Apolline* desde Canarias.[104] Fue el único de los ejemplares que sobrevivió a aquella aventura en alta mar. Dada su naturaleza, se consideraba que su especie era ideal para hacer exploraciones hacia el interior australiano, que en su mayor parte eran tierras desconocidas para los europeos. Pero su periplo acabó trágicamente. En 1846 participó en una expedición, con el explorador John Ainsworth Horrocks a la cabeza, junto con cinco hombres más, seis caballos y doce cabras. La función de Harry era transportar cargas de hasta 160 kilos. Horrocks lo describió como un animal de mal genio, que llegó a propinar algún que otro mordisco. Mientras reconocían un lago, vieron un ave que les llamó la atención y que Horrocks decidió cazar. Como solo le quedaban dos balas, quiso alcanzar la bandolera que transportaba Harry. En ese momento, el animal se movió haciendo que el arma se disparara por accidente e hiriendo al explorador en la mano derecha y la cara. Días después, Horrocks murió por la infección provocada, pero antes mandó que el dromedario fuese sacrificado.

La idea de importar dromedarios (*Camelus dromedarius*) y camellos bactrianos (*C. bactrianus*)[105] a Australia estaba inspirada en un experimento llevado a cabo en Estados Unidos. En el año 1836, el teniente estadounidense George Crosman propuso usar estos animales, ya que serían ideales para los territorios del sur del país y de México. Tiempo después el secretario de guerra Jefferson Davis tuvo noticias de la sugerencia e impulsó la creación de un cuerpo militar de camellos. De esta forma, en 1855

104 Los camellos, que en realidad eran dromedarios (*Camelus dromedarius*), llegaron a Canarias en el año 1405. Fueron usados como animales de carga y para trabajos en el campo como el arado. Actualmente esta población incluso está reconocida como la única raza autóctona europea de su especie.

105 Dos especies llegaron a Australia, los dromedarios (*Camelus dromedarius*) y los camellos bactrianos (*C. bactrians*). Para diferenciar a ambos animales, debemos tener en cuenta que los primeros tienen una joroba y los segundos, dos.

Ilustración de S.T. Gill de la expedición de Horrock al noroeste: regreso al campamento de Depot Creek, 1846 [State Library of South Australia].

compraron 32 ejemplares en el norte de África y al año siguiente se creó la United States Camel Corps en Texas. Sin embargo, el desarrollo de la guerra civil y el recelo de los militares a usar estas monturas hizo que se disolviera y los animales fueran abandonados o subastados en 1864.

En Australia uno de los personajes que impulsó la introducción de estas especies fue Thomas Embling, médico inglés que había emigrado a Melbourne. Además de dedicarse a la política, Embling fue una de las personas que apoyó la aclimatación de animales como las alpacas. En el caso de los camellos, concretamente logró convencer al parlamento de Victoria para que aprobara la compra de ejemplares con el objetivo de ayudar a los proyectos de exploración que la Royal Society of Victoria llevaba a cabo. Desde principios de la década de 1850, la región estaba viviendo una fiebre del oro que atrajo a muchos migrantes. Debido a este crecimiento, la ciudad de Melbourne pasó a ser la más grande de la isla y la segunda del Imperio británico. En este ambiente, existía un gran interés en encontrar una ruta que uniera el sur con el norte del territorio, llegando incluso a ofrecer una recompensa de 2000 libras para quien lo lograse.

Así que, con los victorianos convencidos de la utilidad de los camellos, se encomendó a George James Landells viajar a la India con el fin de adquirir los animales. En 1858, Landells desembarcó en Calcuta y al año siguiente viajó a Lahore, en el actual Pakistán, para comprar varios dromedarios, además de contratar camelleros. Les esperaba un viaje de cerca de 1000 kilómetros desde Lahore hasta Karachi, ciudad portuaria pakistaní, donde los ejemplares fueron embarcados con destino Melbourne en 1860. Estos animales se unirían a varios más en Australia para participar en la famosa expedición de Burke y Wills.

El 20 de agosto de 1860, a las cuatro de la tarde, una expedición dirigida por Robert O'Hara Burke y William John Wills partió desde Melbourne, animados por 15.000 espectadores. La misión contaría con 19 hombres, 23 caballos y 26 dromedarios. De la mayoría de estos últimos animales conocemos cómo se llamaban. Por ejemplo, tenían nombres como Landa, Boocha, Rajah, Rowa, Burra, Nero, Janglee o Shadow. El objetivo era alcanzar el golfo de Carpentaria, al norte, tras recorrer unos 3250 kilómetros. Sin embargo, a los pocos meses de partir, diversas discusiones acabaron con la renuncia de dos oficiales y el despido de gran parte de los miembros.[106] Después de reorganizarse y contratar a más personas, consiguieron llegar al río Cooper, donde montaron un campamento para descansar. En este punto, el grupo se dividió en dos: uno se quedaría guardando el campamento y el otro, encabezado por Burke y Wills, seguiría buscando un camino hacia el norte. Era el 16 de diciembre de 1860, es decir, se encontraban en verano, con temperaturas que rozaban los 50 °C a la sombra.

En febrero de 1861, el grupo de Burke y Wills se encontró frente a un obstáculo insalvable: los manglares les impedían llegar hasta el golfo de Carpentaria. Como no había manera de atravesarlos, decidieron dar media vuelta. En el camino de regreso, sufrieron

106 George James Landells fue una de las personas que renunció. A su llegada a Melbourne llegó a declarar que Burke nunca regresaría con vida.

los estragos de las lluvias monzónicas y la falta de suministros, motivo que les obligó a comerse algunos de los caballos y dromedarios. La tragedia fue aún a más, ya que, cuando alcanzaron el campamento en el río Cooper, el 21 de abril, el resto de la expedición se había marchado solo unas horas antes de que llegasen. Les habían dejado algunas provisiones enterradas bajo un árbol marcado, pero de poco les iban a servir. Quedaban tres hombres, Burke, Wills y John King, junto con dos dromedarios, Rajah y Landa. Decidieron partir, para buscar un atisbo de civilización, por un camino que fue igualmente agotador y que les obligó a sacrificar los animales. Solo conseguiría sobrevivir King, con la ayuda de los aborígenes Yandruwandha. Burke y Wills murieron en el mes de junio.

A pesar de la tragedia, para muchos quedó demostrado la viabilidad de usar camélidos para tratar con aquellas tierras. Por ello, desde la colonia en la India llegaron camelleros musulmanes que crearon un floreciente negocio en la década de 1860. De esta forma, se importaron dromedarios y camellos bactrianos hasta

Un hombre con un camello en Australia, 1926. [Museo Nacional de Australia].

principios del siglo XX. Pero con la llegada del transporte motorizado, durante las décadas de 1920 y 1930, este modelo de comercio dejó de ser viable. Por este motivo, algunos dueños de los animales optaron por liberarlos en la naturaleza. Así se inició una invasión que llega hasta nuestros días y que además presenta una peculiar característica. Y es que Australia es uno de los pocos sitios del mundo donde podrás ver manadas de dromedarios salvajes.

En el año 2009 habitaban en Australia en torno a un millón de dromedarios y camellos. Como cualquier población sin control de herbívoros, estos animales arrasaban con la vegetación nativa, poniendo en riesgo ecosistemas y lugares de gran importancia cultural para los pueblos aborígenes. Además, la destrucción de los cercados y puntos de agua hacía que tampoco fuesen del agrado de los ganaderos. Así que se puso en marcha el Feral Camel Management Project, el cual finalizó en 2013. Consistió en el sacrificio de unos 160.000 animales. La gran mayoría, unos 130,000, cazados desde helicópteros. En aquellas fechas, la factura por daños y costes de gestión ascendía a los 11,5 millones de dólares anuales.

Camellos en Australia, 1920. [Museo Nacional de Australia].

Estos animales se han adaptado tan bien al entorno que la erradicación se considera inviable. De una población de 300.000 en 2013, los dromedarios han vuelto a llegar al millón de ejemplares. Así que la apuesta se centra ahora en reducir y contener el número a través de controles que se siguen realizando mediante sacrificios aéreos. Recientemente, en enero de 2020, estas medidas saltaron a los medios de comunicación por el anuncio del sacrificio de 5000 animales. Otra opción que se baraja consiste en crear una industria que vaya más allá de capturar y transportar animales salvajes, ya que esto no se considera rentable. Quienes defienden esta postura, abogan por crear granjas de dromedarios para que Australia se convierta en un referente en la exportación de carne y leche.

No todos están de acuerdo con esta política de erradicación y muerte. Entre ellos un grupo de científicos que se definen como conservacionistas compasivos. Esta visión defiende realizar una conservación de la vida silvestre tratando a los animales con «respeto, justicia y compasión». Según esta idea, cuando se habla de protección de la naturaleza se hace dándole más importancia a lo nativo, ya sea una especie o un ecosistema, que a los animales como individuos. De esta forma, el control de la *vida salvaje ofensiva* lleva a prácticas como, por ejemplo, el sacrificio mediante disparos o envenenamiento. Y esto acaba generando un sufrimiento innecesario, que conlleva un conflicto entre los sectores que abogan por proteger la naturaleza y quienes defienden el derecho de los animales. El resultado de este debate se traduce en protestas públicas que acaban paralizando la gestión de las especies introducidas.

Dentro del marco de la conservación compasiva, investigadores de la Universidad Tecnológica de Sydney realizaron un estudio en los que se propusieron analizar la biodiversidad de Australia sin tener en cuenta si las especies son nativas o introducidas. Entre los animales seleccionados, observaron que un tercio de los que se consideran inmigrantes se encuentran amenazados, por diversos motivos, en sus lugares de origen. Un cuarto de las especies autóctonas australianas han emigrado a otras zonas, a la vez que se encuentran en la misma situación de peligro. De esta manera, proponen empezar a considerar a estos migrantes como *refugiados*.

Uno de estos *refugiados* sería el burro. Las poblaciones domésticas de este animal se clasifican dentro de la subespecie *Equus africanus asinus*.[107] Como otros cuadrúpedos usados para el transporte, los avances tecnológicos han sacado a esta especie de la lista de animales útiles. Esta situación ha supuesto una enorme caída de su población, sobre todo en Europa, y la casi desaparición de algunas razas locales. Sin embargo, en Australia encontramos una gran población de burros salvajes, que en 2005 rondaba los 5 millones de ejemplares. Su origen, al igual que el camello y el dromedario, se remonta a importaciones realizadas desde el año 1866, cuando fueron traídos para cargar y transportar, ya que los caballos solían morir al comer las plantas venenosas del lugar.

Además, los burros salvajes en Australia podrían ejercer el papel ecológico de *Phascolonus gigas*, una especie de *wombat* de 200 kilos que se extinguió a finales del Pleistoceno. Esta idea, que parece un tanto estrambótica, tiene una base científica. En un estudio internacional publicado en el año 2020, y liderado por investigadores de la Universidad Tecnológica de Sydney, se propuso que las especies introducidas servirían para ayudar a restaurar ciertas funciones que realizaban grandes herbívoros (la llamada *megafauna*) que desaparecieron hace miles de años.[108] En la investigación, compararon distintos rasgos de los animales, como el tamaño, la dieta o el hábitat, para buscar homólogos del presente y del pasado.

Diversos estudios demuestran que la extinción de la megafauna modificó los ecosistemas, al verse alterada la circulación de nutrientes o la desaparición de hábitats. Es decir, al dejar de existir estos animales lo hicieron también una serie de beneficios que ayudan al funcionamiento de la naturaleza. Sin embargo, como ha quedado patente a lo largo de los anteriores capítulos, los humanos nos hemos dedicado a mover especies de un sitio a otro del planeta. Algunas de ellas tendrían el peso suficiente como para llegar a asimilar el papel de aquellos grandes animales que ya no nos acompañan.

---

107 Otras dos subespecies viven en estado salvaje en el Cuerno de África: la somalí (*Equus africanus somalicus*) y la nubia (*E. africanus africanus*). Ambas se encuentran en peligro crítico de extinción y apenas quedan algunos centenares de ejemplares. Están amenazados por la pérdida de hábitats, la hibridación con otros animales y la caza para abastecer la medicina tradicional de Etiopía y Somalia.

108 Debemos tener en cuenta que la comunidad científica aún debate sobre si la extinción de la megafauna al final del Pleistoceno se debió a la acción humana, a un cambio climático o a una combinación de los dos factores.

Un grupo de asnos tira de un carro en Salmon Gums, Australia, 1930 [Museo Nacional de Australia].

Además del burro y su semejanza con un pariente del *wombat*, en Australia los investigadores identificaron otros casos. Uno de ellos fue el dromedario, que podría ejercer las funciones de *Palorchestes azeal*, un tipo de gran marsupial con una corta probóscide. Otro ejemplo australiano sería el exótico *banteng* (*Bos javanicus*), una especie de bovino salvaje, y *Zygomaturus trilobus*, un herbívoro marsupial que llegó a pesar 500 kilos. Por otra parte, el ciervo sambar (*Rusa unicolor*) sería el homólogo de un canguro de casi 3 metros de longitud conocido como *Sthenurus stirlingi*. También se buscaron candidatos entre las introducciones sucedidas en el continente americano.[109] En Norteamérica, vivieron durante más de 50 millones de años caballos que se extinguieron con la llegada del ser humano. Hoy en día, allí existen manadas de caballos salvajes (*Equus ferus caballus*) que provienen del linaje

109 Para la región de Sudamérica se propuso al antílope negro (*Antilope cervicapra*) por el ciervo *Morenelaphus brachyceros*, el búfalo salvaje de agua (*Bubalus arnee bubalis*) por un pariente de los armadillos conocido como *Glyptodon reticulatus* y al jabalí (*Sus scrofa*) por el pecarí de cabeza plana (*Platygonus compressus*).

Un tren de camellos arrastra una casa en Asutralia [Museo Nacional de Australia].

domesticado. Además, hace unos 30.000 años se produjo la desaparición de *Neochoerus aesopi*, un tipo de roedor emparentado con el capibara (*Hydrochoerus hydrochaeris*) que fue introducido en el sudeste de Estados Unidos. En este punto toca retomar a los hipopótamos (*Hippopotamus amphibius*) de Pablo Escobar, cuya capacidad como ingenieros de ecosistema en Colombia ya tratamos en el primer capítulo. En este caso, su papel se ha comparado con el ejercido por *Hemiauchenia paradoxa*, un camélido de aspecto parecido a una llama de gran tamaño.

Al margen de lo llamativo de esta propuesta, al poner la idea sobre la mesa se plantea un debate científico que gira entorno a una pregunta: ¿cómo eran los ecosistemas originales?, es decir, ¿podemos conocer el aspecto que tenía la naturaleza antes de que comenzáramos a medrar en la Tierra? En el caso de que fuéramos capaces de entender realmente cómo eran y funcionaban los bosques, sabanas y demás ecosistemas en el pasado, ¿deberíamos restaurar la vida a ese *estado inicial*? Y si estamos seguros de que esto debe hacerse, ¿deberíamos contar con todas las especies, nativas e introducidas, que tenemos en la lista?

Bombus terrestris libando en una flor [Image Broker].

El 7 de diciembre de 1867, Charles Darwin recibió una carta de Edward Wilson. En ella, el periodista le comentaba el interés de las sociedades de aclimatación por introducir abejorros (*Bombus sp.*) en Australia.[110] Dado su papel como polinizador de plantas, se esperaba que estos insectos tuvieran un efecto positivo en la agricultura. El problema consistía, como para muchos otros proyectos de aclimatación, en que los animales morían durante el transporte de Europa a tierras tan lejanas. En un contacto anterior, el apicultor Thomas White Woodbury[111] le había aconsejado que enviasen solo reinas durante su periodo de hibernación. A Wilson le habían contado que los hijos de Darwin «*have a special genius in that way*», así que le pedía alguna pista para hacerse con algún espécimen. Sin embargo, los hijos del naturalista no se prestaron a hacerlo al considerar que era algo muy difícil de conseguir, por tanto le remitió a contactar con John Lubbock, el cual, en su faceta de entomólogo, había investigado sobre los parásitos del género *Bombus.*[112]

Las sociedades de aclimatación vinieron a rellenar un descontento que sentían algunos de los colonos británicos en Australia. En cierta manera, la biodiversidad de la isla les decepcionó, al estar compuesta por una fauna y una flora que no eran capaces de entender: los mamíferos tenían *bolsillos* (otros incluso ponían huevos), los cisnes eran negros, las anguilas no tenían el aspecto de las europeas, las abejas carecían de aguijón... Y mejor no hablar de los árboles que, en vez de dejar caer sus hojas, se desprendían de

110 En la carta, Edward Wilson también cuenta que están a la espera de la llegada de un cargamento de huevos de salmón con destino Otago, Nueva Zelanda. El transporte se realizó en 1868 dentro de unas cajas especiales con musgo y hielo a bordo del barco *Celestial Queen*.

111 Thomas White Woodbury era periodista, pero su verdadera pasión fue la apicultura. En 1859 introdujo la abeja italiana (*Apis mellifera ligustica*), una subespecie de la abeja doméstica, en Gran Bretaña. Este mismo tipo de insecto llegó a Melbourne en 1862 tras el envío de cuatro cepas desde Londres.

112 A pesar de las gestiones de Edward Wilson, ninguna especie del género *Bombus* fue introducida en Australia hasta el año 1912, aunque estos proyectos tampoco lograron su aclimatación.

sus cortezas. Por este motivo, los planes de aclimatación florecieron con más o menos éxito. Por ejemplo, desde la Acclimatization Society of Victoria, que recordemos fue fundada por Wilson, se trabajó en la introducción de faisanes, codornices, perdices, liebres, carpas y percas. También lo intentaron con las avestruces, pero fueron descartadas por ser animales demasiado rápidos para ser atrapados en estado salvaje. En una ocasión, Wilson propuso traer monos ya que podrían ser una diversión para las personas mientras daban un paseo por el campo.

De entre todas estas introducciones, una de las más conocidas es la protagonizada por el conejo (*Oryctolagus cuniculus*). El honor de esta empresa se atribuye a Thomas Austin, miembro de la Acclimatization Society of Victoria, que echaba de menos los tiempos en los que cazaba a estos animales en Inglaterra. Por ello, le pidió a su sobrino, que se encontraba en Reino Unido, que le mandara un cargamento de gorriones, perdices, liebres y conejos. Austin pensaba que estos animales no harían ningún daño y que darían a Australia un toque «más hogareño».

De esta forma, en 1859 fueron liberados 24 conejos en los alrededores de Melbourne, los cuales interpretaron una de las mayores expansiones biológicas que se han registrado. Al cabo del tiempo, la población de conejos rozaba los miles de millones. En su expansión, arrasaron con la vegetación, dejaron los suelos a merced de la erosión y desplazaron a especies nativas como los bilbies (*Macrotis sp.*) Se calcula que al año los daños por las pérdidas agrícolas y ganaderas ascendían a 200 millones de dólares. En un intento por frenar la colonización hacia el oeste, entre los años 1901 y 1907 se llegó a construir una valla a prueba de conejos. La barrera tenía una longitud de 1833 km y tuvo el récord de ser la valla ininterrumpida más larga del mundo. Aunque a los conejos no les sorprendió mucho.

La invasión de los lagomorfos llevó al Gobierno de Nueva Gales del Sur a ofrecer una recompensa de 25.000 libras para aquel que pusiera sobre la mesa un proyecto de control biológico efectivo; de hecho, el propio Louis Pasteur propuso probar suerte con la bacteria *Pasteurella multocida* (que había aislado en 1880), que provocaba el cólera en aves de corral. Pero no sería hasta 1950 cuando se usaría un arma biológica satisfactoria.[113] En esa fecha, el virólogo australiano Frank Fenner lideró un proyecto para introducir en el país la cepa SLS del virus del mixoma, que produce la enfermedad de la mixomatosis en conejos. A fin de tranquilizar a la población, Fenner junto con Macfarlane Burnet e Ian Clunies Ross, se inyectaron el virus frente a un grupo de periodistas para demostrar que no era peligroso para los humanos. Además, con el propósito de ayudar a la propagación del virus, durante la década de 1960 y también de 1990 serían liberadas pulgas de conejos que aumentarían la infección.

La liberación del virus del mixoma hizo que la población de conejos se redujera de 600 millones a 100 millones. Pero en este punto la evolución entró en acción y los animales desarrollaron resistencia genética a la enfermedad, motivo por el que en 1991 los ejemplares volvían a rozar los 300 millones. En esa fecha se estaba experimentando con un calicivirus que provoca la enfermedad hemorrágica del conejo. Tras su liberación accidental, el virus empezó a afectar a los conejos en el año 1995. Posteriormente, esta lucha biológica entraría dentro del foco mediático al anunciarse la dispersión de una cepa más virulenta en 2017. Concretamente, se trataba de la cepa RHDV1 K5, que había sido aislada en Corea del Sur en 2012. La nueva variante se introdujo en 600 puntos y consiguió eliminar hasta el 42% de la población de conejos en Nueva Gales del Sur en solo dos meses. Sin embargo, esta medida supuso un motivo de preocupación para quienes trabajan en la conservación de especies como el lince ibérico o el águila imperial ibérica. El motivo de la inquietud radica en la posibilidad de que el virus llegue a Europa, lo cual supondría una tragedia para las poblaciones de conejos que son tan importantes para estos carnívoros. No se trata de una pesadilla infundada, ya que en 1952 la mixomatosis apareció en tierras europeas después de que un médico francés, Paul-Félix Armand-Delille, la usase para acabar con una plaga de conejos que sufría en sus terrenos del castillo Maillebois, al norte de Francia. Tras conocer las noticias del éxito

113 Previamente, en el año 1937, el Australian Council for Scientific and Industrial Research había realizado los primeros ensayos de campo para comprobar la efectividad de la mixomatosis en la isla Wardang, en la costa sur de Australia.

Liberación de conejos con mixoma.

en Australia, Armand-Delille se hizo con los patógenos a través de un laboratorio de Lausana, Suiza. Al año siguiente de liberar una pareja de ejemplares infectados, la plaga había acabado con el 45% de los conejos salvajes de Francia, siendo imposible parar su avance por el resto de Europa[114].

Este tipo de *guerra biológica* demuestra que en Australia han acabado por tomarse muy en serio esta cuestión. Tras años de introducciones e impactos de diversa índole, se adoptaron medidas restrictivas para evitar nuevos casos. En el año 2019, se llegó a devolver una partida de 900 coches Mercedes-Benz tras detectar que dentro de ellos viajaban 30 caracoles exóticos. Por otra parte, en 2017 el servicio de aduanas quemó seis ejemplares de plantas secas de un herbario, algunas de ellas recolectados durante una expedición en el siglo XVIII, que el Museo Nacional de Historia Natural de París había enviado al herbario de Queensland. La destrucción de este patrimonio natural se produjo tras una cadena de errores, los cuales desembocaron en la aplicación de los protocolos rutinarios de bioseguridad[115] adoptados con el fin de blindarse frente a las especies invasoras.

---

114 Al parecer, Paul-Félix, confiaba en que el virus no saldría de la finca. Tras su acción, en 1955, fue condenado a pagar una multa de 5000 francos. Pero también recibió una medalla del Departamento Francés de Ríos y Bosques, ya que los agricultores y silvicultores consideraban que les había hecho un favor.

115 Los detalles de esta historia pueden leerse en el artículo *Botanists fear research slowdown after priceless specimens destroyed at Australian border*, publicado en la web de *Science Magazine* (https://www.sciencemag.org/)

¿HAY SERPIENTES EN HAWÁI?

En el ensayo *Cómo construir un universo que no se derrumbe dos días después*, el escritor de ciencia ficción Philip K. Dick reflexiona sobre cómo las sociedades crean o dan forma a las realidades. Entre sus divagaciones, menciona que un amigo suyo se jactaba de haber publicado un libro sobre serpientes de Hawái y que, además, había recibido la llamada de algún bibliotecario interesado en incluir la obra en las estanterías. Pero todo aquel que, ingenuamente, buscase el libro acabaría siendo víctima de una especie de broma científica: la realidad es que, aunque figure como publicado, esta obra nunca fue escrita, ya que en Hawái no hay ninguna especie de serpiente.[116] Por desgracia para el amigo de Dick, la realidad ha superado a la ficción.

Se cree que en la década de 1980 llegó a Hawái desde Filipinas la serpiente ciega de Brahminy (*Indotyphlops braminus*). Este reptil, nativo de África y de Asia, logró cruzar el océano Pacífico gracias a sus hábitos subterráneos, que le hizo pasar desapercibida escondida en la tierra de las macetas de plantas importadas. La especie también presenta una particularidad: todos los ejemplares del mundo son hembras que se reproducen de forma partenogenética. Esta cualidad les permite tener descendencia sin que sus huevos sean fecundados. Por otra parte, no se trata de una especie venenosa y, dada su naturaleza, que le hace ser casi un calco de una lombriz, han pasado bastante desapercibidas. Además, su menú se compone de hormigas y termitas, también introducidas, así que su colonización no parece revestir ningún riesgo.

La fauna y flora de Hawái está compuesta por unas 18.000 especies nativas, las cuales han evolucionado desde ancestros que llegaron por aire o mar. En algunos casos, también lo hicieron aferrados a las plumas de aves. Debido a la distancia entre las islas y el continente americano, este proceso de colonización se pro-

116 La única serpiente que se podría catalogar como nativa o autóctona es la serpiente de mar de vientre amarillo *(Hydrophis platurus)*, aunque sus registros son tan escasos que es realmente raro toparse con uno de estos reptiles en Hawái.

Serpiente ciega de Brahminy (*Indotyphlops braminus, Typhlopidae*) [Pong Wira].

dujo a un ritmo de una nueva especie recién llegada cada 25.000 o incluso 100.000 años. Pero el aislamiento comenzó a desdibujarse con la aparición de los humanos. Por ejemplo, los geckos, considerados un icono de la región, desembarcaron junto con los polinesios hace unos 1500 años. Sin embargo, conforme construíamos un mundo más conectado, las oportunidades para las especies se multiplicaron. De esta forma en el año 2001 se estimaba que, solo en el aeropuerto de Kahului en Maui, aterrizaban cada día un tipo de insecto o de planta nunca vista.

Aunque la presencia de geckos o de la serpiente ciega no se consideren perjudiciales, en otros casos esta realidad ha supuesto un duro golpe para una biodiversidad única. El apapame (*Himatione sanguinea*) es un ave que vive en seis de las ocho islas del arrecife. Sus poblaciones se encuentran en declive debido al asedio de ratas y mangostas, además de la malaria aviar. Las primeras llegaron como polizones en embarcaciones, mientras que las segundas hicieron su aparición en el siglo XIX, al ser introducidas para controlar a los roedores, ya que se estaban dando un festín con las plantaciones de caña de azúcar. En cuanto a la malaria aviar, se dispersó gracias a la importación de aves exóticas, pero además necesitaba de la actuación de un vector. La aparición del mosquito doméstico del sur (*Culex quinquefasciatus*), que llegó a bordo de barriles de agua transportados por un barco en 1826, solucionó este escollo. La malaria provocó la extinción y merma de muchas especies de aves que nunca habían tenido que desarrollar una resistencia frente a tal enfermedad.

En muchas ocasiones estas situaciones de declive, originadas por un combo de invasiones biológicas y otros impactos medioambientales, ponen a las especies en la cuerda floja. La subespecie de apapame conocida como *H. s. freethi* era endémica de la isla Laysan. En 1903 sufrió la destrucción de su hábitat debido a la introducción de conejos (*Oryctolagus cuniculus*), situación que dejó a las aves a merced de una tormenta de arena en 1923, la cual acabó por extinguir a la subespecie. Otro ejemplo lo encontramos en el koloa o pato hawaiano (*Anas wyvilliana*), que en el pasado habitaba en las principales islas de Hawái. Pero desde la década de 1960 solo viven en Kauai y Ni'ihau a consecuencia de la desaparición de su hogar, la importación de depredadores y la caza. Además, esta especie se podría enfrentar a una extinción silenciosa: su población corre el riesgo de hibridarse con los ánades reales (*A. platyrhynchos*), un pariente suyo introducido en el archipiélago.[117]

En cuanto a las especies vegetales, la historia también resulta desoladora. En el archipiélago hawaiano hay alrededor de 450 especies de plantas en peligro de extinción, una condición que ha hecho que algunos se refieran a la región como «la capital de las especies en peligro de extinción de los Estados Unidos». En parte, este escenario se ha producido por la introducción de especies como el guayabo peruano (*Psidium cattleianum*). Esta planta, que fue importada por su interés agrícola, ha sido clasificada como una de las peores plagas que sufren las islas de Hawái. La especie ha colonizado los ecosistemas al más puro estilo de los terrores vegetales que mencionamos en el capítulo IV. Además, durante la conquista ha encontrado un aliado también exótico, el cerdo silvestre (*Sus scrofa*), que se deleita comiendo sus frutos y posteriormente dispersa las semillas. Al guayabo peruano también se le han unido otras plantas, como zarzamoras o lantanas, las cuales también contribuyen a desplazar la flora nativa.

Uno de los episodios vegetales más dramáticos está protagonizado por la alula (*Brighamia insignis*), una especie endémica de la isla de Kauai. En 1994 sus poblaciones se concentraban en cinco núcleos que no sumaban más de 65 plantas. El último ejemplar silvestre fue visto en el año 2014. Su conservación en cautividad revierte cierto grado de complejidad, ya que su único polinizador, una polilla, hace tiempo que se extinguió. Por este motivo, la polinización deben realizarla los humanos de forma artificial. Existen más especies que comparten esta situación, lo cual ha derivado en una extraña escena. Cuando las plantas crecen en acantilados de difícil acceso, los científicos deben descender haciendo rápel para ejercer el papel de insectos y garantizar la conservación de este patrimonio único.

En algunas zonas de Hawái, la destrucción de hábitat y la introducción de especies ha desembocado en la aparición de los cono-

117 Un estudio de 2019 encontró que la diversidad genética de las poblaciones de koloa era alta y que no estaba tan contaminada por genes del ánade real, lo cual supone una esperanza para la conservación de la especie.

cidos como *novel ecosystem*. Este término hace referencia al surgimiento de ecosistemas tras la modificación o destrucción antrópica, como por ejemplo ocurre con las zonas urbanas, jardines o tierras agrícolas. Esto no debe sorprendernos ya que, ajenos al caos que estamos generando, las pocas especies que sobreviven tienden a interaccionar entre ellas. Una de estas situaciones ha sido registrada en la isla de Oahu, donde los árboles exóticos han conformado un bosque tropical sin plantas nativas y que se vale de aves igualmente introducidas para su dispersión; es decir, se han estructurado de forma similar, aunque no al mismo nivel de complejidad, a como lo hacían las comunidades autóctonas, creando ecosistemas completamente nuevos.[118] Una circunstancia parecida se ha observado en Nueva Zelanda, cuya flora dependía de murciélagos y aves para ser polinizadas. Sin embargo, este papel parece estar siendo suplido por las ratas. Por otro lado, los zorzales y mirlos llegados gracias a las sociedades de aclimatación se han convertido en los dispersores de las semillas de los bosques autóctonos.

La lista de episodios que involucran islas y especies invasoras puede ser tan larga como islas existen en el mundo. Una de las historias más famosas sucedió en Guam, perteneciente al archipiélago de las Marianas, situado en el océano Pacífico, cuya gestión política depende de Estados Unidos desde el año 1898. Durante la década de 1960 se registró un descenso inusual de sus poblaciones de aves. A fin de detectar el origen del problema, se realizaron experimentos con animales en cautividad, siendo la contaminación por DDT o la muerte por malaria aviar las primeras opciones barajadas. El misterio se resolvió cuando una serpiente se coló en las instalaciones y se comió a varios de los desafortunados pájaros. El depredador fue identificado como una culebra arbórea del café (*Boiga irregularis*), un reptil que puede alcanzar los dos metros de longitud y que es nativo de la región de Oceanía. No se conoce con exactitud cómo acabó en Guam, pero la vía más probable parece ser dentro de aviones militares, como polizón, durante los años cuarenta o principios de los cincuenta del siglo XX.

118 Curiosamente, las aves exóticas muestran una preferencia por los frutos de las plantas exóticas frente al de las nativas.

Boiga irregularis [Romil Naresh Gala].

La culebra arbórea del café se convirtió en una auténtica pesadilla para las aves de Guam, las cuales nunca habían tenido que lidiar con depredadores de ese tipo. Para el año 1983 la mayoría de las especies nativas habían sucumbido ante las fauces del reptil. La mayoría de sus poblaciones se concentraban en una pequeña porción del norte de la isla de apenas 160 hectáreas, mientras que las serpientes se contabilizaban en 100 ejemplares por hectáreas. Tres años después, los bosques de Guam se quedarían sin ningún pájaro que les pusiera banda sonora.

Entre las aves que se extinguieron podemos mencionar al carricero ruiseñor (*Acrocephalus luscinius*) y al monarca de Guam (*Myiagra freycineti*). Ambas especies fueron reportadas por última vez en 1969 y 1983 respectivamente. Anteriormente, el zorro volador de Guam (*Pteropus tokudae*), un tipo de murciélago, también desapareció en 1967. Otras tuvieron un poco más de suerte. El alción micronesio (*Todiramphus cinnamominus*) sobrevive en cautividad, a la espera de poder ser reintroducido. El rascón de Guam (*Gallirallus owstoni*) supone un pequeño rayo de esperanza. También se encontraba extinto en su hábitat natural, pero en 2019 se anunció que, gracias a los programas de cría en cautividad, ya viven más de 200 ejemplares en libertad en la isla de Rota, y en torno a 60 u 80 individuos en la isla de Cocos. Su regreso a Guam está cada vez más cerca.

Ante la falta de su alimento preferido, las culebras se las apañaron comiendo otros reptiles autóctonos y roedores introducidos. Con el fin de atajar la invasión, se han puesto en marcha diversos proyectos de erradicación. Uno de ellos planteó la utilización de ratones cargados de paracetamol, una sustancia tóxica para las serpientes, que serían lanzados desde helicópteros. La idea consistía en que estos cebos estuvieran atados a unas cintas para que quedaran colgando de los árboles y así evitar que otros animales se los comieran.

Debido a la desaparición de las aves de Guam, el crecimiento de nuevos árboles ha disminuido entre un 60% y un 90%. La explicación de esta pérdida se debe a que algunas semillas necesitan pasar por las tripas de los pájaros para poder germinar; es decir, sin sus viejos aliados, los bosques de la isla no crecen. Entre las plantas afectadas se encuentra el *donne'sali chilli*, una variedad de chili silvestre perteneciente a la especie *Capsicum frutescens*. Sus frutos tienen una gran importancia cultural y económica para el conjunto de las islas Marianas, pero en Guam apenas pueden recolectarse los chilis porque no hay aves que ayuden a la germinación de sus semillas. Concretamente, se ha comprobado que el estornino de Micronesia (*Aplonis opaca*) es uno de los mayores consumidores de estas bayas picantes allí donde las serpientes no han acabado con sus poblaciones. Aun así, existe otro actor que podría ayudar a las plantas de la isla. Cuando los colonos españoles desembarcaron en la región trajeron consigo cerdos,[119] cuyas poblaciones se están intentando controlar en la actualidad. Sin embargo, en el año 2018 se publicó una investigación en la que se demostraba que las heces de los cerdos estaban llenas de semillas capaces de germinar. Así que, a falta de aves, estos animales estarían ayudando al crecimiento de los bosques, motivo por el cual se ha aconsejado que la erradicación sin tener en cuenta que dicho factor podría acabar empeorando la situación.

Los cerdos salvajes también son una especie invasora recurrente en las islas. El motivo se debe a una estrategia de abastecimiento llevada a cabo por navegantes durante siglos. La idea consistía en soltar los animales en las islas, con el fin de que procrearan y fueran una fuente de alimento para cuando algún navío llegase a sus costas. Este fue el caso de la isla Mauricio, cercana a Madagascar, y el fatal destino de uno de sus habitantes más famosos: el dodo (*Raphus cucullatus*). Este territorio fue descubierto alrededor del siglo XVI, y junto a los humanos también desembarcaron cerdos, perros, gatos, ratas e incluso macacos cangrejeros (*Macaca fascicularis*). Todos estos animales se acabarían alimentando, en mayor o menor grado, de dodos y sus huevos. El declive de las poblaciones de aves también resultó en la regresión de los bosques de Mauricio, los cuales dependían de la especie para su

119 Otro de los animales que introdujeron los colonos españoles fue el sambar filipino (*Rusa marianna*). Esta especie es un tipo de ciervo endémico de algunas islas de Filipinas y que actualmente se encuentra en peligro de extinción. Curiosamente, su descripción científica se hizo a partir de ejemplares que poblaban la isla de Guam. La especie llegó a esta región en el año 1771 o 1772 gracias a Mariano Tobías, militar español y gobernador de las islas Marianas, que los importó para ser cazados.

supervivencia. El último registro que se tiene del dodo data del año 1662, cuando una expedición holandesa vio algunos ejemplares en islotes aislados. Antes de que empezara el siglo siguiente, el injustamente llamado *pájaro tonto*, por la supuesta facilidad para cazarlos, se había extinguido.

La siguiente parada de este viaje por las islas invadidas nos lleva a la isla de Santa Elena, situada en el océano Atlántico, a más de 1800 km de la costa de Angola. Este lugar es famoso por haber acogido a Napoleón I durante su segundo destierro que cumplió hasta su muerte. Pero, además, es el hogar de unas 400 especies endémicas de aves y plantas. Sin embargo, este patrimonio natural se encuentra amenazado por, entre otros factores, la introducción de cabras domésticas (*Capra aegagrus hircus*). La isla fue descubierta por los portugueses en 1502. Poco tiempo después, en 1513, estos animales fueron importados como sustento. Por desgracia para la flora autóctona, no habían evolucionado bajo la presión de mamíferos herbívoros, motivo por el cual no contaban con defensas efectivas. A las cabras les debieron parecer unas plantas muy suculentas. En 1659, el problema se agravó tras la introducción de otras especies vegetales por parte de la Compañía Inglesa de las Indias Orientales. Los impactos de las especies invasoras, junto con la deforestación, destruyeron los bosques, hasta el punto de que en 1810 la madera debía ser importada. Entre las víctimas de este desastre encontramos un tipo de olivo endémico, *Nesiota elliptica*, cuyo último ejemplar murió en 2003. Un episodio similar ocurrió en las islas Kerguelen, en el océano Índico meridional, pero con el conejo como protagonista. En el año 1874, la región fue seleccionada por científicos estadounidenses, británicos, alemanes y holandeses para llevar a cabo una serie de expediciones destinadas a observar el tránsito de Venus. Con ellos también llegaron conejos como fuente de alimento. La historia se repetiría: las plantas no tenían adaptaciones para hacer frente a ese tipo de herbívoros. Por lo tanto, mientras la plaga crecía, desaparecía la cubierta vegetal, colapsaron los ecosistemas y con ellos las poblaciones de animales y plantas asociados.

Dentro de esta lista de desastres en islas, no podían faltar la familia de los roedores. El ratón (*Mus musculus*) incluso es el protagonista de una historia terrorífica. La especie llegó a la isla de

Gough, al sur del océano Atlántico, como polizón en barcos alrededor de la década de 1700. Desde entonces, el crecimiento descontrolado de su población ha puesto en serio peligro a las aves marinas. En el año 2019 se grabó un vídeo escalofriante: en las imágenes se veía cómo un ratón se acercaba a un ejemplar adulto de albatros de Tristán (*Diomedea dabbenena*), una especie en peligro crítico de extinción, se subía en el lomo del ave adulta y se internaba bajo sus plumas. Acto seguido, mientras el pájaro intentaba inútilmente desprenderse del roedor usando el pico, el ratón se disponía a comer algo de carne. Se calcula que el pequeño invasor elimina hasta 2 millones de huevos y polluelos de aves marinas al año, los cuales se comen vivos. Semejante dieta ha hecho que los ejemplares en Gough sean un 50% más grandes de lo normal.

Sin embargo, cuando hablamos de roedores e islas, los ejemplos más típicos son los interpretados por ratas. Estos mamíferos han sabido asociarse con los humanos y así colonizar casi todo el planeta. La más extendida es la rata noruega o marrón (*Rattus norvegicus*), la cual actualmente es considerada una especie cosmopolita, a pesar de que su origen se sitúa en Asia. Se cree que hicieron su aparición en Europa alrededor del año 1727, cruzando el río Volga. En Inglaterra desembarcaron en 1732, a bordo de barcos que provenían de India. Poco después, en 1775, dieron el salto a la costa este de Estados Unidos. En esta situación, fueron sustituyendo a su prima, la rata negra (*Rattus rattus*), gracias a que son más grandes y agresivas. Aunque esta última también se había aprovechado de los barcos para viajar desde el este de Asia e India hacia Oriente, Egipto y desde allí hasta los territorios del Imperio romano. Siglos después, posiblemente en 1544, llegaron al Nuevo Mundo. En esta situación, debemos suponer que algunas especies acabaron perdiendo. Esta realidad es nuevamente más evidente en las islas. Por ejemplo, en 1919 el *SS Makembo* encalló en la isla Lord Howe, frente a las costas australianas. Las ratas que viajaban como polizones se convirtieron en la pesadilla de sus aves, reptiles y caracoles endémicos.

Otro roedor, menos conocido, que se expandió gracias a la navegación humana es la rata de la Polinesia o kiore (*Rattus exulans*). Esta especie es considerada como la tercera rata más extendida del mundo. Su colonización de diversas islas se produjo gracias a la expansión de los polinesios. También está relacionada con desastres ecológicos, como la deforestación de la isla de Pascua. A pesar de la visión negativa que se suele tener de sus primas, eran animales apreciados como alimento. En algunos lugares como en Mangaia, en el archipiélago de las islas Cook, tenían un proverbio que significa «dulce como una rata». Mientras que en las islas de Tonga practicaban un deporte que consistía en cazar ratas en los senderos con enormes arcos y flechas. El primer grupo que consiguiera matar 10 ejemplares era el ganador. Esta costumbre también estaba extendida entre otras culturas de la Polinesia. El geólogo y naturalista austriaco Ferdinand von Hochstetter relató cómo, en su viaje por Nueva Zelanda, los maoríes mostraron cierto interés por las ratas que les acompañaban en los barcos. Les pidieron que las dejasen desembarcar, ya que debido a la escasez de kiore no podían disfrutar de estos deportes.

Hoy en día, se están adoptando diversos programas de erradicación para liberar a las islas de la presencia de los roedores. En la isla Redonda, un islote deshabitado de Antigua y Barbuda, optaron por matar los roedores con veneno. Otros animales invasores, concretamente las cabras, que llegaron para ayudar a los mineros del guano, fueron transportados a un nuevo hogar. Gracias a este proyecto, ha aumentado la cobertura vegetal, lo cual se ha traducido en un crecimiento de la población de insectos y, por tanto, también la de lagartos como *Anolis nubilis*, que se alimentan de ellos. Curiosamente, entre estos reptiles se ha detectado una mayor longitud de las patas anteriores, aspecto que los investigadores han relacionado con la desaparición de las ratas; es decir, además de regenerar los ecosistemas, ahora los animales pueden crecer más. En algunas ocasiones, estas introducciones incluso afectan a ecosistemas que aparentemente no están conectados. En el archipiélago de Chagos, situado en el centro del océano Índico, la presencia de ratas provocó el descenso de aves marinas, que se tradujo en un menor aporte de guano para las islas. Esta contribución ha resultado ser fundamental para la llegada de nutrientes, principalmente nitrógeno y fósforo, a los ecosistemas marinos. Dicho de otra forma, la presencia de roedores en estas tierras se estaba reflejando en una menor biodiversidad de especies en los arrecifes de coral.

Después de hablar de tantos casos, podemos hacernos la siguiente pregunta: ¿por qué las islas son tan vulnerables? Ya hemos dado algunas pinceladas, pero vamos a hacer una pequeña recapitulación. En muchos casos las islas, al estar tan aisladas, han servido como un laboratorio natural para crear líneas únicas de evolución. De esta manera muchos animales no han tenido que adaptarse a la presencia de depredadores terrestres. En algunos casos, como por ejemplo el dodo, incluso perdieron la capacidad para volar. Por otro lado, las plantas han seguido un camino donde no era necesario desarrollar sustancias tóxicas o estrategias que las hagan menos suculentas para los grandes herbívoros. Por tanto, dentro de esta especie de burbuja, se conformaron ecosistemas con sus propias reglas, pero que a su vez eran frágiles y susceptibles de colapsar ante la aparición de nuevos jugadores.

X. LA GATA DE DAVID LYALL

VOGELSCHÜTZER VS KATZENSCHÜTZER

El 16 de enero de 2020, el Guinness World Records otorgó a Nala el título de «gato con más seguidores de Instagram». Desde la cuenta *nala_cat*, con sus ojos azules, pelaje gris atigrado y algún que otro sombrero, ha cautivado a más de cuatro millones de usuarios. Otro gato, Maru, acaparó seguidores en YouTube y llegó a ser el animal más visto de la plataforma en 2016.[120] Pocos dudan en catalogar al gato (*Felis catus*) como uno de los reyes de Internet. Ha conquistado corazones a base de ronroneo, memes y fotografías bonitas. Pero, en sus orígenes, nuestra especie había asignado a este felino otra tarea.

La ciencia aún no ha determinado con exactitud el punto de partida de la domesticación del gato.[121] Aunque de lo que sí podemos estar seguros es del motivo y cómo ocurrió su expansión por el mundo. La capacidad de este animal para controlar plagas, como ratones y ratas, fue el aval para su introducción en la cuenca del Mediterráneo y Europa de la mano de egipcios, fenicios y romanos. Siglos después, marineros y colonos llevarían al felino

---

120 El 22 de septiembre de 2016 Maru se convirtió en el animal más visto de YouTube. Sus vídeos acumulaban 325.704.506 reproducciones. Pero el récord le fue arrebatado el 13 de marzo de 2018 por Maymo, un perro de la raza Beagle, cuyos vídeos llegaron a las 695.332.916 reproducciones.

121 La evidencia arqueológica más antigua de la domesticación del gato se ha encontrado en Shillourokambos, un pueblo neolítico de Chipre. Los restos fósiles que se hallaron allí se han datado en 9500 años.

Bajorrelieve egipcio que muestra un gato acechando un grupo de polluelos en su nido [Andre Nantel].

por todo el mundo. En algunos lugares, como en Madagascar, su presencia los ha convertido en una prueba viviente del paso de las civilizaciones. En los bosques de esta gran isla encontramos gatos salvajes de mayor tamaño que los domésticos y con un pelaje atigrado. En un principio, se barajaron dos hipótesis para explicar su presencia en este lugar: la primera proponía que eran descendientes de gatos monteses africanos que habrían llegado a la región de forma natural; la segunda mantenía que sus antepasados llegaron a bordo de barcos europeos, es decir, que provendrían del linaje domesticado. Las pruebas de ADN han revelado que ninguna de las dos opciones era válida. Estos animales que comparten ecosistemas con lémures y demás fauna nativa de los que se alimentan estarían relacionados con gatos domésticos del mar Arábigo que arribaron hace más de 1000 años. Por tanto, la explicación más plausible es que viajasen a bordo de barcos comerciales árabes, ya que estos habían incluido a Madagascar en sus rutas comerciales que recorrían el océano Índico.[122]

122 Otro de los animales que los árabes llevaron a Madagascar fue la civeta enana (*Viverricula indica*) provenientes de la India. El interés en estos animales se debía a que de sus glándulas anales se extraía el almizcle de civeta o algalia, usado para la fabricación de perfumes.

La visión de los gatos como un animal para controlar plagas se ha mantenido hasta la actualidad; sin embargo, esta idea puede estar sobredimensionada. Un estudio realizado en la ciudad de Nueva York y publicado en *Frontiers in Ecology and Evolution* concluyó que los gatos no son buenos depredadores de ratas. La investigación, llevada a cabo por investigadores de la Universidad de Fordham, se efectuó usando cámaras de vídeo con captura de movimiento y microchips para conocer el movimiento de los roedores. De esta forma pudieron observar cómo, durante 79 días, los gatos solo cazaron dos ratas de una colonia de más de cien individuos. Pero ¿por qué cuando se liberan gatos en una zona desaparecen las ratas? Los microchips mostraron que en realidad no desaparecen, sino que cambian su comportamiento: se esconden y pasan más tiempo en las madrigueras. En cambio, quienes realmente salen perdiendo en estas situaciones son aquellos animales más pequeños e indefensos, como las aves, ya que son las presas preferidas de los felinos. Es el momento de hablar de *Felis catus* como una especie introducida e incluso invasora.

Un estudio realizado en la ciudad de Nueva York y publicado en *Frontiers in Ecology and Evolution* concluyó que los gatos no son buenos depredadores de ratas [GrooveZ].

El primer episodio de esta historia nos lleva a la Alemania imperial, durante los años 1871 y 1914, para conocer a los *vogelschützer* o protectores de las aves. Entre sus filas se encontraban muchas personas de clase media, las cuales consideraban que los pájaros cantores exhibían un estilo acorde con las virtudes de la burguesía: son monógamos, cuidan de sus crías, tienen talento musical, hacen nidos de forma laboriosa y se preocupan por su limpieza. Así que estos animales debían ser protegidos. Por este motivo en 1899 se creó la *Bund für Vogelschutz*. Su fundadora fue Lina Hähnle, apodada la *Deutsche Vogelmutter*, es decir, la madre alemana de las aves. Entre sus acciones, estaban la instalación de cajas nido, el suministro de comida durante el invierno y promover la prohibición de llevar sombreros adornados con plumas. Para muchos simpatizantes de esta causa, los gatos realmente no tenían muy buena prensa. Identificaban a estos felinos como la mayor amenaza para las aves, pero además los tachaban de animales con mal genio, traicioneros e incluso malignos. De esta forma, no los consideraban un verdadero compañero de los humanos, y hay quien los clasificó como «extranjeros en suelo alemán». Debido a estas ideas, se llegó a proponer matar y erradicar los gatos del país.

Lina Hähnle con su familia, alrededor de 1890 [Archiv Magda und Wilfried Knöringer].

Entre los *vogelschützer* encontramos a Hans Freiherr von Berlepsch, militar y ornitólogo de prestigio, el cual había instalado un observatorio de aves en un castillo de Seebach, en Turingia. En el libro *Der gesamte Vogelschutz* dedicó varias páginas a la cuestión de los gatos, identificando la domesticación de este animal como imperfecta. Para algunos amantes de las aves, la especie se movía entre la frontera de lo doméstico y salvaje, motivo por el que existían poblaciones sin control en los ecosistemas alemanes. Por ello, proponían trabajar en una domesticación real para que el gato se quedase en la esfera doméstica, en la casa y el patio, en vez de irse a correr aventuras. De esta forma, se crearían mascotas que tuvieran la necesidad de convivir con humanos, sin tener que recurrir a la erradicación, y además se estaría protegiendo a las aves. Todos saldrían ganando.

Frente a esta visión se situaron los *katzenschützer* o protectores de los gatos, que se concentraron alrededor de la *Deutscher Bund für Katzenschutz*. Defendían que los gatos tienen derecho a deambular al aire libre, como habían hecho durante miles de años. Por tanto, para ellos la domesticación real era algo radical, injusto y antinatural, al tener que encerrar a los animales en el hogar y someterlos a la voluntad humana. Evidentemente, esta postura era irreconciliable con la mantenida por los ornitólogos, puesto que admitía que si los gatos cazaban aves era algo que entraba dentro de la ley natural.

El enrocamiento de ambas posturas y la falta de soluciones ante el problema medioambiental derivó en sucesos como los ocurridos en Garmish. En esta ciudad, los empleados del observatorio de aves decidieron tomarse la justicia por su cuenta y erradicar las poblaciones de gatos. Las acciones se hicieron sin ningún tipo de apoyo del Gobierno e incluso matando a mascotas que tenían dueños. Además, con la carne de los gatos llegaron a alimentar aves rapaces heridas y fabricaron abrigos con las pieles de sus víctimas. El escándalo fue tal que, en 1932, se celebró un juicio en el que uno de los acusados llegó a declarar que «*a hatching bird has ten times the value of a roaming cat*». Sin embargo, el personal se libró de la condena gracias a un código penal desfavorable para los felinos, aunque la reputación de su causa cayó en picado.

Un joven gato espera su oportunidad [Anna Hilde].

Por desgracia, hoy en día este debate no ha sido zanjado y está muy extendido entre muchos países. Una situación en la que tanto aves como gatos salen perdiendo. Lo cierto es que las cifras hablan por sí solas y urge la necesidad de buscar una solución favorable para todos. En el año 2013 un estudio publicado en *Nature* estimó que, solo en Estados Unidos,[123] los gatos mataban a entre 1400 y 3700 millones de aves por año, cantidad que representa el 15% del total de la población del país. En cuanto a los pequeños mamíferos, el número asciende a entre 6900 y 20.700 millones al año. Debemos sumar los efectos negativos al competir con los carnívoros nativos. Por ejemplo, en Europa se sabe que la dieta de los gatos salvajes y domésticos coincide con las preferencias de animales como el gato montés (*Felis silvestris*). Esta realidad obliga a buscar soluciones consensuadas si queremos evitar el daño a los ecosistemas. Un caso que podría ser digno de ejemplo es el llevado a cabo en Bélgica, país que en 2018 decretó la esterilización de los gatos, tanto domésticos como callejeros. Con ello, se persigue controlar la población que se calcula ronda los dos millones. De esta forma, todos los gatos que nazcan deben ser esterilizados antes de cumplir los seis meses de edad. La reproducción de la especie solo se podrá llevar a cabo tras pedir un permiso a las autoridades. Con esta idea, también se propone dar salida al problema de los ejemplares que llegan a refugios de animales y que acaban siendo sacrificados.

Los gatos nos siguen cautivando con esa doble identidad, que les permite internarse en los bosques de Madagascar o ser el rey de YouTube. Sin embargo, al contrario de lo que pensaban los *katzenschützer*, la realidad es que no hay nada de natural en que estos animales cacen más allá de nuestras casas. Si dejamos que nuestras mascotas deambulen por el exterior, estaremos contribuyendo a la introducción de una especie exótica. Como responsables de estos animales, debemos asumir que su ecosistema es un sofá. De lo contrario, corremos el riesgo de contribuir al declive de la fauna y a la extinción de especies únicas.

123 Se calcula que en Estados Unidos viven unos 30 o 80 millones de gatos salvajes y otros 84 millones de gatos domésticos. En cuanto a efectos sobre la fauna, la población salvaje es la que más impacto tiene, aunque los gatos domésticos que salen a la calle también suponen parte del problema.

El extinto chochín de Stephens (*Traversia lyalli* o *Xenicus lyalli*) [John Gerrard Keulemans].

LA LEYENDA DE TIBBLES

La historia de David Lyall, su gato y un ave conocida como chochín es, quizás, uno de los relatos más famosos sobre especies invasoras. Tanto es así, que la leyenda se ha magnificado en cierto grado. En resumen, a finales del siglo XIX, Lyall era el farero de la isla Stephens, situada entre las dos grandes islas de Nueva Zelanda. Se cuenta que, para no sentirse solo, trajo consigo un gato al que dejó vagar libremente por los alrededores de su casa. Al poco tiempo de su llegada, el felino comenzó a traerle unos pequeños pájaros que intrigaron a su dueño, ya que era aficionado a la ornitología. Las pequeñas víctimas resultaron ser una especie desconocida para la ciencia, la cual fue bautizada como *Traversia lyalli* o, cómo se la conoce comúnmente, chochín de Lyall. Por desgracia, pocos llegaron a ver con vida a estas aves porque el gato acabó con toda su población y provocó su extinción.

Sin embargo, la realidad fue un poco más compleja de lo que cuenta la leyenda urbana. Para empezar, debemos situarnos en enero de 1894, fecha en la que comienza a funcionar el faro donde Lyall trabajaría. Ahora bien, poco tiempo después serían traídos varios gatos que convivirían con los humanos. De este grupo, una gata embarazada conocida como Tibbles escapó y sería el animal que llevó las pequeñas aves a la casa del farero. Como se ha mencionado, Lyall era aficionado a los pájaros. Viendo que podría tratarse de un descubrimiento, hizo mandar un ejemplar a Walter Buller para que confirmase que su olfato no estaba equivocado.

Buller, además de abogado, era un reconocido naturalista de Nueva Zelanda que se había especializado en la ornitología; de hecho, fue el autor de la obra *A History of the Birds of New Zealand*, publicada en 1873, que contaba con las ilustraciones de John Gerrard Keulemans. Cuando vio el ejemplar, lo reconoció como una nueva especie y se puso manos a la obra para elaborar su descripción científica con vistas a publicar el hallazgo en la revista *Ibis*. Con el fin de darle más peso a la publicación, envió un espécimen a Keulemans, el cual trabajaba en Londres, para que el dibujante pudiera inmortalizarlo en una lámina. Mientras tanto, en invierno de 1894, Tibbles había llevado a Lyall varias aves más. En

Espécimen naturalizado [Museum of New Zealand].

esta ocasión, decidió vender un total de nueve ejemplares a Henry Travers, un naturalista, taxidermista y coleccionista neozelandés. A su vez, viendo una oportunidad de negocio, Travers se puso en contacto con Lionel Walter Rothschild para hacerle una oferta.

Rothschild residía en Reino Unido y encarna la figura de científico aristócrata y aficionado del siglo XIX. En cierta ocasión, se presentó en el palacio de Buckingham con un carruaje tirado por cebras a fin de demostrar que estos equinos eran mansos y podían ser domesticados. Su profesión real era banquero, siguiendo la línea de su familia, pero su verdadera pasión era la zoología. Ya de pequeño coleccionaba insectos y otros animales, además de contar con canguros y aves exóticas entre sus mascotas. De mayor invirtió parte de la riqueza de su familia en la creación de un museo, el cual tendría una de las mayores colecciones de historia natural de la época. Para lograr este objetivo, contaba con toda una plantilla de exploradores, taxidermistas y científicos entre otros expertos.[124]

124 A Rothschild también se le atribuye la introducción del lirón gris (*Glis glis*) en Inglaterra. En 1902 trajo algunos ejemplares tras una visita a Hungría. Algunos de estos animales se escaparon y formaron una población en tierras inglesas, que actualmente ronda los 10.000 individuos.

Cuando las aves llegaron a las manos de Rothschild, y conociendo la descripción que estaba preparando Buller, el banquero decidió adelantarse a los acontecimientos. Bautizó a la especie con el nombre de *Traversia lyalli*, en honor de Travers y Lyall. Posteriormente, le pidió al ornitólogo Ernst Hartert, el cual era uno de sus expertos contratados, que leyera la descripción del ave ante los socios de la *British Ornithologists' Union*, organización que era la editora de la revista *Ibis*. De esta forma, para cuando se publicó el artículo de Buller en abril de 1895, proponiendo el nombre de *Xenicus insularis*, se consideró no darlo por válido. Obviamente, esta jugada derivó en la enemistad entre los dos naturalistas.

Por desgracia, mientras tenía lugar esta pugna científica, la población de chochín de Stephens se precipitaba por el abismo de la extinción, debido en gran parte a la depredación de los gatos. Aunque también deberíamos incluir en la ecuación, si bien en un grado menor, el interés de los coleccionistas naturales. En 1895, Travers viajó a la isla para buscar más aves, pero no pudo encontrar ningún ejemplar. En esa misma fecha, Lyall le escribió una carta a Buller para contarle cómo crecía la población de gatos salvajes que acechaban a las aves del lugar. Se desconoce el momento exacto, pero se estima que durante el invierno de ese año la especie se había extinguido definitivamente. Actualmente sabemos que, gracias a los restos fósiles, el chochín de Stephens habitaba en las dos grandes islas de Nueva Zelanda,[125] pero sus poblaciones desaparecieron probablemente debido a la llegada de las ratas polinesias. En cierta manera, podríamos decir que los gatos fueron los clavos en el ataúd.[126]

En julio de 1897, la población de gatos era tan grande que el nuevo encargado del faro pidió al Gobierno escopetas y municiones para acabar con la invasión.[127] En esas fechas se cree que

125 Dado que el chochín de Stephens parece haber sido un ave no voladora, la explicación más probable para su presencia en la isla sería gracias a los puentes de tierras que se establecieron en Nueva Zelanda durante la última glaciación.

126 En 1907, Rothschild publicó el libro *Extinct Birds*, donde recopila las historias de aves extintas en los últimos seiscientos o setecientos años, y casos de especies raras en el mundo que están al borde la extinción. En esta obra, atribuye la desaparición del chochín de Stephens a un solo gato.

127 Habría que esperar hasta el año 1925 para poder declarar que la isla Stephens se encontraba libre de gatos.

también se extinguió el piopio de Stephens (*Turnagra capensis minor*), una subespecie que formaba parte de un linaje que estaba ampliamente distribuido en Nueva Zelanda. No tuvo mejor suerte su hermano, el piopio de isla Sur (*Turnagra capensis*), el cual también sufrirían el mismo destino a mano de las ratas y los felinos, produciéndose la extinción de la especie a principios del siglo xx. La historia se repetiría con su primo, el piopio de isla Norte (*Turnagra tanagra*), de los que se recolectaron los últimos ejemplares alrededor del año 1900.

Por desgracia, la tragedia del chochín y del piopio en Nueva Zelanda no son casos excepcionales. Según una revisión publicada en *Global Change Biology* en el año 2011, los gatos habrían causado o contribuido a la extinción moderna de 33 especies de aves, mamíferos y reptiles registrados por la Lista Roja de la Unión Internacional para la Conservación de la Naturaleza. Es decir, el 14% del total de las últimas desapariciones de animales en el mundo. Ahora bien, antes de cargar todas las culpas sobre los felinos, debemos entender que estas situaciones se debieron a un cúmulo de desgracias en las que los gatos estuvieron más o menos implicados. Dicho de otra manera, el impacto de su depredación no actúa de forma aislada, sino también en sinergia con otros factores. Veamos cuatro de los ejemplos recopilados en la revisión. El lagarto de Santo Estéfano (*Podarcis siculus sanctistephani*), una isla frente a la costa oeste de Italia, era una subespecie de reptil que se extinguió en 1965. La causa fue un combo de gatos salvajes, serpientes introducidas y una epidemia. Si quedó algún superviviente tras estos infortunios, debió cruzarse con las otras subespecies existentes. En segundo lugar, tenemos al pájaro campana de Chatham (*Anthornis melanocephala*), unas islas cercanas a Nueva Zelanda, el cual fue visto por última vez en 1906. La causa de su desaparición seguramente se deba a una enfermedad, pero previamente su población se había visto mermada por la llegada de gatos y ratas, además de la destrucción de su hábitat y la caza por los coleccionistas de historia natural. Un tercer ejemplo lo encontramos en el picogordo de las Bonin (*Carpodacus ferreorostris*), especie endémica de la isla Chichijima, en el archipiélago de las islas Ogasawara. Su hogar fue elegido en 1830 por los balleneros para hacer un asentamiento, lo cual se tradujo en deforestación y el desembarco de gatos, ratas y cabras. En apenas veinticuatro años ya no quedaba ni rastro de su linaje. Por último, y para no alargar demasiado este pasaje del horror, podemos mencionar el caso de la jutía de las islas Santanilla (*Geocapromys thoracatus*), un roedor que vivía aislado al noroeste del mar Caribe. En 1955 el huracán Janet, conocido por ser uno de las más fuertes de la historia, dejó maltrecha la población de este mamífero. La llegada de los gatos impidió que tuviera otra oportunidad.

En la actualidad hay otros animales que están cerca del mismo destino debido a la sinergia de los gatos con otros impactos medioambientales. Regresemos de nuevo a Nueva Zelanda. En agosto de 2018 solo quedaban 132 ejemplares adultos del ave conocida como zanco negro o kakī (*Himantopus novaezelandiae*). Además de la destrucción de su hogar, también se vio afectada por la aparición de especies invasoras como los gatos. Concretamente, un suceso tuvo un gran impacto en su población. Debido a una plaga de conejos, se liberó de forma ilegal el virus de la enfermedad hemorrágica, lo cual diezmó la población de lagomorfos. El problema es que los felinos basaban la mayoría de su dieta en estas presas, así que cambiaron el menú para incluir a especies nativas como el kakī. Otra ave singular neozelandesa, el kakapo (*Strigops habroptilus*), también se ha visto en serios apuros debido a un cúmulo de desdichas. En el pasado, supuso una presa fácil para los maoríes y sus perros, debido a su incapacidad para volar, una historia que nos recuerda al mismo destino sufrido por el dodo. Además, también tuvo que hacer frente a la colonización por parte de las ratas polinesias, las cuales se dieron un festín con sus huevos y polluelos. Ya en el siglo XIX, le asediaron la pérdida de hábitat tras el crecimiento de la agricultura y la ganadería, la llegada de otras invasoras como los gatos y la caza por parte de los coleccionistas, que veían cerca la posibilidad de su extinción. Afortunadamente, en 1989 se puso en marcha un plan de recuperación de la especie. El primer paso consistió en llevar los supervivientes a islas que previamente habían sido reforestadas y liberadas de cualquier invasora.

Los gatos se han convertido en el enemigo público número uno para muchos australianos [A. Ferguson].

100 DÓLARES POR GATO

En el año 2018 fue noticia una historia de terror protagonizada por unos charrancitos australianos (*Sternula nereis*). El suceso ocurrió en Mandurah, al suroeste de Australia, donde se había establecido una colonia de esta especie. Las personas que seguían su crecimiento empezaron a encontrar pollitos muertos sin ningún signo que indicase que estuvieran enfermos. Después de vigilar el lugar, se dieron cuenta de que la causa era un gato blanco, que les estaba dando caza. En menos de dos meses acabó con la vida de seis adultos y cuarenta crías antes de que fuera atrapado y sacrificado. La colonia no logró recuperarse del golpe y finalmente un cernícalo autóctono acabó cazando al resto de pollitos.[128]

Los gatos se han convertido en el enemigo público número uno para muchos australianos. La historia aseguraba que la especie había llegado a Australia en 1650, a bordo de barcos de pescadores de pepinos de mar. Pero las pruebas genéticas han demostrado que la introducción se produjo desde Europa en el siglo XIX. Según un estudio publicado en la revista *Biological Conservation* en 2017, estos felinos están presentes en el 99,8% del territorio australiano. Durante la época seca la población se estima en 2,1 millones de ejemplares, número que sube a los 6,3 millones en los meses de lluvia. Diversas investigaciones se han propuesto estimar el impacto de estos animales sobre la fauna, arrojando cifras realmente alarmantes. Con respecto a las aves, los gatos salvajes son los responsables de la muerte de 316 millones de aves al año, mientras que los gatos domésticos cazarían unos 61 millones de aves al año.[129] En el grupo de los mamíferos la situación sería aún peor. Alrededor de 815 millones de mamíferos mueren al año en las garras de los gatos salvajes, a los que tenemos que sumarle los 180 millones de

128 Algo similar ocurrió en Nueva Zelanda. En 2010 se registró cómo un gato, en tan solo siete días, mató a más de 100 murciélagos de la especie *Mystacina tuberculata* en el monte Ruapehu. Los animales fueron presas fáciles, porque, ante la ausencia de depredadores, este grupo suele pasar la mayor parte del tiempo en el suelo. Estos sucesos hacen que la leyenda de Tibbles no sea una historia tan descabellada.

129 La población total de aves en Australia rondaría los 11.000 millones. Por tanto, los gatos serían los responsables de la muerte al año de un 4% de esta población.

mamíferos al año víctimas de gatos domésticos. Finalmente, los reptiles también están sufriendo esta depredación con 466 millones de reptiles al año atribuidos a los gatos salvajes y 183 millones de reptiles al año por parte de los gatos domésticos. Un asedio que está poniendo en serios aprietos a las especies nativas.[130]

Desde el año 1788, en Australia se han extinguido 22 especies de mamíferos terrestres, más otras siete propias de islas que están bajo la gestión australiana. Los principales factores identificados han sido los cambios en la gestión de unos ecosistemas dependientes del fuego y la introducción de mamíferos exóticos como el zorro y el gato. Es por este motivo que muchos le han declarado la guerra a las poblaciones de gatos salvajes que medran en la tierra de los marsupiales. En el año 1996, el político y escritor Richard Evans propuso en el parlamento el objetivo de «conseguir una Australia sin gatos en 2020». Desde entonces, se han impulsado toda una batería de medidas destinadas a resolver el problema. Por ejemplo, a fin de proteger la fauna nativa, en 2018 se inició la construcción de una valla a prueba de gatos, de 44 km de largo, para rodear el santuario de vida silvestre de Newhaven. El resto de las medidas no son tan amables, ya que persiguen erradicar la especie, y por tanto han supuesto más de una protesta. Una de las iniciativas ofrece a los aborígenes una recompensa de 100 dólares por cada gato, quienes llevan años cazándolos por su carne. También se han incorporado perros amaestrados para perseguir a los animales y atraparlos cuando se suban a los árboles.

Otras medidas incluyen el uso de veneno. En 2016 se probó la viabilidad de instalar una serie de *trampas aseo*. La idea consiste en rociar a los gatos con fluoroacetato de sodio, comúnmente conocido como veneno 1080, cuando vayan al baño. Esta sustancia es producida de forma natural por varias plantas australianas del género *Gastrolobium*, por tanto, las especies nativas han desarrollado cierta resistencia a su toxicidad. Para dar más garantías de seguridad, se usó tecnología láser para que la trampa solo se activase cuando entraba un animal del tamaño de un gato. Por otro

130 Durante la temporada de incendios que Australia sufrió en 2020 la situación incluso se agravó. El motivo era que los gatos aprovecharon la oportunidad para dar caza a los animales malheridos por el fuego.

lado, en 2019 se optó por lanzar salchichas desde aviones, hechas con carne de canguro, especias, grasa de pollo y más veneno 1080.

Los programas de erradicación de gatos también han sido llevados a cabo en otros lugares del mundo. En el año 2016, un total de 83 islas habían sido libradas de la especie, entre ellas Santa Catalina, en el golfo de California, Baltra, en el archipiélago de las islas Galápagos, y Trinidad, en el mar Caribe. Aunque en algunas ocasiones estas acciones pueden tener consecuencias inesperadas. En la isla Marion, localizada al sur del océano índico, vive una polilla única. La especie *Pringleophaga marioni* es incapaz de volar porque la evolución ha hecho que sus alas sean inservibles, aunque a cambio le ha conferido una gran capacidad para resistir temperaturas bajas. Las larvas de este insecto tardan hasta dos años en madurar, tiempo que pasan comiendo la materia orgánica que se acumula en el suelo. Esta dieta ha resultado ser vital para la circulación de los nutrientes, ya que sus excrementos contribuyen a la descomposición microbiana que a su vez aumenta la concentración de elementos esenciales para las plantas. Se calcula que estos pequeños animales procesan 1500 toneladas de materia orgánica al año.

Los ecosistemas de la isla Marion se vieron amenazados con el desembarco de los ratones en 1818. Estos mamíferos han incorporado a la polilla en su menú, llegando a cubrir el 50% de su dieta con los insectos. Posteriormente, tras la anexión de la isla por parte de Sudáfrica en 1947, los gatos fueron introducidos para controlar la plaga de roedores. Al igual que ocurrió en otras islas, los felinos también se cebaron con la fauna nativa hasta el punto de matar 450.000 aves solo en 1975. Por este motivo, se decidió proceder a su erradicación, tarea que tomó cerca de veinte años en ser completada. Sin embargo, esta medida ha dejado vía libre para el crecimiento de los ratones, por lo que se teme el efecto sobre las poblaciones de polillas de Mairon y, por extensión, en el ciclo de los nutrientes.

Podemos asegurar que la presencia de gatos en los ecosistemas supone un problema medioambiental o que contribuyen en parte a ello. Resulta necesario la puesta en marcha de medidas que, por supuesto, deberían ser debatidas entre los distintos actores sociales. Sin embargo, debemos evitar caer en un laberinto de argumentos que nos lleve a una situación de enroque entre *vogelschützer* y *katzenschützer*, mientras el contador de especies extintas sigue creciendo.

Rascal: A Memoir of a Better Era, también conocido como *Rascal*, es un libro juvenil de 1963 editado por E. P. Dutton y escrito por Sterling North.

XI. EL AÑO QUE STERLING NORTH VIVIÓ CON UN MAPACHE

EL MAPACHE RASCAL

Alrededor de 80 millones de hogares de la Unión Europea tienen, al menos, una mascota. En el año 2018, los europeos compartimos nuestras casas con más de 100 millones de gatos y más de 85 millones de perros. Las aves sumaron unos 50 millones de ejemplares, mientras que los pequeños mamíferos y los reptiles se quedaron en 26 millones y 7 millones respectivamente. Pero el primer puesto realmente sería para los peces. Aquel año, se contabilizaron unos 15 millones de acuarios, por lo que se estima que la población de peces ornamentales rondaría los 300 millones.[131] Con respecto a la economía, el negocio de las mascotas facturó 36.500 millones de euros en 2017. Gran parte de este volumen de negocio se concentró en las empresas destinadas a la alimentación y cuidados veterinarios, en especial centradas en gatos y perros. Hoy en día este sector está en auge, situación que algunos analistas atribuyen a la *humanización de las mascotas*, es decir, gastamos más dinero en mantener la salud y el bienestar de nuestras mascotas, ya que cada vez más son vistas como una parte integral de la familia.

131 Datos recabados por la Federación Europea de la Industria de Alimentación para Mascotas (FEDIAF). De estas cifras estaban excluidos los países bálticos (Estonia, Letonia y Lituania) y países nórdicos (Dinamarca, Finlandia, Islandia, Noruega y Suecia).

Por desgracia, el interés en este tipo de animales también se encuentra en la base de muchas introducciones biológicas. Los episodios que relacionan a las mascotas con las especies invasoras parten de historias paralelas. En resumen, cuando un vertebrado o invertebrado entra en el mercado de las mascotas tiene dos posibilidades para alcanzar nuevos ecosistemas: escapar o ser liberados por sus dueños. Con este telón de fondo vamos a conocer a varios protagonistas, empezando por el mapache y su salto a la fama gracias a una serie de dibujos animados.

Comenzamos nuestro viaje en el año 1963, fecha en la que se publicó el libro *Rascal: A Memoir of a Better Era* del escritor Thomas Sterling North. La obra está basada en las experiencias vividas por el autor durante la adolescencia mientras residía en una granja cerca del lago Koshkonong, en la localidad de Edgerton, estado de Wisconsin. Entre sus páginas, Sterling habla sobre las diferentes inquietudes a las que se enfrentó en aquella época: la muerte de su madre, las peleas con su padre, la ausencia de su hermano mayor que se encontraba combatiendo en la primera guerra mundial, los efectos de la epidemia de gripe española o los primeros amores. Pero además, este escenario le sirve para plantear una reflexión sobre el desarrollo, como el crecimiento de las ciudades, frente a la naturaleza que rodeaba su hogar. En todos estos momentos, Sterling estaría acompañado de un amigo especial: un mapache, que adoptó siendo un bebé, apodado Rascal. Sin embargo, conforme su amigo crecía, se hacía evidente que realmente no era una mascota, sino un animal salvaje que no dudaba en asaltar huertos y gallineros. Así que, ante las quejas de los vecinos, Sterling decidió dejarlo en libertad tras un último viaje juntos, en canoa a través del lago, hasta un bosque donde Rascal se interna para hacer su nueva vida.

La historia de amistad entre Sterling y Rascal también fue inmortalizada en dibujos animados.[132] En el año 1977 se estrenó el anime *Rascal, el mapache*, producido por Nippon Animation.[133]

132 Anteriormente, la historia del mapache Rascal también había sido inmortalizada por Walt Disney Pictures en la película *Rascal,* que se estrenó en 1969.

133 Lo que ahora es Nippon Animation desciende de Zuiyo Eizo, un estudio de animación que produjo varias series populares a principios y mediados de la década de 1970, incluida *Heidi, Girl of the Alps* en 1974.

Este estudio también se encargó de producir *La vuelta al mundo de Willy Fog*, *Vickie el vikingo*, *D'Artacán y los tres mosqueperros* o *La abeja Maya*, iconos de la infancia de muchos, entre los que me incluyo. Bajo este formato, que no es cien por cien fiel al libro, el mapache adquiere un mayor encanto al ser representado como una criatura que, además de traviesa, es adorable y come piruletas.[134] Llegados al final, Sterling reflexiona sobre la necesidad de que su amigo viva en la naturaleza, encuentre una mapache y cree una familia. Así que, tras repetir el viaje en canoa, el animal es liberado.

La tierna imagen del mapache, unida a una historia que iba directa al corazón de los espectadores, causó furor poco después de ser estrenada la serie en Japón. De repente, muchos niños y niñas del país deseaban tener un *mejor amigo* encarnado en un animal con antifaz. Así que la especie adquirió un billete para cruzar el océano Pacífico desde América del Norte. En su momento de mayor fama, se llegaron a importar hasta 1500 ejemplares al año desde Estados Unidos a tierras niponas. Por desgracia, al igual que pudo comprobar Sterling, aquellas criaturas no tenían nada de mascotas achuchables y muchas acabaron representando las mismas escenas que sus pequeños dueños vieron en la televisión.

Lejos de su hábitat natural y con unas condiciones favorables, los mapaches comenzaron a medrar en los ecosistemas japoneses. Al ser un animal omnívoro, también incluyó en el menú a especies como el cangrejo de río japonés (*Cambaroides japonicus*) o la salamandra de Tokio (*Hynobius tokyoensis*), que se consideran vulnerables a la extinción. Además, compiten con otros vertebrados nativos como el tanuki o mapache japonés (*Nyctereutes procyonoides*). Los problemas económicos también se han puesto en el foco mediático. En 2004, los daños agrícolas producidos por el mamífero ascendían a 300.000 dólares cada año solo en Hokkaido, la gran isla que se encuentra al norte del país. Así que, poco después, se puso en marcha un plan que pretendía matar a 2000 mapaches al año y así alcanzar la erradicación de la especie.

134 La voz de Rascal, o mejor dicho los gruñidos del animal, fueron interpretados por Masako Nozawa, la misma actriz que puso voz a Son Gokū en *Dragon Ball* en la versión japonesa.

Un mapache en la prefectura de Nagasaki en Japón [Kumato].

Tratar con mapaches reviste cierto grado de complejidad, ya que son especialmente hábiles. A la hora de ser capturados con trampas, esta capacidad les permite burlar las estratagemas más simples mientras huyen con el jugoso cebo. Por ello, en muchas ocasiones se deben recurrir a tácticas más elaboradas e ingeniosas.[135] Además, las medidas destinadas a la erradicación de la especie se han encontrado con un bajo apoyo de la población. Cuando los investigadores indagaron sobre los motivos, comprobaron que la gente prefería el control de la población sin usar métodos letales. Esta visión se complementa con la idea de que la erradicación sería imposible, a la vez que no había una disposición a aceptar que el dinero de los impuestos se destinase a tal fin.

El fenómeno de los mapaches como mascotas no solo afectó a Japón. En el año 2003 se detectó una población de esta especie en el Parque Regional del Sureste de Madrid. Ante la posibilidad de que se convirtieran en un problema medioambiental, se puso en marcha un programa de capturas mediante trampas.[136] Entre los años 2007 y 2018 fueron capturados más de 800 mapaches. Existe cierta incógnita sobre la aparición del mamífero exótico en la comunidad española. Una de las teorías barajadas también implica a unos dibujos animados, concretamente a la película *Pocahontas*, que se estrenó en 1995. En esta historia, la princesa Disney de Norteamérica comparte sus aventuras con el colibrí Flit y el mapache Miko, el cual habría motivado el deseo de tener una entrañable mascota entre las niñas y niños españoles.

Pero volvamos a Japón, donde otra especie adorable está causando furor en los últimos años. En ciudades como Tokio han proliferado los cafés cuyo atractivo no es tomar una golosa merienda, sino abrazar y jugar con erizos y chinchillas.[137] A estos animales se les acaban de unir las nutrias, unos mamíferos que incluso

---

135 Por ejemplo, en el año 2018, se recurrió a la instalación de unas trampas especiales en la prefectura de Saitama. Las trampas solo se cerraban cuando el animal alcanzaba un cebo colocado al final de un *artilugio tubular*, cuya longitud era lo suficientemente larga como para que llegase un mapache, pero no otro tipo de animales.

136 Como cebo, se colocaron huevos, mantequilla de cacahuete y nubes de azúcar.

137 En algunos de estos locales puedes hacerlo por el módico precio de 1000 o 1300 yenes, unos 8 o 11 euros.

se han hecho un hueco en las redes sociales. Takechiyo es una nutria que vive en la capital japonesa y que tiene cerca de 30.000 seguidores en Instagram. Su *timeline* está lleno de fotos y vídeos comiendo, dándose un baño, posando con sombreros graciosos o abrazando un peluche. La popularidad de estos animales, cuyos dueños los llevan incluso a los platós de televisión, ha aumentado la demanda de nutrias como mascotas. Pero esta divertida realidad tiene una cara tenebrosa, ya que, como advierten organizaciones como TRAFFIC y WWF, detrás de su comercio se encuentra el contrabando de fauna salvaje.

Las nutrias en el mundo enfrentan múltiples problemas de conservación. Además de la pérdida de hábitats, tienen que hacer frente a la persecución de los agricultores y los piscicultores en varios países, que les acusan de atacar los campos de arroz y los cultivos de peces. Ahora también deben encajar el aumento del comercio de mascotas. Una de las especies afectadas por este contrabando es la nutria enana (*Aonyx cinereus*), cuyo estado de conservación se clasifica como vulnerable. En el reportaje *Pet otters: the truth behind the latest wildlife craze*,[138] se pone de manifiesto las malas condiciones que sufren estos animales, a los que capturan de pequeños después de matar a sus padres. Incluso se han encontrado conexiones con el crimen organizado. Además de estas cuestiones, en Japón preocupa la posibilidad de que estos animales acaben siendo liberados en los ecosistemas de igual manera que ocurrió con los mapaches. Entre los años 2015 y 2017, el país fue el principal destino de las nutrias capturadas en el sudeste asiático.

La siguiente parada en este viaje sobre mascotas exóticas nos lleva a Hollywood. En el año 2006 fue noticia la muerte de Max, el cerdo vietnamita de George Clooney. Con 18 años y 130 kilos, Max pertenecía a la misma especie que el cerdo doméstico (*Sus scrofa*), pero era de una raza que, tras crearse para la experimentación, se ha popularizado como mascota. Otros famosos que convivieron con este llamativo animal fueron Rupert Grint, Victoria

138 El reportaje está realizado por el fotógrafo de la naturaleza y cineasta Aaron Gekoski. Se puede ver en YouTube con el título *Pet otters: the truth behind the latest wildlife craze*.

Beckham y Paris Hilton. En España, tuvieron una pequeña aparición en la prensa rosa en 2019. Uno de los regalos que recibió Victoria Federica durante su puesta de largo fue un cerdo vietnamita envuelto en una bandera de España. Pero Rodrigo I de España, nombre que le dio al animal, duró poco tiempo con su dueña ya que, al estar catalogado como especie invasora, es ilegal tenerlos así que fue enviado a una granja.

El cerdo vietnamita está en la lista de invasoras, porque, entre otros motivos, puede hibridarse con las poblaciones de jabalí al pertenecer a la misma especie. Esto ya ha sucedido en algunas regiones de España y sus descendientes son conocidos como cerdolí o jabamita. Estos ejemplares son más pequeños que un jabalí, pero tienen su pelo. Por otra parte, del cerdo mantienen su hocico chato, la falta de miedo a los humanos y una mayor capacidad reproductora. Por tanto, existe el riesgo de que su población crezca y genere diversos impactos medioambientales y económicos.[139]

No hace falta recurrir a mascotas exóticas para tratar casos de especies invasoras. Generalmente, no se tiende a considerar a los perros (*Canis familiaris*) dentro de esta clasificación, pero la realidad es que sus impactos ecológicos son similares. Por ejemplo, en India se estima que el número de perros ronda en torno a los 60 millones, contando tanto ejemplares salvajes como los que viven en entornos rurales. En los últimos años, la población experimentó un rápido crecimiento debido, en parte, a la disminución de los buitres, que murieron envenenados por los medicamentos suministrados al ganado.[140] Esta situación ha permitido que haya una mayor cantidad de carroña a disposición de los cánidos. Los individuos salvajes también actúan como cualquier otro depredador introducido. En un estudio realizado durante los años 2014 y 2016 se identificaron unas 80 especies diferentes que sufrieron ataques de estos animales. Entre ellas se encontraban especies en peligro de extinción como el leopardo de las nieves (*Panthera uncia*) y la avutarda india (*Ardeotis nigriceps*).

139 A fecha de 2017, se habían detectado poblaciones de cerdolí en Valencia, Madrid, Cataluña, Castilla y León, Aragón y Navarra.

140 Uno de los motivos de descenso de las poblaciones de buitres en el mundo es el uso masivo de medicamentos como el diclofenaco en el ganado.

Gracias a la relación con el ser humano, el perro se ha convertido en el carnívoro más abundante del mundo. La cifra total se calcula en torno a los mil millones de ejemplares. Muchos de esos animales viven en estado salvaje y provocan diversos problemas ambientales, económicos e incluso de salud. Al menos unas 188 especies se encuentran amenazadas en el mundo debido a la presencia de los cánidos. Las amenazas que encarnan no solo tienen que ver con la depredación, sino que también pueden transmitir enfermedades, como la rabia o el moquillo canino, a especies vulnerables como los lobos etíopes (*Canis simensis*). A estos impactos deberíamos incluir la competencia con otros carnívoros y la hibridación con otros animales afines.[141]

Los perros han contribuido a la extinción de al menos unas once especies de vertebrados en el mundo. Al igual que en el caso de los gatos que tratábamos en el capítulo anterior, debemos englobar sus impactos en sinergia con otros problemas. La paloma perdiz de las Salomón (*Alopecoenas salamonis*) es uno de los ejemplos que podríamos mencionar. La especie, que era un ave no voladora, se extinguió en el año 2005. La ecuación que llevó a su final está trazada con un combo de ratas, gatos, cerdos y perros, más deforestación y caza. Una segunda historia paralela la encontramos en la lisa gigante de Cabo Verde (*Chioninia coctei*), un reptil que solo habitaba el islote Blanco y el islote Raso del archipiélago. El último avistamiento de la especie se produjo en 1912 y entre los impactos que llevaron a su desaparición debemos incluir especies invasoras como las ratas, los perros y los gatos, además de la caza para distintos fines. Concretamente, este lagarto fue capturado para nutrir terrarios de museos y coleccionistas del siglo XIX. Los últimos ejemplares de esta especie murieron en 1940 en Alemania durante el desarrollo de la segunda guerra mundial.

141 Además de la hibridación con poblaciones de lobos, podemos mencionar el caso de *Dusicyon avus*, un cánido que habitaba la Pampa y Patagonia. Se cree que su desaparición se debió en parte a la hibridación con los perros.

ParrotNet es una red de expertos que se han propuesto seguir la pista de los loros introducidos en Europa. Concretamente, se han centrado en el rápido crecimiento de las poblaciones de cotorras de Kramer (*Psittacula krameri*) y de cotorras argentinas (*Myiopsitta monachus*). En 2019, publicaron un estudio advirtiendo del riesgo que supone ignorar un problema que está avanzando poco a poco. El principal motivo de preocupación es económico, ya que, por ejemplo, las cotorras de Kramer en sus lugares de origen pueden reducir el rendimiento del cultivo de maíz en un 81%. Un viñedo de Surrey, en Inglaterra, experimentó lo que en un futuro podría ser algo común para los agricultores europeos: estas aves acabaron con la cosecha de uvas, lo que se tradujo en la pérdida de unas 3000 botellas de vino.[142] Así que urge una respuesta rápida, pero la gestión de estas especies se ha convertido en un debate social laberíntico.

La cotorra de Kramer es una especie nativa de algunas regiones de África y del sur de Asia, concretamente del subcontinente indio. Su presencia por el resto del mundo se debe al comercio de mascotas. En Europa, desde la década de 1980, se importaron más de 400.000 ejemplares. Hoy en día, podemos encontrarla en diversas ciudades de países como Alemania, Austria, Bélgica, Eslovenia, España, Francia, Países Bajos, Italia y Reino Unido. Según un censo de *ParrotNet*, publicado en 2016, la población total europea rondaría los 85.000 individuos. En estos entornos urbanos se han acomodado a la perfección, aprovechando ventajas como la abundancia de comida en invierno, la presencia de arbolado para dormir y criar, además de las conocidas como islas de calor.[143]

---

142 En un estudio publicado en 2016, se constató el daño que producían las cotorras argentinas a los cultivos que se encontraban en el área metropolitana de Barcelona. Los resultados arrojaron unas pérdidas del 17% en caquis, 28% en maíz, un 36% en ciruelas y un 37% en peras.

143 El término *isla de calor* hace referencia al aumento de temperatura registrado en zonas urbanas debido a la acumulación de calor en las construcciones artificiales.

Cotorras se alimentan en un silo de grano.

Londres se encuentra entre uno de los primeros lugares donde hicieron su aparición, pero su origen está envuelto en diversos mitos urbanos. Una de estas historias asegura que Jimi Hendrix liberó una pareja en *Carnaby Street* a finales de los años sesenta. También se dice que escaparon en 1951 del *set* de rodaje de la película *The African Queen*, del director John Huston. Un tercer relato pone el foco en las pajareras del rey Manuel II de Portugal, el cual se había instalado en la ciudad tras ser derrocado en 1910. Cualquiera que sea el comienzo, el episodio continuó desarrollándose de la misma forma que en otros casos de invasiones biológicas: la especie consiguió proliferar y acabó llamando la atención de las administraciones. En 2009, cuando la población rondaba los 40.000 ejemplares, se decidió permitir la caza o envenenamiento de las aves sin obtener primero una licencia. La medida provocó la protesta de organizaciones como la *London Wildlife Trust*, la cual gestiona unas 40 reservas naturales en la ciudad. Su portavoz alegó que, tras tantos años compartiendo vida con los británicos en los parques, las cotorras ya eran «*as British as curry*». Debido a la lenta reacción para atajar el problema, la especie había atravesado la barrera cultural y su gestión ganó un grado más de complejidad.

En otros países el origen de las poblaciones está más claro. Bruselas debe su población de cotorras, que se contaban por miles en 2009, al dueño de un zoológico el cual liberó unas 40 cotorras en 1974 argumentando que «a Bélgica le hace falta un poquito de color». En Israel un jubilado del Ejército y criador de aves, llamado Yossi Zahor, regaló en 1962 a un amigo de Tel Aviv una pareja, la cual se escapó y crio. A estas aves se unieron después otras provenientes del comercio de mascotas con Irán. En el periódico *Haaretz*, Zahor cuenta orgulloso que la cotorra, con su belleza y sonido agradable, «*has become an Israeli bird that does not have to apologize to anyone for its existence*».[144]

Nuestra segunda protagonista, la cotorra argentina, es nativa del centro y sur de Sudamérica. En estas regiones ha sido considerada una plaga agrícola desde hace mucho tiempo. Por ejemplo, Charles Darwin las mencionó tras conocer sus efectos durante su viaje en el *HMS Beagle*: «*These parrots always live in flocks, and commit great ravages on the corn-fields*». Entre las décadas de 1950 y 1960, decenas de miles de ejemplares de la especie fueron importadas a Estados Unidos. Para el año 1968 ya habían establecido colonias en unos diez estados del país. Una de estas poblaciones medró en Chicago, donde Harold Washington, el primer alcalde afroamericano de la ciudad, se encariñó especialmente de ellas. El grupo se había establecido en un gran fresno frente a la casa del político, que se refería a las aves como su «*good luck talisman*». Tras la muerte de Washington en 1987 las autoridades trataron de eliminar la colonia, pero siempre se encontraban con la oposición de los ciudadanos. Nadie podía tocar las cotorras de Harold. Finalmente, con el tiempo el número de aves disminuyó y las que quedaron se dispersaron por otras zonas.

Según un estudio publicado en 2019, en Estados Unidos habría unas 56 especies de loros exóticos, de las que al menos unas 25 se están reproduciendo con éxito. Irónicamente, hasta hace poco el país contaba con dos loros nativos. La cotorra de Carolina (*Conuropsis carolinensis*) se extinguió en 1918 cuando su último

144 En la zona de Palestina esta historia es vista de forma completamente distinta. Consideran la introducción de cotorras como un ataque a la fauna nativa y una metáfora de la ocupación de su territorio.

ejemplar, conocido con el nombre de Incas, murió en cautiverio en un zoológico de Cincinnati. Los motivos de su desaparición fueron la deforestación y la caza. La otra especie, la cotorra serrana occidental *(Rhynchopsitta pachyrhyncha)*, habitaba anteriormente en el suroeste del país, pero hoy en día solo se la puede ver en México. Precisamente de este segundo país es nativa la amazona tamaulipeca o cotorra coronirroja (*Amazona viridigenalis*), cuya población se encuentra en declive debido a, entre otros impactos, la exportación ilegal. Sin embargo, tras escapar o ser liberadas por sus dueños, ha conseguido crear una población en California, la cual es mayor que las encontradas en sus regiones naturales. El caos ecológico que hemos provocado ha desembocado en estas situaciones disparatadas, donde las especies se extinguen en su hábitat natural mientras se expanden allí donde no deberían estar. Ante este escenario, algunos grupos proponen usar las ciudades para preservar la biodiversidad que estamos empujando a su desaparición. La idea consiste en considerar las colonias establecidas en tales lugares como refugio de especies amenazadas. Aunque estos casos deberían ser dignos de estudio, debemos tener cuidado de no incluir en esta lista a especies con un potencial invasor evidente y cuyas poblaciones nativas gozan de muy buena salud.

En España, la gestión de estas especies también se ha vuelto compleja al entrar en escena diversos actores sociales. Entre los años 2015 y 2016, la organización *SEO/BirdLife* realizó un censo que determinó que en España había unas 3000 cotorras de Kramer, estando su mayor núcleo en Sevilla y Madrid. En cuanto a cotorras argentinas, las cifras se disparaban: más de 20.000 ejemplares, siendo Madrid, Barcelona y Málaga las ciudades con más presencia de ellas. Debido a que son especies que, de momento, se centran en núcleos urbanos, el impacto medioambiental se considera bastante limitado. Sin embargo, en localidades como Sevilla han resultado ser un problema de conservación para algunas especies emblemáticas de su biodiversidad urbana.

Mientras cientos de turistas visitan la catedral de Sevilla y la Giralda, pocos ojos reparan en las alas que sobrevuelan el lugar. Si se presta atención, pueden identificarse varias especies de aves que han logrado habitar en un ambiente tan artificial. Entre ellas se encuentran los cernícalos primilla (*Falco naumanni*), que se concentran alrededor del monumento, creando una población única. Otro animal singular de la ciudad, que ha empezado a ser conocido por el gran público a raíz de la polémica con las cotorras, es el nóctulo mayor (*Nyctalus lasiopterus*), el mayor murciélago de Europa, con una envergadura que llega a los 40 cm. Este mamífero resulta peculiar por su estilo de alimentación: durante la noche es capaz de cazar al vuelo pequeñas aves. Pues bien, en una de esas sorpresas que depara la biodiversidad urbana, los nóctulos decidieron crear una colonia en el parque de María Luisa.

La expansión de la cotorra de Kramer por la ciudad ha puesto en peligro la conservación de estas especies. Animales que podríamos considerar un patrimonio natural de Sevilla. El problema reside en que las cotorras expulsan de sus nidos tanto a los nóctulos como a los cernícalos, los cuales usan los huecos en los árboles o en las construcciones humanas respectivamente. En este conflicto, las exóticas llegan incluso a herir de muerte a los otros animales. En algunas ocasiones se ha observado cómo estas aves logran echar a las ratas de los árboles, obligándoles a saltar al vacío.

Cuando una población de especie invasora es pequeña, resulta fácil de manejar y atajar el problema. Por ejemplo, en Reino Unido, al ser detectado un grupo de cotorras argentinas, de entre 100 y 150 ejemplares, el Gobierno decidió poner en marcha en 2011 un plan para atrapar a las aves con redes. Tres años después, la invasión estaba controlada. En Santa Cruz de Tenerife sucedió un caso similar con una población de cotorras de Kramer de unos 400 ejemplares y otro centenar de argentinas. La Administración decidió capturarlas y trasladarlas a núcleos zoológicos donde garantizaban su supervivencia. Sin embargo, debido al gran número de individuos que habitan en Sevilla, el ayuntamiento optó por un programa centrado en la caza.[145] La medida generó un gran revuelo en los medios de comunicación, con cruces de opiniones entre científicos, animalistas y políticos entre otros.

145 La medida contó con el asesoramiento de investigadores de la Estación Biológica de Doñana del CSIC y estaba inspirada en la experiencia de Zaragoza. En esta ciudad, los planes de esterilización de los huevos punzando los embriones, con aguas finas y alargadas, habían fracasado. Por ello, el ayuntamiento se decantó por usar escopetas de aire comprimido, consiguiendo reducir drásticamente la población.

Palomas y cotorras en un parque de Barcelona.

Ante el debate, el ayuntamiento suspendió el «tiroteo a las cotorras» en 2017 y al año siguiente se anunció un cambio de estrategia. Para garantizar la supervivencia de especies como el nóctulo, se decidió colocar *nidos anticotorras* con la esperanza de que los murciélagos pudieran hacer su vida sin ser molestados por las cotorras.[146] En 2019, comenzó un programa de prueba para instalar jaulas trampa en el parque de María Luisa y así capturar vivas a las cotorras de Kramer y a las argentinas. Aunque las aves sufrirán el mismo destino previsto en el plan inicial: serán sacrificadas siguiendo protocolos éticos.

146 También se instalaron cajas nido para otras especies de aves y vasijas de barro para los cernícalos primilla.

50 DÓLARES POR 1,20 METROS DE SERPIENTE

En 1992 muchos estadounidenses maldijeron al huracán Andrew. La enorme tormenta, de categoría cinco, entró en la historia como el desastre natural más costoso sufrido por el país.[147] Murieron 65 personas, más de 60.000 casas fueron destruidas, mientras que otras 120.000 sufrieron daños. Se ha calculado que la reparación del desastre rondó los 27.000 millones de dólares. En algunos lugares, como Miami, a las imágenes de la desolación se le sumaron otras que hicieron del día posterior una escena de película. Por las carreteras correteaban tropas de macacos, en una casa recibieron la visita de babuinos y un antílope apareció vagando dentro de un edificio del Gobierno. Estos animales no provenían de zoológicos, sino de colecciones privadas. Según el *Fish and Wildlife Service* de Florida, la tormenta liberó entre tres y cuatro mil primates, además de otros quince mil animales como loros, *wallabies* e incluso pumas. A la estampa postapocalíptica se unieron algunos ciudadanos, que salieron a disparar a los monos, ya que, según un bulo, eran portadores del virus VIH.[148]

Muchos sitúan este desastre como el detonante de la invasión de los Everglades, una región de humedales al sur de Florida, por parte de la pitón de Birmania (*Python bivittatus*). Esta serpiente acabó en Estados Unidos gracias al comercio de mascotas. Por ejemplo, entre los años 1999 y 2006 más de 99.000 ejemplares de la especie fueron importados al país. Cuando el huracán Andrew azotó el lugar, muchos almacenes de animales exóticos no contaban con la protección adecuada. Así que, según esta versión que algunos denominan *frisbee*, los potentes vientos habrían impulsado a las crías de serpientes, acurrucadas en recipientes de plástico a la espera de su venta, hacia la libertad. Probablemente esta

---

147 Posteriormente, el huracán Andrew sería relegado al séptimo puesto por otras tormentas más costosas: María (2017), Irma (2017), Harvey (2017), Sandy (2012), Ike (2008) y Katrina (2005), que ocupa actualmente el primer puesto en el top de huracanes más costosos para Estados Unidos.

148 En 2013, se calculaba que aún quedaban unos 1000 macacos rhesus en libertad en Florida, una población que se habría nutrido de diferentes escapes. Entre ellos se ha detectado la presencia del virus del herpes B.

teoría sea un mito urbano, ya que el primer registro del reptil en los Everglades se produjo en 1979.[149] La hipótesis más factible es que su presencia se deba a escapes o sueltas intencionadas.

Como su propio nombre indica, la pitón de Birmania es una especie que podemos encontrar en el sudeste asiático. Con individuos que llegan a superar los seis metros de largo, tiene el honor de ser una de las más grande del mundo. La llegada de semejante depredador es una mala noticia para cualquier ecosistema. Por eso, la invasión de los Everglades acapara titulares de la prensa de Florida y eventualmente del resto del mundo. Estos terrenos han resultado ser un paraíso para las pitones. Gracias a su dieta generalista, pueden incluir en el menú a una gran variedad de animales. En 2018, se capturó un ejemplar que medía algo más de tres metros y pesaba 14 kg con un cervatillo de casi 16 kg en su panza. Incluso se han documentado casos de serpientes que han atrapado caimanes, el mayor depredador del lugar. El apetito del reptil amenaza con poner en riesgo la conservación de especies vulnerables, pero también con diezmar las poblaciones de mamíferos y aves. Además, cuenta con una alta tasa de reproducción, algunas hembras pueden poner más de 100 huevos, junto con una buena capacidad de dispersión y una longevidad que le permite llegar hasta los 15 o 25 años.

Ante la expansión de la especie, se han puesto en marcha diversos proyectos con el fin de lograr su erradicación. El más famoso es el *Python Bowl*, un evento impulsado por el Gobierno de Florida que persigue la concienciación de la población, mediante una jornada de diez días destinada a cazar serpientes. Cualquier persona puede apuntarse, pero previamente debe recibir un curso de formación para diferenciar a las serpientes autóctonas de las invasoras. Se dan premios en metálico, e incluso hasta quads, para quienes capturen las serpientes más grandes, a los que consigan las

149 Si bien para el caso de la pitón de Birmania este escenario no parece ser cierto, no deberíamos subestimar el papel de los huracanes y otros fenómenos meteorológicos en la dispersión de especies invasoras. Por ejemplo, se ha documentado que durante los huracanes Harvey, Irma, María y Nate varias especies de plantas y animales acuáticos exóticos pudieron expandirse por los ríos y lagos de Estados Unidos.

más pesadas y los que atrapen el mayor número de ejemplares.[150] El propio gobernador del estado, Ron DeSantis, dio una rueda de prensa para anunciar la temporada de 2020, con los Everglades de fondo, y un balón de *rugby* hecho de piel de pitón en la mano.

La lucha contra las pitones de Birmania incluye más estrategias. Como en otros casos de especies invasoras, se ha entrenado a perros para que sigan el rastro del olor de las serpientes hasta sus madrigueras. También se ha probado la eficacia de las feromonas para atraerlas hacia trampas. En otra ocasión, se atraparon varios machos para implantarles quirúrgicamente rastreadores con la esperanza de que, al liberarlos, condujeran a sus captores hacia las hembras en periodo de reproducción. En 2018, se comprobó en laboratorio la viabilidad de detectar el ADN que dejarían en la tierra mientras reptan por los Everglades. Esta técnica se está desarrollando para detectar la presencia de animales esquivos o difíciles de encontrar, por lo que en este caso serviría para advertir de la existencia de los reptiles allí donde todo parece tranquilo.

Quizás la apuesta más efectiva sea la llevada a cabo por el South Florida Water Management District. En 2017 inició un programa para contratar cazadores de serpientes expertos, tras ver el éxito conseguido por la Fish and Wildlife Service de Florida al poner en plantilla a dos cazadores de la etnia irula de India.[151] Siguiendo este ejemplo, se ha creado un grupo de 25 personas con un salario de 8 dólares la hora. Si capturan una pitón de más de 1,20 m, recibirán un bono de 50 dólares, y 25 dólares más por cada 30 cm que sume. Desde su formación hasta 2019, gracias a este programa ya se habían capturado más de 2600 pitones. Sin embargo, a pesar de los esfuerzos por librar a Florida del problema, muchos consideran que la invasión ya está tan extendida que la erradicación es un objetivo imposible de alcanzar.

150 En la edición de 2020 se capturaron un total de 80 pitones. El ganador en la categoría de la serpiente más larga fue el veterano de guerra Tom Rahill, mientras que en la categoría de número de capturas ganó Mike Kimmel. Ambos se confiesan aficionados a la caza de serpientes.

151 El pueblo irula tradicionalmente se ha dedicado a la peligrosa labor de capturar serpientes en India. En enero de 2017, Masi Sadaiyan y Vadivel Gopal fueron contratados por el estado de Florida junto con dos traductores. Durante dos semanas y con la ayuda de perros rastreadores, lograron capturar 14 pitones.

Indonesia, puerto de Kuala Tanjung. Un guarda de seguridad atrapa una pitón que cruza la carretera de acceso al puerto [Azhari Siregar].

La especie sigue reptando por los Everglades y adaptándose a su nuevo hogar. En un estudio publicado en el año 2018, se dio a conocer cómo habían cambiado ciertas partes del genoma de las serpientes antes y después de un gran evento de congelación ocurrido en 2010. Durante este suceso murieron entre el 40% y el 90% de las pitones, forzando a la población a pasar por un cuello de botella. Aquellas que sobrevivieron, tenían diferencias en genes relacionados con la división celular y el crecimiento de órganos y tejidos, lo que les permite tener una fisiología más eficiente para aprovechar sus presas a un mayor ritmo.[152] En resumen, la selección natural estaría actuando sobre las pitones a través del ambiente de Florida, que es realmente diferente del que podemos encontrar en el sudeste asiático. Otra investigación puso sobre la mesa una nueva y preocupante incógnita genética. Algunos individuos capturados entre los años 2001 y 2011 tenían genes de otra especie, la pitón de la India (*Python molurus*). Los investigadores creen que la hibridación se produjo antes de que las serpientes llegasen a Florida y, de momento, hablar de las ventajas que este evento podría aportar a las invasoras nos adentraría en el terreno de la especulación.

EL CONQUISTADOR DE ARRECIFES

Hasta mil especies diferentes de peces marinos se podían comprar en Estados Unidos en el año 2001. Una década después, la cifra había superado los 2300, número al que tendríamos que sumar 725 especies de invertebrados. Y eso solo para animales de agua salada.[153] A principios del siglo XXI, unos 11 millones de hogares estadounidenses tenían algún tipo de acuario. Tanto es así, que allí

152 Al igual que otras serpientes, las pitones de Birmania han sido estudiadas por su habilidad para regenerar sus órganos después de comer una presa tras un periodo de ayuno largo. El cuello de botella ocurrido en Florida les podría permitir completar estos ciclos de forma más rápida.

153 En la década de 2010, el número de especies de peces comercializadas para acuarios se estimaba en alrededor de 6000. De ellas, unas 4000 eran de agua dulce mientras que el resto eran de agua salada.

este *hobby* compite en importancia con la fotografía y la filatelia. Aunque parezca que la afición por criar y mantener este tipo de mascotas es reciente, la realidad es que para rastrear los orígenes de la acuariofilia deberíamos remontarnos muchos siglos atrás.

Durante la dinastía Jin de China, entre los años 265 d. C. y 420 d. C., ya se criaban peces de tonalidades rojas y doradas. Las hibridaciones entre variedades y selección de nuevos tipos fue una práctica que se perfeccionó con el paso del tiempo. El gusto por estos animales vistosos fue introducido en Japón en el siglo XVII. En Europa no supimos de su existencia hasta que James Petiver, naturalista y coleccionista británico, lo inmortalizó en un dibujo en 1711. Posteriormente, estas carpas doradas serían descritas por Carl von Linné, que les dio el nombre científico de *Carassius auratus*. Mientras la especie se expandía por el mundo, su fama creció y los humanos nos afanamos en buscar nuevas combinaciones de colores. Entre aquellos que catapultaron al pez podemos mencionar a la United States Fish Commission, de la que ya hablamos en el capítulo VII. Desde 1878, esta agencia ofreció miles de ejemplares gratis a los ciudadanos de Washington D.C., en un intento de campaña publicitaria para darse a conocer ya que se había fundado recientemente. Sin embargo, mientras sucedía esta historia, las sueltas deliberadas y escapes de los estanques ponían al alcance de sus aletas nuevos nichos que conquistar. Así es como el carpín dorado se convirtió en una especie invasora. Por ejemplo, en 2015 en el lago Teller, localizado en el estado de Colorado, los guardabosques asistieron perplejos a una plaga de más de 3000 individuos. Solo bastó que alguien concediera la libertad a cuatro o cinco ejemplares para que todo un ecosistema se pusiera en peligro.

Sin embargo, para que la acuariofilia tuviera el aspecto que tiene en la actualidad, hizo falta la invención del acuario. Grandes o pequeños, estas ventanas al mundo acuático tienen algo de hipnótico. En cierta manera, nos permiten ser testigos de un universo para el que no hemos evolucionado. En su configuración participaron diversas personas, pero este relato debería empezar con la historia de la *Mother of Aquariophily*.[154] Después de traba-

154 Richard Owen uso este apodo para referirse a Jeanne Villepreux-Power por sus investigaciones usando los acuarios.

jar como modista en París, Jeanne Villepreux-Power se casó con James Power, un comerciante inglés, y se mudó con él a Sicilia. Fue en esta isla donde nuestra protagonista se dedicó al estudio de la historia natural del lugar, en especial de la fauna marina. Echando mano de su ingenio, en 1832 ideó el primer acuario de vidrio para mantener en ellos las especies que estaba estudiando. Además de un modelo de pecera que podía tener en su casa, construyó uno que le permitía observar la vida marina en el intermareal y otro para aguas más profundas. Gracias a esta pericia pudo demostrar que el argonauta, un tipo de molusco similar al nautilus, creaba su propia concha desde pequeño.[155] Por desgracia, gran parte de su trabajo se perdió en 1843, mientras se marchaban de Sicilia, cuando el barco que transportaba sus materiales se hundió. Tal suceso motivó que Jeanne Villepreux-Power dejase de investigar.

Poco después, en 1846, otra mujer daría un paso más para abrirnos la ventana al mundo acuático. Anne Thynne estaba intrigada sobre la biología de los corales, esos animales que son capaces de crear rocas. Tras una visita a Torquay, en la costa de Inglaterra, cogió algunas muestras de estos organismos, las cosió con aguja e hilo a una esponja y las guardó en un recipiente con agua para que aguantasen el viaje hacia Londres. Una vez allí, los acomodó en un recipiente de cristal y consiguió que siguieran con vida. Después experimentó con más ejemplares además de esponjas y especies vegetales, creando así el primer acuario marino estable. En 1859 publicó un artículo titulado *On the increase of Madrepores*, en *Annals and Magazine of Natural History*, dando a conocer sus investigaciones a la comunidad científica.

El artículo de Thynne fue publicado junto con una nota de Philip Henry Gosse, un naturalista inglés con una visión particular sobre los acuarios. Gosse era un hombre religioso con una visión creacionista de la naturaleza. Por ejemplo, en 1857 publicó *Omphalos: an attempt to untie the geological knot*, una obra donde pretendía unir las edades geológicas postuladas por el geólogo Charles Lyell y el relato presentado en la Biblia. Anteriormente,

155 Antes del descubrimiento de Jeanne Villepreux-Power, se pensaba que *Argonauta argo* tomaba las conchas de otros animales, de manera similar a como lo hacen los cangrejos ermitaños.

Anna Thynne con sus hijas Selina y Emily
[Richard James Lane, National Portrait Gallery].

en 1853, se le encargó la creación del primer zoológico acuario público de Londres. Pero su trabajo más influyente fue *The Aquarium: An Unveiling of the Wonders of the Deep Sea*, que vio la luz en 1854, donde acuñó el término *aquarium* frente a *aquatic vivarium*, usado anteriormente por otros investigadores. Además, entre aquellas páginas, defendía que los acuarios eran una forma de admirar la creación de Dios sin necesidad de zambullirse en el mar. Para perfeccionar el invento había realizado una serie de experimentos, mientras se encontraba en un retiro del trabajo en Devon, inspirado en los estudios de Thynne. De esta forma, germinó en Reino Unido la moda por el *aquarium* que se vería potenciada por el siguiente paso de la acuariofilia.

Al principio los acuarios solían nutrirse con especies autóctonas, pero los avances del siglo XIX no tardarían en surtir esta afición con animales exóticos. En este punto debemos mencionar a Pierre Carbonnier, ictiólogo francés y miembro de la Société Zoologique d'Acclimatation, que ya en 1850 mantenía una tienda en París donde vendía peces y plantas acuáticas. A nuestro protagonista se le atribuye la primera cría de una especie de pez tropical en Europa, el pez del paraíso (*Macropodus opercularis*), el cual es propio del este de Asia. Este logro fue consumado en 1869, después de conseguir la reproducción de varios ejemplares que el cónsul francés en China, Eugène Simon, le había mandado en barco desde aquellas tierras lejanas. Los trabajos de Carbonnier recibieron un duro revés durante el sitio de París, hechos de los que ya hablamos en el capítulo II, ya que sus instalaciones de cría fueron destruidas por la guerra. Sin embargo, tras superar la situación bélica, Carbonnier siguió acumulando éxitos. En 1872 introduciría una nueva variedad de carpas doradas, la *fantail*, característica por su cola en forma de abanico. Dos años después, importó los primeros peces luchadores de Siam (*Betta splendens*) y los peces colisa (*Trichogaster lalius*), ambas especies asiáticas, mientras que en 1878 sería el primero en criar coridoras pimienta (*Corydoras paleatus*), las cuales son propias del área subtropical de Sudamérica. La Société le otorgó una de sus medallas de oro en 1875, durante la celebración de la International Exhibition of Sea and River Industries en París.

Pierre Carbonier (en el centro) con los ictiólogos Nikolai Zolotnitsky y Andrey Meshcherskiy.

La acuariofilia también tuvo su protagonismo durante la celebración de la Exposition Universelle de 1878 en París. El evento, creado para conmemorar la recuperación de Francia tras la guerra franco-prusiana, atrajo a miles de personas, entre las que podemos mencionar a personajes como Edward Wilson, J. D. Hooker o Charles Lyell. Los visitantes se maravillaron frente a las demostraciones del teléfono de Alexander Graham Bell o del megáfono y fonógrafo de Thomas Edison. Además, pudieron admirar la cabeza completa de la Estatua de la Libertad y visitar un infame zoológico humano con personas de distintas regiones del mundo. A Carbonnier se le encargó la construcción de un acuario público en el Jardins du Trocadéro, el cual formaría parte de todas aquellas exhibiciones. Esta muestra sería otra ventana más para que nuestra especie se enamorase del mundo acuático. Un flechazo que ha acabado esparciendo especies exóticas por el mundo.

Mientras escribo estas páginas se podría estar produciendo la invasión marina más devastadora de la historia, o al menos eso aseguran algunos biólogos marinos.[156] El pez león rojo (*Pterois volitans*),[157] nativo de los arrecifes del océano Índico y del océano Pacífico occidental, es una de esas especies que se está expandiendo por el mundo gracias a la acuariofilia. Nadie sabe con certeza cómo llegaron a las aguas costeras del este de Estados Unidos. Algunos esgrimen el fantasma del huracán Andrew, ese que también habría liberado a las pitones de Birmania. El origen más probable deberíamos enmarcarlo en una suelta, aunque si fue intencional o accidental queda en el ámbito de la especulación. Según algunos estudios genéticos, el comienzo de la invasión se inició con menos de una docena de hembras. De lo que a nadie duda es de que el pez león está engullendo, literalmente, millones de animales marinos.

El pez león es un depredador que se encuentra en los puestos más altos de la cadena trófica. Cuando caza, lo hace con movimientos lentos ayudado por su coloración y sus aletas en forma de abanico, que le permiten camuflarse como un elemento más del

156 El biólogo Marx Hixon, de la Universidad Estatal de Oregón, se refirió a la invasión del pez león con estas palabras: «Esta podría convertirse en la invasión marina más devastadora de la historia».

157 También se ha detectado la presencia del pez león soldado (*Pterois miles*), que tiene un aspecto muy similar al pez león rojo (*Pterois volitans*).

Pez león [Johan Larson].

arrecife. Al detectar una pequeña presa, despliega sus grandes aletas pectorales para acorralarla, poco a poco, hasta que las engulle con un movimiento rápido de sus mandíbulas. Si algún otro carnívoro se atreviera a molestarle, se las vería con unas espinas cargadas de veneno. Estas defensas le garantizan poder pasearse por el barrio, seguro de que pocos se atreverán a darle un bocado mientras conquista los arrecifes.

El menú de esta especie incluye tanto juveniles de otros depredadores como peces que se alimentan de algas. También devora invertebrados, desde crustáceos a pequeños pulpos. Esto se debe a que los habitantes de los ecosistemas que invaden nunca han lidiado con algo parecido y no están adaptados para huir de sus fauces. En las Bahamas, se vio a un ejemplar que en 30 minutos engulló 20 peces. En Carolina del Norte, incluso se han registrado individuos obesos y con daño hepático debido a los atracones. De hecho, los estómagos del pez león pueden expandirse en volumen más de 30 veces para alojar tanta comida. Y si no hay ninguna presa a la vista, son capaces de aguantar 12 semanas de ayuno.

Una de las probables rutas de expansión del pez león comienza en Carolina del Norte, en la costa este de Estados Unidos. Desde allí, llegaron a Florida y luego se internaron en el golfo de México y el mar Caribe. En 2010, aparecieron en las costas de Venezuela y

Colombia. Cuatro años después, unos buceadores se toparon con algunos ejemplares que acechaban en los arrecifes del sureste de Brasil. Tras un análisis genético, se demostró que estaban emparentados con las poblaciones caribeñas. Uno de los mayores temores es que consigan atravesar el canal de Panamá, hasta las costas del océano Pacífico. Esta construcción artificial, de la que hablaremos en el capítulo XIII, supone una barrera ecológica al estar hecha con agua dulce. Sin embargo, en 2011 se anunció que algunos peces león podían pasearse por estuarios y ríos de Florida, hasta una distancia de 6 km río arriba. Es decir, son capaces de aguantar unas condiciones de baja salinidad.

Además de su éxito como depredador, el conquistador de arrecifes cuenta con una alta capacidad de reproducción. Cada hembra puede llegar a producir dos millones de huevos al año. En parte esto explicaría por qué en lugares como Bahamas se han encontrado zonas donde la densidad de población era de 390 peces león por hectáreas. El dato lo tenemos que comparar con las cifras en sus regiones nativas, donde no supera los 80 peces león por hectárea. Para llegar a nuevos lugares, la especie depende de que sus larvas sean dispersadas por las corrientes marinas, ya que se dice que los adultos suelen ser algo sedentarios o, mejor dicho, caseros. En este aspecto, el pez león parece haber encontrado un extraño aliado en los huracanes que azotan la costa de Norteamérica. Durante estos fenómenos meteorológicos, las corrientes de agua dominantes del estrecho de Florida cambian de dirección del norte al este. Los investigadores creen que este podría ser el motivo que aclara cómo el invasor habría saltado la Corriente del Golfo para ir desde Florida hasta Bahamas.

¿Cómo se detiene una invasión que se está produciendo bajo el mar? En algunas zonas han intentado enseñar a los tiburones que el pez león es una presa potencial. La idea consiste en dar de comer a los escualos ejemplares muertos para que se acostumbren a su sabor. Sin embargo, esta estrategia no parece estar dando resultado.[158] Si los otros depredadores del ecosistema no se muestran por la labor, la otra opción radica en incluir a la espe-

158 Aunque esta idea no ha dado resultados con tiburones, parece que entre los meros sí hay cierta disposición a comer peces león.

cie en las gastronomías locales. Los que han probado su carne dicen que tiene un sabor similar al pargo y una textura cercana a la del mero. En un principio, esta estrategia se encontró con la reticencia de la Agencia de Medicamentos y Alimentación o FDA, el organismo de los Estados Unidos que vela, entre otras cosas, por la seguridad de los alimentos que comen sus ciudadanos. Las razones que se alegaron fueron las toxinas presentes en el invasor, pero la preocupación ha sido descartada por estudios científicos que clasificaron estos temores como infundados. En el estado de Florida, esta estrategia ha sido impulsada por la organización Reef Environmental Education Foundation. Anualmente, celebran una competición de pesca deportiva con arpón conocida como *lionfish derbies*. Al igual que en el caso de las pitones de Birmania, se dan premios para aquellos que capturen el pez más grande y al más pequeño. Mientras tanto, en las islas Caimán, los restaurantes tuvieron que importar peces león desde Honduras. El plan salió tan bien que se quedaron sin ejemplares para el menú. En el archipiélago Guadalupe la pesca del pez león, cuya carne se ha vuelto tan valiosa como la del mero, ha propiciado la aparición de una industria rentable. Por otro lado, en Belice transforman sus espinas y aletas en objetos de joyería artesanal, actividad que ha conseguido aumentar el valor del pez león en un 60%.

Al margen de los riesgos que supone darle un valor económico a una especie invasora, de los que ya hemos hablado en el capítulo VII, las estrategias centradas en la pesca pueden toparse con otro problema si el verdadero objetivo es la erradicación o el mantenimiento de la población al mínimo. Algunos ejemplares de pez león son capaces de sobrevivir a profundidades de más de 300 metros, lo que les mantiene alejados de cualquier buzo.[159] Por ello, en enero de 2020 el Gobierno de Florida decidió estudiar la viabilidad de usar un ROV sumergible o vehículo operado a distancia armado con un arpón. Así, mientras un empleado dirige el aparato desde tierra, podrían dar caza al conquistador de arrecifes.

159 A estas profundidades estamos hablando de gestas que entran en el libro *Guinness de los récords*. En 2014, el egipcio Ahmed Gamal Gabr se convirtió en el primer submarinista en descender a 332,35 m, ayudado con botellas de aire ancladas para subir.

XII. LA FAMILIA DE ODÓN DE BUEN Y LAS GAMBUSIAS

LOS ENEMIGOS DEL CONEJO SON MIS AMIGOS

En el siglo XIX Nueva Zelanda era vista como la Gran Bretaña del sur. Debido a su climatología, se trataba de una región que tenía muchas posibilidades de convertirse en el nuevo hogar de muchas especies europeas. El propio Charles Darwin llegó a asegurar que, si todos los animales y plantas de Gran Bretaña se liberasen allí, con el tiempo llegarían a naturalizarse y sustituirían a las nativas. En este contexto, desde la colonización de las islas en 1840 se llegaron a introducir más de 180 especies de animales, muchas de ellas de la mano de miembros de las sociedades de aclimatación.

La Canterbury Acclimatisation Society se fundó el 25 de abril de 1864. Entre sus miembros había personalidades que se dedicaron a la importación de ovejas y flora de Inglaterra. Sus proyectos incluían la introducción de truchas, salmones, diversas aves, liebres, conejos o abejorros. Su primer presidente fue Frederick Weld, personaje que conocimos en el capítulo V cuando el príncipe Alberto le envió varios ejemplares de ciervos. El mayor escaparate de la sociedad fue *The Gardens at the Domain*, en la localidad de Christchurch, donde los visitantes podían admirar canguros, emúes, osos y hurones. En estos jardines, en el año 1916, se criaban faisanes, pavos, codornices, gansos, patos y ardillas grises. También contaban con un criadero de truchas marrones y arcoíris, de las cuales llegaron a vender un millón de huevos. Paralelamente, en Nueva Zelanda también se fundó la Auckland Acclimatisation Society. En sus instalaciones contaban con una pajarera con emúes, estorninos, gorriones, alondras, jilgueros,

Retrato de Sir George Grey, explorador, administrador colonial y escritor inglés.

urracas, palomas y gaviotas. También se dedicaron a la cría de peces como el salmón, la lubina o la carpa. Con respecto a los mamíferos, llegaron a tener una colección con ciervos wapitíes, bandicuts, canguros, walabíes, zarigüeyas, conejillos de indias e incluso monos. También contaban con algunas cebras, donadas por el eminente aclimatador George Grey.

Merece la pena detenernos a hablar sobre la historia de George Grey. En el año 1858 ejercía como gobernador de la Colonia del Cabo, pero en 1861 sus servicios fueron requeridos en Nueva Zelanda para lidiar con los pueblos maoríes. Al llegar a su nuevo destino, compró la isla Kawau por 3700 dólares en 1862. En este lugar pretendía crear un auténtico jardín del Edén con animales y plantas exóticas donde retirarse a descansar. Para ello mandó sembrar magnolias, palmeras, rododendros, jacarandas, eucaliptos, abetos, alcornoques, nogales, olivos, adelfas, robles, olmos, álamos, bambúes, plataneros, granados, chirimoyos y árboles del pan entre otras especies vegetales. Cuando las plantas estaban bien establecidas, fue el turno de importar animales como canguros, antílopes, ñus, cebras, ciervos wapití, gamos, monos, zarigüeyas, emúes, casuarios, pavos reales, gallinas de Guinea, codornices y patos. Entre tantos ejemplos de fauna exótica, también llegaron varios ejemplares de walabíes, un tipo de marsupial parecido a un canguro pequeño, cuya población en 1870 creció tanto que, debido a los daños en la vegetación, se recurrió al sacrificio para controlar la población.

En 1888 Grey acabaría vendiendo la isla y dejando allí los animales y las plantas exóticas que habían logrado aclimatarse a su nuevo hogar. Los walabíes terminaron convirtiéndose en una plaga, la cual era gestionada mediante la caza. Sin embargo, en 1966 se descubrió que entre esa población invasora, considerados como walabíes de Tammar (*Macropus eugenii*), había ejemplares de walabíes de Parma (*M. parma*), una especie nativa de Australia cuyo último registro databa de 1932. Es decir, que entre las plagas de Nueva Zelanda había un animal que se consideraba extinto. Así que los marsupiales fueron capturados y enviados a Australia para un programa de cría en cautividad de la especie.[160]

---

160 En el año 1976 se descubrieron otras poblaciones de walabíes de Parma en Nueva Gales del Sur y en Queensland, lo que daba más esperanza a la recuperación de la especie.

Como hemos contado anteriormente, una de las especies introducidas en Nueva Zelanda fue el conejo (*Oryctolagus cuniculus*), que ha sido el protagonista de un largo debate político y social en el país. La primera introducción exitosa de este animal se produjo en 1864 en Southland, la región más al sur de la isla Sur. Poco tiempo después, en 1870, comenzaron a ser evidentes los problemas que podían generar estos mamíferos: hordas de conejos estaban dándose un festín con los valiosos pastos que sustentaban las explotaciones de ovejas. Esto suponía un problema casi nacional, ya que la lana de oveja era una de las importaciones más importante de la colonia. La solución que buscaron consistió en combatir el fuego con más fuego.

Ilustración del libro de 1889 *The boy travellers in Australasia : adventures of two youths in a journey to the Sandwich, Marquesas, Society, Samoan and Feejee islands, and through the colonies of New Zealand, New South Wales, Queensland, Victoria, Tasmania, and South Australia:* «Reducir la población de conejos. Australia y Tasmania están igualmente afectadas por los conejos, continuó el caballero, que fueron introducidos a esos países desde Nueva Zelanda por las mismas razones por las que fueron introducidos aquí. Millones de libras esterlinas no compensarían sus estragos, y el gasto público y privado para su destrucción ya sobrepasa esas cifras. Se han intentado perros, hurones, veneno, trampas, ahogamientos y cualquier otro medio conocido para reducirlos, pero sin éxito. De vez en cuando toda la población acude a una batalla contra los conejos, en la que mueren miles de animales. Los propietarios de corrales de ganado ovino y vacuno han construido cientos de millas de cercas para conejos, y los gobiernos coloniales han hecho lo mismo; la valla detiene el progreso de las alimañas por un tiempo, pero después se las arreglan para excavar debajo de ellos y subir por el otro lado, por lo que las cercas no son efectivas para prevenir la propagación de la plaga.

En cierta ocasión, Frank Buckland, del que ya hemos hablado en los capítulos II y VII, recibió una carta de Macrosie and Cuthbertson, una empresa de subastadores y compradores de fincas radicada en Otago. En ella le transmitían la intención de introducir comadrejas en las islas. Los pastores le pagarían a Buckland cinco libras por cada ejemplar, aunque el naturalista sugirió que la mejor opción serían los hurones (*Mustela putorius furo*).[161] Sin embargo, la propuesta llegó a oídos de Alfred Newton, un reconocido ornitólogo inglés, quien le escribió a su compatriota una carta de protesta. El motivo, bastante acertado, era que la introducción de cualquier tipo de mustélido en los ecosistemas neozelandeses supondría la perdición de una fauna única en el mundo. Teniendo en cuenta el criterio de Newton, Buckland aconsejó pausar cualquier tipo de envío, pero pidió que se pusieran sobre la mesa alternativas para proteger la ganadería de la colonia.

La correspondencia entre Buckland y Newton fue uno de los episodios de un debate que implicó a varias personalidades, tanto de la ciencia como de la política, y de otros ámbitos sociales. La cuestión giraba en torno a si los beneficios económicos aportados por la agricultura y la ganadería, sobre todo de ovejas, pesaban más que la protección de la naturaleza de Nueva Zelanda. Irónicamente, en este segundo grupo se encontraba George Grey, el cual opinaba que los mustélidos serían malas noticias para las aves insectívoras. Por ello, promovió que el Parlamento los incluyese en una lista de importaciones prohibidas. Por otro lado, se argumentó que, si las aves no habían desaparecido en Inglaterra donde viven junto a estos depredadores, ¿por qué iba a suceder lo contrario en la Gran Bretaña del Sur? Ya vimos en el capítulo IX la respuesta a esta pregunta.

Por desgracia, mientras este debate tenía lugar en el Parlamento, algunas personas ya habían empezado a importar y soltar hurones en sus propiedades. Además, para el año 1881, un conjunto de factores se aliaron a favor del sector ganadero. Por un lado, tuvo lugar una depresión económica y, por otro, la llegada del transporte refrigerado permitió que, además de la lana, el comercio de la carne de oveja fuera una opción viable. De esta forma, se instaló en la población la idea de que los hurones podrían salvar Nueva Zelanda de

161 Los hurones son una subespecie domesticada del turón (*Mustela putorius*).

los conejos. Gracias a esta visión, el debate desapareció del ámbito político y en 1881 se pudo promulgar la *Rabbit Nuisance Act*, una ley que ofrecía cobertura legal para los enemigos del conejo.

En este escenario, entre los años 1884 y 1886 se llegaron a liberar 4000 hurones, unas 3000 comadrejas y unos 130 armiños. Sin embargo, con el paso del tiempo quedó claro que los hurones no eran rivales para los conejos y, como habían predicho los contrarios a su importación, se estaban cebando con las poblaciones de animales nativos. Por ello, en 1903, cuando el sector ganadero tenía menos poder político y el sentimiento de conservación era mayor entre la población, se aprobó una enmienda de la *Rabbit Nuisance Act* con la que restringir sus efectos. Desde entonces, hurones, comadrejas, armiños, mangostas y gatos empezaron a perder sus estatus de protección y se convirtieron en especies no deseadas. Irónicamente, durante la Conferencia Anual de Sociedades de Aclimatación de Nueva Zelanda, celebrada en 1910, se llegó a pedir la eliminación del amparo legal de los enemigos del conejo. El último empujón sucedió en 1936, cuando finalmente se legalizó poder matar mustélidos en cualquier lugar y mediante cualquier método legal.

A modo de epílogo, para cerrar nuestro viaje por Nueva Zelanda, podemos mencionar el uso del veneno 1080. Actualmente, dado que el Gobierno lo considera seguro[162] y la forma más efectiva, esta sustancia es usada en el país para controlar las poblaciones de zarigüeyas, ratas, armiños, ciervos y, como no, conejos. En el año 2020, incluso se ha anunciado el desarrollo de drones, de unos 7 metros de largo, parecidos a pequeños helicópteros, para suministrar veneno contra las invasoras. Con ellos se lograría acceder a zonas de difícil acceso[163] y, de esta forma, los aparatos podrían dejar cebos mortales a escasos centímetros de donde se encuentran las indeseadas especies.

162 A pesar de los esfuerzos por evitar afectar a la fauna nativa con el veneno 1080, en 2020 se confirmó la muerte de 6 keas por envenenamiento de esta sustancia.

163 Recordemos el episodio de los ciervos en la región de Fiordland y los cazadores que los atrapaban desde helicópteros.

A la orden de fuego los soldados dispararon y ejecutaron a los prisioneros. Todos cayeron al suelo sin vida, menos uno. El único superviviente les espetó algo así como: «Apuntadme con menos nervios porque a mí no me habéis dado ni uno». A la segunda, el pelotón de fusilamiento ejecutó a Sadí de Buen Lozano. Sucedió en el año 1936, durante la Guerra Civil.[164] Se encontraba en la ciudad de Córdoba en el cumplimiento de sus tareas de investigación en la lucha antipalúdica y como jefe de los Servicios de la Dirección General de Sanidad, cuando fue apresado. Así acabó una prolífica carrera científica por combatir a un enemigo diferente: la malaria.

Sadí era hijo de Odón de Buen y Rafaela Lozano Rey. Desde pequeño se interesó por la ciencia impulsado por el trabajo de su padre, el cual era catedrático de Historia Natural en la Universidad de Barcelona y sería el fundador del Instituto Español de Oceanografía (IEO) en 1914. Durante los años 1911 y 1916 estudió Medicina en Madrid y posteriormente pasaría a trabajar en la cátedra de Parasitología y Patología tropical de la Facultad de Medicina. A lo largo de su investigación, llegó a describir la bacteria *Borrelia hispanica*, identificándola como el organismo que estaba detrás de la fiebre recurrente española. Además, también descubrió que una garrapata era el vector que transmite este microorganismo. Pero su principal trabajo se centró en la lucha contra la malaria o paludismo, enfermedad que afectaba a gran parte del país, y los mosquitos que la portaban. Esta trayectoria le llevaría a dirigir en 1922 el Dispensario Antipalúdico de Navalmoral de la Mata y el Hospital Antipalúdico en 1925, situados en Cáceres. En cierta manera, la fama de nuestro protagonista saltó las fronteras de España, llegando a oídos de la Fundación Rockefeller en Estados Unidos. Así fue como en 1929 se incluyó a Sadí en una

164 Este suceso fue relatado por Carlos Zurita González-Vidalte, un testigo. Según Zurita, Sadí intentó dar consuelo, mientras eran transportados en camión, a todas las personas que sufrirían su mismo destino. Rechazó la bendición del cura y le pidió que atendiera a aquellos presos que lo necesitaran más.

misión de la Sociedad de Naciones, la antecesora de la ONU, para estudiar el paludismo en la colonia inglesa de India. De regreso a tierras españolas, le nombraron director general de Instituciones Sanitarias en 1931 para seguir su labor contra la malaria.

Odón también fue padre de cinco hijos más: Demófilo, Fernando, Rafael, Víctor y Eliseo. Eliseo se interesó igualmente por la medicina, trabajando codo con codo junto a Sadí en la lucha antipalúdica; de hecho, en 1927 comenzó a colaborar con la fundación Rockefeller para intentar alcanzar la erradicación de la enfermedad. Por otro lado, Fernando y Rafael pusieron sus ojos en el mar: el primero se especializó en ictiología y en los recursos marinos y pasó a trabajar en el IEO; el segundo se centró en el medio físico de los océanos. Todos ellos participaron en los esfuerzos para traer a España un depredador contra los mosquitos, esos que albergaban en su interior los parásitos de la malaria.[165]

Las gambusias (*Gambusia holbrooki*)[166] o *mosquitofish*, como se les conocen en inglés, son unos peces realmente pequeños que habitan el sureste de Estados Unidos. Las hembras no pasan de los 7 cm de longitud, mientras que los machos se quedan cerca de los 4 cm. Pero para alimentarse de larvas de mosquitos tampoco necesitas sobrepasar grandes tallas. Los humanos identificamos su apetito como una oportunidad para controlar, o incluso erradicar, las poblaciones de aquellos insectos que tantas desgracias habían traído a las sociedades. Entre los que vieron su potencial como aliado se encontraba Odón de Buen. Ya en 1916, en los sótanos del IEO en Madrid, intentó criarlos en un acuario, pero el experimento no tuvo resultados positivos.

En el año 1921 les llegaría una nueva oportunidad para reclutar a estos peces. La Liga de Sociedades de la Cruz Roja había gestionado la importación de 200 ejemplares desde Carolina del Norte hasta Italia. ¿Adivinan quién hizo el envío? Pues la United States Fish Commission, la cual había cosechado varios éxitos contra

---

165 Los únicos hijos de Odón y Rafaela que no se dedicaron a la ciencia fueron Demófilo y Víctor. El primero se formó como jurista y el segundo se centró en la ingeniería.

166 La especie *Gambusia holbrooki* está muy relacionada con otro tipo de gambusia, la *G. affinis*, que también es nativa de Estados Unidos y ha sido introducida con el mismo fin que su hermana.

el paludismo gracias a la introducción de tales peces en diversas regiones de Estados Unidos. Sin embargo, durante el viaje la gran mayoría de los ejemplares murieron, motivo por el que Sadí le propuso a Massimo Sella, científico italiano que recibió el encargo de organizar la campaña antimalárica de la Cruz Roja, intentar la aclimatación en España.

Hembra y macho de *Gambusia holbrooki*, una especie de agua dulce de la familia *Poeciliidae* [Guillermo Guerao Serra].

Así fue como las gambusias desembarcaron en Cádiz y fueron enviadas a las instalaciones del IEO en Madrid. En este punto, Fernando se encargó de cobijarlas en un acuario, pero tras varios meses solo quedaban doce ejemplares. En un último intento, casi a la desesperada, decidieron concederles la libertad en un estanque en la región de Cáceres. La ubicación no fue tomada a la ligera, sino que se eligió el lugar más propicio teniendo en cuenta la ecología y el ambiente. De esta manera, aquella docena de peces fueron soltados en la charca de la Fuente de Robles, en Talayuela, con la esperanza de que prosperaran. Y eso fue lo que ocurrió. Al año siguiente, viendo el incremento de la población, Fernando y Sadí marcaron el siguiente paso: «Con los ejemplares que poseemos iremos, en cuanto comience el buen tiempo, sembrando las *"Gambusias"* en el mayor número posible de lugares».[167] Los primeros en importar los peces desde Cáceres fueron los italianos. Posteriormente, en 1925, España recibió la visita de diversos miembros de la Comisión de Paludismo de la Sociedad de las Naciones, que regresaron a sus respectivos países con ejemplares de gambusias bajo el brazo. Gracias a estos esfuerzos, la especie llegó hasta Portugal, Francia, Grecia, Yugoslavia, Alemania, Bulgaria, Rumanía, Unión Soviética, Siria, Egipto, Libia, Túnez, Argelia y Marruecos.

La gambusia aparece en este libro porque en realidad es una especie invasora. Hoy en día sus efectos negativos están más que demostrados y por eso está incluida en el Catálogo Español de Especies Exóticas Invasoras. Debido a que es un depredador no solo come mosquitos, sino también otros pequeños animales, entre los que se encuentran una larga lista de invertebrados. También es considerada una especie agresiva, a pesar de su tamaño, que es capaz de desplazar a otros peces al competir por los recursos. En España podemos mencionar al samarugo (*Valencia hispanica*) o al fartet (*Aphanius iberus*) como especies amenazadas por su expansión.

Quienes promovieron este método de control biológico eran conscientes de los daños. El propio Fernando crio gambusias junto a ejemplares de fartet y pudo observar cómo los peces exóticos se dieron un banquete con los autóctonos. Por ello advir-

167 En su periplo, las gambusias pasaron por la bañera de la casa de Rafaela de Buen, hija de Rafael, mientras trataban de conseguir su aclimatación.

Carpa valenciana (*Valencia hispanica*), pez de agua dulce de la familia *Valenciidae* endémica del sur de Cataluña y la Comunidad Valenciana, España [Joanbanjo].

tió de los peligros para la ecología y la economía que entrañaba la introducción de la especie en zonas con especial interés pesquero. Entonces, ¿por qué se tomó la decisión de liberar la especie en tantos sitios? En esta historia pesó más el azote de la malaria que los posibles problemas medioambientales. Así lo expresó Odón: «De aquel pequeño lote llegado a Madrid desde los Estados Unidos y aclimatado gracias a los cuidados del Instituto Español de Oceanografía, procede el fabuloso número de gambusias que pueblan las aguas de Europa. ¿Cuántas víctimas no habrán arrancado al paludismo que depaupera y empobrece extensas regiones? Solo este servicio compensa con creces los esfuerzos y los gastos de nuestro Instituto».[168]

El inicio de la Guerra Civil puso fin a los programas antimalaria que se estaban desarrollando en España. Pasaron años hasta que se volvió a construir una red capaz de hacer frente a la enfermedad, que acabaría desembocando en su erradicación en 1964. Durante el desarrollo del conflicto, Odón fue capturado por el bando sublevado en Palma de Mallorca, aunque conseguiría reencontrarse con parte de sus familiares tras ser liberado en un intercambio de prisioneros. Posteriormente, gran parte de la familia de Buen huiría a Francia para después exiliarse a México, encarnando un punto y aparte de la ciencia española.

168 Las palabras de Odón vienen recogidas en el libro *Odón de buen: toda una vida* de Antonio Calvo Roy. Una obra esencial para conocer la vida del científico español y su familia.

EL ESCARABAJO DE HALLOWEEN

En el mes de octubre, coincidiendo con la celebración de Halloween, algunos estadounidenses reciben en sus casas a un peculiar visitante. No se trata de un espíritu malhumorado, ni de un vampiro sediento de sangre, sino de un pequeño insecto al que apodan *Halloween ladybeetle*. Su presencia se debe a la proximidad del invierno, época que no es favorable para el artrópodo. Sin embargo, en los hogares humanos encuentra un refugio para mantenerse a salvo del frío y congregarse con sus semejantes entre las grietas de muros y ventanas. Esta escena no tiene ni cien años de antigüedad porque su protagonista, la mariquita arlequín (*Harmonia axyridis*), es una especie exótica en tierras americanas.

Algunos de los patrones de color que presenta en su exoesqueleto *Harmonia axyridis*.

La mariquita arlequín es originaria de Siberia y Asia Oriental, pero ha sido introducida en otras partes del mundo con el propósito de controlar las plagas de insectos. Es conocida por presentar más de 200 patrones de colores con una combinación de blancos, negros, rojos, amarillos y naranjas. Esta coloración es una advertencia para sus depredadores: su hemolinfa, la *sangre* de los insectos, contiene sustancias químicas defensivas. Si el animal es molestado puede *sangrar* por las patas, liberando un olor fétido y un sabor amargo.

Los pulgones son una de esas plagas que condenan cultivos y jardines. Se trata de unos minúsculos animales, apenas una mota de color, que se alimentan de las plantas sorbiendo su savia. Ningún agricultor o jardinero quiere ver una legión de ellos cerca de sus terrenos. Para combatirlos, los humanos hemos recurrido a sus depredadores naturales y de entre ellos destacan las voraces mariquitas, un verdadero león que hemos adoptado para custodiar las plantas que amamos. Allí donde se les da una oportunidad a las especies autóctonas de este grupo, se pueden convertir en un aliado fiel. El problema es que a algunas de estas especies hemos decidido llevarlas más allá de sus ecosistemas.

Los primeros intentos de introducir la mariquita arlequín se realizaron en Estados Unidos en el año 1916. En Europa también se probó en 1982, mientras que en Sudamérica trataron de usar sus servicios en 1986. Pero todos estos proyectos fueron un fracaso. O al menos eso pareció. En 1988 se localizó en Nueva Orleans, en el estado de Luisiana, una población de la especie en clara expansión. Desde entonces, no han cesado las citas de nuevos registros y se han extendido por el resto del país y aparecido en otros continentes.[169] Se teme que esta invasión acabe afectando a otras especies de mariquitas debido a que, además de competir con ellas, las recién llegadas actúan como un caballo de Troya. Nadando en su hemolinfa se han encontrado esporas de microsporidios, unos

169 Los primeros registros de la mariquita arlequín en Europa y Sudamérica se produjeron en 2001. Tres años después aparecieron en Sudáfrica. Según estudios genéticos, las poblaciones europeas, africanas y sudamericanas provienen del este de Norteamérica de forma independiente, mientras que al oeste de esta región tendrían un origen distinto. Además, en Europa se habría producido una hibridación con otros ejemplares usados como control biológico.

Charles Valentine Riley posa con parte de su material entomológico.

microorganismos parásitos, a los cuales es resistente, pero que pueden ser una sentencia de muerte para otras mariquitas.

El control biológico, el uso de un depredador contra un organismo perjudicial, se ha convertido en una de las mejores cartas que tenemos para hacer frente a plagas y enfermedades. En su estantería de trofeos cuenta con sonados logros. Por ejemplo, en la década de 1980 se liberó en África una avispa sudamericana de la especie *Apoanagyrus lopezi*, la cual actúa como parásito, con el objetivo de controlar las poblaciones de cochinilla de la yuca (*Phenacoccus manihoti*). Si esta acción no se hubiese llevado a cabo, la producción de este cultivo, fundamental en muchos países africanos, habría recibido un duro golpe. Se estima que gracias a este proyecto se han podido salvar 20 millones de vidas.[170] En el otro lado de la balanza podríamos colocar los episodios de los hurones, las gambusias, las mariquitas arlequín y las demás especies que veremos a lo largo de este capítulo. Una realidad que ha obligado a analizar exhaustivamente los nuevos candidatos, bajo la atenta mirada de entomólogos y expertos, cuando estas estrategias se ponen sobre la mesa.

Las raíces del control biológico debemos buscarlas, una vez más, en el siglo XIX. En 1881 el entomólogo Albert Koebele comenzó a trabajar en el United States Department of Agriculture (USDA) después de que otro colega de profesión, Charles Valentine Riley, le ofreciera el puesto. Cuatro años después, Valentine envió a nuestro protagonista a California para analizar una plaga que se había convertido en una pesadilla para los productores de cítricos. Se trataba de la cochinilla acanalada (*Icerya purchasi*), una invasora llegada desde Australia, contra la que los insecticidas de la época no podían hacer nada. Cuando llegaba a una nueva zona, los agricultores debían resignarse y tratar de frenar la plaga arrancando los árboles para luego quemarlos.

Mientras en California veían languidecer sus cítricos, en Australia no parecían tener este problema. Ante esta pista, Riley razonó que allí debía existir un depredador el cual mantenía a raya a la cochinilla acanalada. Así que, en 1888, envió a Koebele a

170 El artífice de la introducción de la avispa parásita fue el entomólogo suizo Hans Rudolf Herren. En 1995 recibió el World Food Prize por su labor.

Albert Koebele (1852-1924) [fotografía de la colección Brunner tomada en 1882].

la tierra de los canguros para que indagase sobre la identidad del posible enemigo natural. Concretamente encontró dos insectos: una mosca parásita (*Cryptochaetum iceryae*) y el escarabajo vedalia o mariquita cardenal (*Rodolia cardinalis*). Mandó cientos de estos artrópodos a California para que otro empleado de la USDA, el entomólogo Daniel William Coquillett, los criase y pusiera a prueba su efectividad frente a la plaga.

La mariquita cardenal resultó ser el aliado perfecto contra la cochinilla acanalada. Al poco de liberarlos acabaron con el insecto invasor y para 1890 California pudo respirar aliviada, pues la plaga había sido controlada. Este episodio es considerado como el primer control biológico exitoso y catapultó la carrera Koebele, el cual fue visto casi como un héroe entre el sector agrícola. Pero mientras esto sucedía, Riley se sintió a la sombra de él, situación que acabó motivando la enemistad entre los dos entomólogos. Debido a ello, Koebele decidió renunciar a su puesto y optar por una misión más dulce.

EL AMARGO PASADO DEL AZÚCAR

Durante siglos, el cultivo de la caña de azúcar ha estado ligado a la esclavitud y a la explotación del Caribe y del conocido como Nuevo Mundo. Sin embargo, existe un amargo legado asociado a estas plantaciones el cual es menos conocido, pero cuyo rastro podemos detectar en los ecosistemas de muchos países del mundo. Me refiero a animales que fueron reclutados para luchar contra las plagas. Artrópodos, mamíferos, anfibios e incluso moluscos que han acabado engrosando las listas de especies invasoras.

En este punto debemos regresar a Hawái. En el año 1893, la monarquía de las islas acabó siendo derrocada y sustituida por el Gobierno provisional de Hawái. Dicho suceso fue alentado por parte de la población blanca que anhelaba ver al archipiélago como una región más de Estados Unidos. Entre sus defensores se encontraban los dueños de las plantaciones de azúcar, los cuales promovieron esta vía con el objetivo de poder vender su producto, libre de aranceles, en el mercado del país americano. Sin embargo, para alcanzar dicha meta se encontraron con una dificultad: el 90% de la economía hawaiana dependía del azúcar y de los trabajadores asiáticos que trabajaban en sus plantaciones. A ojos de muchos estadounidenses, esto convertía a Hawái en una plantocracia indigna de formar parte de su nación.

Así que, los productores de azúcar trazaron un plan para mejorar la imagen de las islas. La idea tenía dos objetivos: atraer inmigrantes blancos desde Estados Unidos y diversificar la agricultura. Pero las plagas de insectos locales, unidas a la ecología de Hawái, suponían un escollo que marchitaban cualquier intento de introducir nuevos cultivos. La solución consistió en la adopción del control biológico y para ello decidieron traer a un pionero en la materia. La Hawaiian Sugar Planters' Association (HSPA) recaudó dinero para contratar al entomólogo Albert Koebele, después de que este renunciara a su puesto en el United States Department of Agriculture. Desde su nuevo cargo, Koebele viajó a Australia, Sri Lanka, China, Japón, islas Fiyi y México para buscar insectos que pudieran hacer frente a las plagas que quitaban el sueño a los agricultores. De esta forma, la HSPA consiguió que aumentaran las exportaciones de café, trigo o naranjas entre otros, mientras las plagas mermaban. También creció la población de personas blancas provenientes de Estados Unidos. Este escenario habló a favor de la anexión de Hawái, hecho que ocurrió en 1898. Alcanzado el objetivo, la caña de azúcar volvió a recuperar su hegemonía mientras en los ecosistemas de Hawái se contabilizaban nuevos insectos exóticos.

La siguiente parada de este episodio nos lleva a Jamaica. En la isla caribeña los productores de caña de azúcar veían cómo las ratas y ratones, que recordemos llegaron al lugar como polizones en barcos, se cebaban con las plantaciones. En 1872 W. Bancroft Espeut intentó solucionar el problema importando varias mangostas javanesas (*Herpestes javanicus*) desde Calcuta. La medida resultó ser bastante efectiva: las poblaciones de roedores sucumbieron ante las fauces de los depredadores. Animado por el rendimiento, Bancroft elaboró un artículo, titulado *On the acclimatization of the Indian mongoose in Jamaica*, que fue publicado en la revista de la Sociedad Zoológica de Londres. La buena publicidad de la mangosta hizo que desde Jamaica fuesen enviados ejemplares a Cuba, Puerto Rico, Granada, Barbados, Haití e incluso Hawái. Pero mientras el carnívoro era liberado, se hacía evidente que su menú no se restringía a ratones y ratas. Reptiles, aves, anfibios y cangrejos autóctonos sufrirían las consecuencias de su expansión. También animales domésticos como las aves de corral o las crías de cerdos. Incluso se deleitaban con los cultivos de piñas y otras frutas. Ante este escenario, en 1892 el Gobierno hawaiano, aún con la monarquía en el poder, prohibió la introducción, cría o mantenimiento de la especie y ofreció una recompensa: 25 centavos por cabeza.

En el siglo XX sería otra especie la que encontraría en el cultivo de caña de azúcar un aliado para expandirse. En diciembre de 1934 se publicaba un artículo en la revista *Nature* con el siguiente título: *Toads Save Sugar Crops*. El protagonista de la publicación era el sapo marino o de caña (*Rhinella marina*), una especie nativa de América que concretamente habita desde el norte de México hasta el sudeste de Perú y la zona central del Amazonas. El anfibio había sido introducido en Puerto Rico, desde Barbados y Jamaica donde también era exótico, para acabar con los *Maybeetles*, un tipo de escarabajos que ataca la caña de azúcar y otros tipos de cultivos. Anteriormente, si querías eliminar dichos insectos debías hacerlo a mano, rebuscando en la tierra hasta encontrar sus larvas blancas. La liberación del control biológico resultó ser todo un éxito, por lo que se convirtió en una gran noticia.

La buena prensa hizo que el sapo de caña cruzara los océanos hasta llegar a Australia. Allí organizaciones como la Queensland Acclimatisation Society, creada en 1862, habían importado en el pasado plantas con interés comercial: algodón, manzanos, mangos, olivos y nogales entre otros. Por supuesto, la caña de azúcar también fue sembrada e incluso crearon variedades resistentes a enfermedades y al ambiente del lugar. Tiempo después, el Bureau of Sugar Experiment Stations se encontró con un problema similar al presentado en Puerto Rico. Las larvas de dos escarabajos, el escarabajo de caña gris (*Dermolepida albohirtum*) y el escarabajo de caña frenchi (*Lepidiota frenchi*), devoraban las raíces de las plantaciones con impunidad. Al oír sobre las bendiciones del sapo de caña, decidieron soltar un centenar al norte de Queensland en 1935. Para principios del siglo XXI la población de sapos había alcanzado los 200 millones.

Rhinella marina [Patrick K. Campbell].

Un aspecto curioso del sapo de caña es que, mientras invade Australia, la comunidad científica ha podido documentar cómo actúa la evolución. Los ejemplares que viven en el frente de invasión presentan diferencias morfológicas si se comparan con aquellos que habitan en los terrenos ya conquistados. Concretamente, tienen las patas más grandes, un rasgo que les permitiría avanzar más rápido hacia nuevos nichos. De esta forma, llegan antes a zonas donde no hay mucha densidad de la especie y, por tanto, encuentran menos competencia por los recursos y para reproducirse. Este hecho también ha dado lugar a otra adaptación: en la frontera los machos tienen los testículos más pequeños. Un 30% para ser exactos. Nuevamente esto se debe a la menor rivalidad, que les permite destinar menos nutrientes para crear esperma mientras los emplean en otras funciones.

Pero tal invasión también se ha convertido en una maldición para algunos animales nativos de Australia. Los sapos marinos son tóxicos y si un depredador no está adaptado a ellos sufrirá un mortal destino. El *quoll* del norte (*Dasyurus hallucatus*), un pequeño marsupial, es uno de ellos. Desde 1935 la población de esta especie ha caído un 95%, en gran parte debido a la introducción del anfibio. Para tratar de salvar a la especie se ha puesto en marcha una medida ingeniosa. En 2016 se liberaron, en el parque nacional Kakadu, varios ejemplares entrenados para no comer sapos.[171] ¿Cómo les enseñaron a que no deben tomar ni un bocado de ellos? Pues los alimentaron con salchichas hechas de sapo preparadas para que enfermasen momentáneamente. De esta forma, con el recuerdo del dolor de barriga, cuando huelen al invasor ni se acercan. La estrategia parece estar dando resultados, así que se ha procedido a distribuir las salchichas desde helicópteros para lanzarlas sobre los ecosistemas donde habitan los *quolls.*

Otros depredadores afectados por el sapo de caña son la serpiente arborícola (*Dendrelaphis punctulatus*) y la serpiente negra de vientre rojo (*Pseudechis porphyriacus*). Un estudio de 2004 demostró que estos reptiles se habían adaptado a la presencia del anfibio exótico: desarrollaron cabezas más pequeñas. Las ser-

171 Los *quolls* también aprendieron a temer a los gatos, que, como vimos en el capítulo X, son un peligro para las especies australianas.

pientes no arrancan trozos de sus presas ni las mastican, tan sólo engullen. De esta manera, lo que pueden comer está limitado por el tamaño que alcanzan sus bocas. En este caso la selección natural actuó eliminando aquellos individuos capaces de tragarse un sapo, quedando solo los que, aunque quisieran, no podrían ni empezar el almuerzo mortal.

También se han documentado casos de animales que, por su propia cuenta, han encontrado maneras de hincarle el diente a los sapos. El cuervo australiano (*Corvus orru*), tras capturarlos, les da la vuelta para hacerles un agujero en la garganta desde donde extrae las vísceras y partes menos tóxicas, mientras que el cocodrilo de Johnston (*Crocodylus johnsoni*) prefiere comerse solo las ancas, desechando el resto del cuerpo. El último en incorporarse a esta lista ha sido el rakali o rata de agua australiana (*Hydromys chrysogaster*). Tan solo dos años después de que aparecieran los sapos por su barrio, aprendieron cómo comerlos. Con sus manos diestras y dientes afilados les extraen los órganos con *precisión quirúrgica*, dejando de lado la vesícula biliar, donde se almacenan las toxinas. Al parecer, lo que más les gusta es comerse el corazón.

UN CARACOL LLAMADO GEORGE

George fue un daño colateral. Murió el 1 de enero de 2019 con 14 años. Vivía en cautiverio en las instalaciones de la Universidad de Hawái, ya que era el único representante que quedaba de su linaje. En el pasado, los caracoles de tierra de la especie *Achatinella apexfulva* eran abundantes en las montañas Ko'olau de la isla Oahu. Sus conchas eran usadas para adornar leis, los famosos collares de flores hawaianos. Ahora son un ejemplo más de la larga lista de especies desaparecidas debido a las acciones humanas. En 1997 se intentó enmendar la situación y se capturaron 10 ejemplares para su cría en cautividad, pero todos sus descendientes murieron, salvo George. En su medio natural, estos moluscos sufrieron la depredación de las ratas, los camaleones de Jackson (*Trioceros jacksonii*) y los caracoles lobo (*Euglandina rosea*). Los roedores lle-

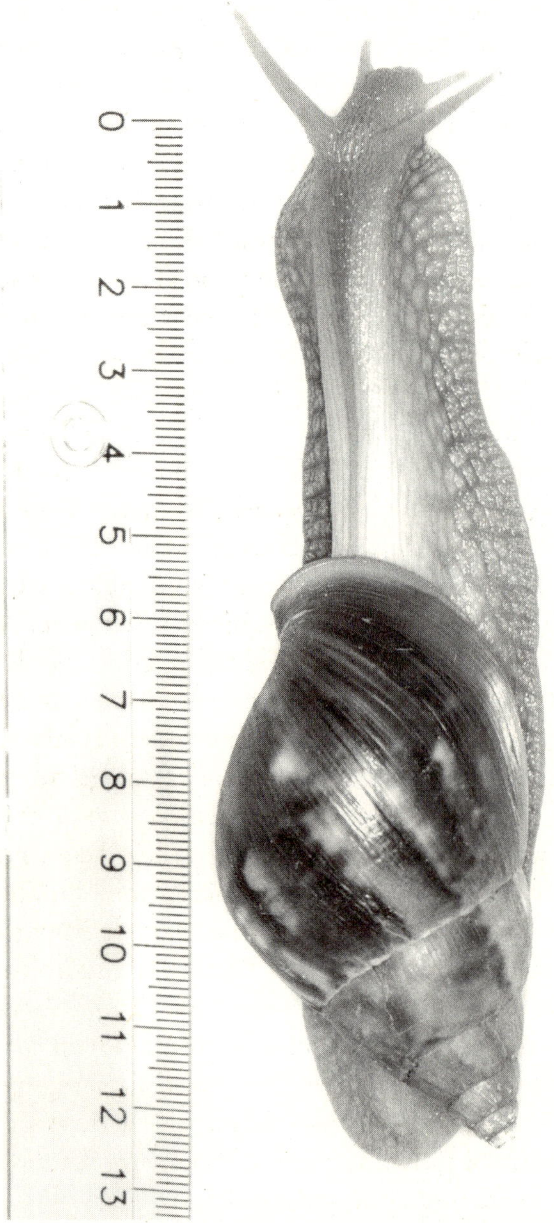

El caracol gigante africano (*Achatina fulica*) [Anita Ben].

garon como polizones en barcos, los reptiles como mascotas y los caracoles carnívoros como una apuesta por el control biológico.

El trágico destino de George se enmarca en la lucha por detener la expansión de otro molusco. El caracol gigante africano (*Achatina fulica*) es una especie llamativa por las grandes dimensiones que alcanza: hasta 20 cm de longitud. Esta característica lo ha convertido en una fuente de alimento y en un candidato para ser importado por los humanos, saltando mares y océanos de un punto a otro de la geografía mundial. Se cree que este fue el motivo por el que las tribus nativas llevaron al animal desde África Oriental hasta Madagascar. Desde allí, en algún punto antes de 1800, fueron transportados hasta la isla Mauricio, donde el malacólogo William Henry Benson quedó maravillado por su tamaño.

Benson visitó Mauricio en 1847. Trabajaba como funcionario de la India Británica y era aficionado a coleccionar conchas; incluso recolectó ejemplares de varias especies para naturalistas ingleses. Cuando regresó a Calcuta, llevó consigo varios caracoles gigantes africanos y los liberó en el jardín de Chouringhie. Desde allí el molusco se expandió por Bengala y Bombay, y llegó a ser común en la región para 1907. El siguiente salto de la especie vino de la mano de Oliver Collett, otro malacólogo, que en 1900 soltó un puñado de ellos en Ceilán, la actual Sri Lanka, aunque no está claro si los consiguió en Mauricio o en India. Ante la advertencia de un colega, que le avisó de los riesgos de la introducción, trató de erradicar la población exótica, pero ya fue demasiado tarde. El camino del animal invasor se continuó allanando gracias a los humanos. Entre 1910 y 1920 se expandió por la península malaya, en parte debido a su cría como alimento para patos. Para 1931 fueron detectados en Xiamen, una ciudad costera del sureste de China, donde habían desembarcado después de viajar como polizones en un cargamento de plantas enviadas desde Singapur. En esta última región, situada entre Malasia e Indonesia, el caracol gigante africano encontraría una plataforma importante para su expansión. Un nodo que lo conectaría con la segunda guerra mundial.

Kumaichi Shimojo se especializó en enfermedades infecciosas en Tokio. Su carrera profesional le llevó a dirigir el Instituto de Medicina Tropical de Formosa, la actual Taiwán. Por aquel entonces la isla estaba bajo el gobierno de Japón, ya que era una colonia nipona desde el año 1895. Tras un viaje a Singapur, en 1932, Shimojo vino acompañado de varios ejemplares de caracoles gigantes africanos, los cuales tenía la esperanza de criar. Pero el primer intento solo dejó conchas vacías. Al año siguiente volvería a intentarlo y esta vez consiguió que la especie se propagase por la zona. Insistencia y repetición, esas cualidades tan necesarias para las invasiones biológicas. ¿Cuáles eran las intenciones del profesor? Shimojo creía que el animal era una fuente de alimento digna de acabar en los platos de sus compatriotas.[172]

La idea de incluir en el menú al jugoso animal fue bien acogida por los japoneses. El caracol africano se hizo un hueco en revistas y periódicos, que alababan sus propiedades nutricionales e incluso medicinales. Durante la década de 1930, Japón comenzó a importar la especie a todos los territorios que controlaba. El molusco también acompañó a las tropas, como alimento de emergencia, mientras la Bandera del Sol Naciente se expandía. De esta manera, conforme avanzaba la invasión de las naciones del océano Pacífico, nuestro protagonista también encontraba nuevos nichos que explotar en lugares como Filipinas, Nueva Guinea y las constelaciones de islas y archipiélagos de aquellas aguas. Sin embargo, donde no llegaría a establecerse fue en el propio Japón, ya que, en 1936, el Ministerio de Agricultura y Silvicultura lo reconoció como una plaga. En efecto, la especie tenía la capacidad de devorar los cultivos, asestando un duro golpe para la economía de cualquier pueblo que pasase por alto su presencia. Por tanto, se ordenó confiscar y destruir los ejemplares que se encontrasen en la nación, además de prohibir su introducción.

El enorme caracol también desembarcó en Hawái. En el año 1936, una mujer trajo dos ejemplares a Oahu tras visitar Taiwán y los liberó en su jardín. En las mismas fechas, un hombre los introdujo en Maui por sus supuestas propiedades medicinales, que, por supuesto, no tienen ninguna base científica. En este punto, vuelve a escena la Hawaiian Sugar Planters' Association la cual veía como una nueva plaga amenazaba los cultivos de caña de azúcar.

172 Hoy en día en Taiwán se come la carne del caracol gigante africano frita. Pero debe cocinarse a temperaturas de 70°C o más durante unos dos minutos, si no quieres infectarte con nematodos que causan meningitis.

Para hacerle frente contaron con Francis Xavier Williams, entomólogo que se había instalado en Honolulu en 1917 y trabajaba en la estación experimental de la asociación. Entre los años 1947 y 1948, investigó la posibilidad de introducir caracoles carnívoros capaces de merendar otros moluscos. A raíz de estos estudios, se importaron a Hawái unas 30 especies, entre las que se encontraba el caracol lobo.

Los caracoles carnívoros encuentran su comida siguiendo el rastro de babas y olores que dejan sus presas. Son depredadores lentos, pero aun así son más rápidos que aquellos que persigue. El caracol lobo es una especie propia del sureste de Estados Unidos y llegó a Hawái desde Florida en 1955. No son las únicas islas que ha colonizado. En muchos lugares la invasión del caracol gigante africano fue seguida por la de este animal. Un verdadero desastre medioambiental, ya que también pasó a alimentarse de una diversidad única de moluscos. Por ejemplo, en el archipiélago hawaiano hay más de 900 especies de caracoles, que, en mayor o menor grado, han sufrido su depredación unida al impacto de otras actividades humanas. Se calcula que desde el año 1500, el 70% de las extinciones de caracoles han tenido lugar en ecosistemas isleños. Un tercio de ellas llevarían la marca del caracol lobo.

Uno de estos casos lo encontramos en Tahití e islas cercanas, en la Polinesia Francesa, donde existían más de 70 especies endémicas solo del género *Partula*. Tras la invasión del caracol lobo únicamente quedan una docena de estos caracoles. Entre las especies perdidas podemos mencionar a *Partula faba*, la cual fue descrita científicamente en 1791 a partir de ejemplares recolectados durante la expedición del capitán Cook en 1769. Era un caracol único de las islas Raiatea y Tahaa. Tiempo después sufriría el mismo destino que George y su linaje al ser introducido el exótico carnívoro en la década de 1980. El último ejemplar murió en 2016 en el zoológico de Edimburgo, a pesar de los esfuerzos por su conservación. *Partula faba* fue la primera especie que conocimos de su género y, en menos de 250 años, hemos escrito su ocaso.

Retrato de Ferdinand de Lesseps en la obra de A. Bourdilliat, 1875.

XIII. EL DÍA QUE FERDINAND DE LESSEPS CUMPLIÓ SU SUEÑO

LAS LAMPREAS QUE SUPERARON LAS CATARATAS DEL NIÁGARA

La boca de una lamprea marina (*Petromyzon marinus*), con forma de ventosa y llena de dientes curvos, hace que este pez nos recuerde a un alienígena. La cosa se vuelve un poco más horripilante cuando conocemos cuál es su función. Gracias a su estructura, pueden adherirse al cuerpo de otros peces y raspar la piel, haciendo una herida de la que sorben sangre. Para aprovechar bien a su huésped, tienen una saliva con propiedades anticoagulantes que les permite mantener abierto el bufé.

Esta especie de vampiro es nativo de la zona norte del océano Atlántico. Se trata de un pez anádromo, es decir, que pasa la mayor parte del tiempo en el mar y acude a lugares con agua dulce para reproducirse. En el pasado, remontando ríos y lagos de Canadá, era capaz de llegar hasta el lago Ontario, que forma parte de los Grandes Lagos. Sin embargo, allí acababa su avance, ya que se encontraba con una barrera natural que le impedía el paso: los más de 60 m de altura de las cataratas del Niágara. Para su fortuna, la cosa cambió gracias a las proezas de la ingeniería humana.

En el año 1829 se completó la construcción del canal Welland. Las cataratas del Niágara también eran un obstáculo para el transporte y el comercio entre la región de los Grandes Lagos y el océano Atlántico. La solución consistió en abrir una vía para los barcos, uniendo los lagos Ontario y Erie. Una vez eliminada la barrera geológica, el viscoso vampiro se dispuso a la conquista de nuevos hábitats. Para el año 1937 había establecido zonas de cría en los lagos Hurón y Michigan. Tiempo después, en 1946, el lago Superior también se había convertido en su hogar.

Los peces de los Grandes Lagos se enfrentan a un depredador que no conocen y que no son capaces de combatir. Así que les chupa la sangre hasta agotarlos y provocarles la muerte. Se calcula que solo sobreviven uno de cada siete peces que son atacados por las lampreas marinas. La población de lampreas era tan elevada en el lago Superior que resultaba imposible encontrar un pez grande sin marcas de sus ataques o con alguno de estos vampiros aferrados. Una de las especies más afectadas ha sido la trucha marrón (*Salmo trutta*), considerada como un depredador fundamental de estos ecosistemas acuáticos y un valioso recurso económico.[173] Por ello, Estados Unidos y Canadá establecieron la Great Lakes Fishery Commission en el año 1955, destinada a combatir el problema. Gracias al uso de barreras, trampas y sustancias lampricidas, se ha conseguido reducir la población del invasor en los Grandes Lagos. Aunque aún queda trabajo por hacer, el horizonte parece esperanzador. Durante los peores años de la invasión la especie destruía unos 47 millones de kilos de peces al año, mientras que en 2019 la cifra ha bajado a 4,5 millones.

En biología, la biogeografía se encarga de estudiar la distribución de las especies y de identificar los factores que las limitan. Conforme los organismos avanzan o se dispersan, pueden encontrarse con barreras geológicas que no son capaces de superar. Un mar imposible de rodear, una montaña demasiado alta o un caluroso desierto, por ejemplo, son elementos que les impiden ir más allá y colonizar zonas que les serían favorables. De esta forma, los ecosistemas tendrán especies relacionadas en función de la distancia que les separe y de lo accesible que sean entre sí.

Sin embargo, el desarrollo de la civilización humana ha conseguido que esas limitaciones no sean un problema. Las lampreas marinas se sirvieron del canal Welland para superar las cataratas del Niágara. Es un ejemplo claro de eliminación de una barrera

173 Como ya se contó en el capítulo VII, la trucha marrón tampoco es propia de los Grandes Lagos.

geográfica, aunque como veremos a continuación no es la de mayor dimensión. Como ya hemos ido conociendo en capítulos anteriores, la globalización ha conseguido que la distancia deje de ser un factor determinante. Actualmente, el comercio entre países o las introducciones intencionadas han permitido que el mundo sea también más pequeño para las especies. En una Tierra dominada por el ser humano, el clima es el factor más importante que impide la expansión de otros organismos. Una planta adaptada al Mediterráneo tal vez no pueda establecerse en Noruega, pero sí en California, Chile, Sudáfrica, Australia u otros países donde las condiciones climáticas sean parecidas. De esta manera, favorecido por la destrucción del medioambiente, estamos asistiendo a una uniformización mundial de las especies.

EL SUEÑO DE FERDINAND DE LESSEPS

Con 163 km de longitud, el canal de Suez es la vía de navegación artificial más grande del mundo. Situado en Egipto, conecta el mar Rojo con el Mediterráneo, y es una arteria imprescindible para el tráfico marítimo mundial. Lo ha llevado a ser un punto clave de nuestro mundo globalizado. Miles de barcos usan el canal cada año, acortando en gran medida el tiempo de navegación. En 2018, un total de 18174 buques usaron esta vía, transportando 983,4 millones de toneladas de mercancías. El 29 de diciembre de 2017, dos años después de las obras de ampliación, se registró el récord de paso en un día: 76 barcos con 5,12 millones de toneladas de mercancías. Seguramente estos datos harían que Ferdinand de Lesseps, la persona que se empeñó en su construcción, se sintiera orgulloso.

La idea de acometer semejante obra de ingeniería ya era un sueño en la época del Antiguo Egipto. En el año 1250 a. C., Ramsés II mandó ampliar el conocido como canal de los Faraones, que conectaba el mar Rojo con el Mediterráneo, a través del río Nilo. Siglos después, el rey persa Darío I o el emperador romano Trajano también se preocuparon por el mantenimiento del canal. Sin embargo, el paso del tiempo, las guerras y los cambios de poder acabaron

Canal de Suez, entre 1910 y 1915 [Library of Congress].

sepultando la vía. Tendrían que pasar siglos para que la idea volviera a resucitar, cuando Napoleón Bonaparte se interesó en el proyecto debido al potencial estratégico que tendría, así que encargó estudiar su viabilidad. Pero nunca se llegó a ir más allá de los papeles.

Tiempo después, un diplomático francés se enamoró de la idea. Ferdinand de Lesseps leyó sobre los precedentes y llegó a la conclusión de que la construcción del canal era posible. Por aquel entonces, en 1852, el gobernante de Egipto y Sudán era el pachá Abbas I, que estaba bajo la tutela del Imperio otomano. Nuestro protagonista hizo llegar al pachá una memoria del proyecto en árabe. Pero el gobernador no mostró ningún interés en el asunto, ya que su política se basaba en el recelo hacia cualquier cuestión relacionada con los occidentales. Tan solo había concedido algunos proyectos a los británicos, mientras que los franceses estaban con las manos vacías. La cosa cambió el 13 de julio de 1854, cuando dos esclavos asesinaron a Abbas I y Mehmet Said lo sucedió como pachá.

Este giro de la historia favoreció a Ferdinand, que en sus tiempos de diplomático había entablado amistad con Said. Convencerle del proyecto no fue difícil y el nuevo pachá le concedió la exclusividad para construir el canal. Aunque los siguientes años no fueron un camino de rosas. Que los franceses tuvieran el control del futuro paso marítimo no hizo gracia a la potencia británica. Así que presionaron al sultán otomano para que forzara a Said y que este no firmase la concesión a su amigo. Las dotes diplomáticas de Ferdinand le permitieron salvar el escollo y conseguir el visto bueno de la parte otomana en 1858. Al año siguiente, el 25 de abril, comenzó la construcción del canal.

Durante los diez años siguientes, Ferdinand tuvo que hacer frente a nuevas acometidas de los británicos y los otomanos. Para solucionarlo, convenció a Napoleón III de que la presencia del gobierno francés en el proyecto debía ser reducida. También se enfrentó a varios problemas técnicos, ya que al comienzo de las obras no disponían de maquinaria para la excavación. En su lugar, se empleó a campesinos, muchos de los cuales murieron en las obras.[174] Tampoco faltaron las dificultades económicas, que lle-

174 Se calcula que en la construcción del canal de Suez murieron entre 20.000 y 100.000 personas.

varon a duplicar el coste del proyecto. Pero finalmente, el 17 de noviembre de 1869, Ferdinand de Lesseps cumplió su sueño y el canal de Suez se inauguró por todo lo alto. Un total de 40 lujosos barcos fueron los primeros en hacer la travesía. La apertura la presidió Ismail Pachá, sobrino de Said, que había ascendido a gobernador de Egipto y Sudán tras la muerte de su tío en 1863. Entre los presentes estaban Eugenia de Montijo, emperatriz de Francia, el emperador de Austria, el príncipe de Gales y otras personalidades de la aristocracia y monarquías europeas. Tras regresar a Francia, Ferdinand fue elevado a la categoría de héroe nacional.

Sin embargo, existe un legado ecológico del que Lesseps no fue consciente. Por primera vez desde hace 11 millones de años, el mar Rojo y el Mediterráneo volvieron a estar conectados. Cuando se construyó el canal de Suez el agua comenzó a fluir desde el mar Rojo al Mediterráneo, debido a que este último se encuentra 1,2 m más bajo. Con el agua también llegaron especies que nunca habían estado en aquellos ecosistemas. Y no fueron solo un puñado, sino más de 350 especies que incluyen peces como el pez corneta (*Fistularia commersonii*), el pez león soldado (*Pterois miles*) y un caballito de mar (*Hippocampus fuscus*). También han aparecido especies de crustáceos, moluscos, anélidos y equinodermos, como la estrella de mar *Asterina burtoni*. El flujo de animales no ha sido de una única dirección y se conocen casos de especies que han llegado al mar Rojo, aunque en menor magnitud. La estrella de mar *Sphaerodiscus placenta* es una de ellas. El fenómeno es tan grande que tiene hasta su propio nombre: migración lessepsiana.

Paradójicamente, algunas de estas especies incluso han enriquecido los caladeros del Mediterráneo oriental. Debido a la sobrepesca sufrida durante siglos, esta región es pobre en recursos. Por ello, especies como el cangrejo azul nadador (*Portunus pelagicus*) han acabado siendo una captura típica en puertos de Egipto como Puerto Saíd y Alejandría o Haifa en Israel. Este crustáceo fue detectado por primera vez por el personal del canal de Suez y en 1889 su población ya era lo suficientemente grande como para ser considerada un recurso alimenticio. Desde las costas de Egipto se ha dispersado a Israel, Líbano, Siria, Turquía, Chipre e incluso se han encontrado ejemplares en Sicilia. Otra especie, la ostra perla del Golfo (*Pinctada radiata*), ya se vendía en los mercados egipcios en

1874. Actualmente está presente en todo el Mediterráneo, impulsada además en este caso por la acuicultura. Lo mismo ha sucedido con algunas especies de peces, como chiles, salmonetes o peces conejos que, después de extenderse desde Suez hasta Túnez, han supuesto un soplo de aire fresco para las pesquerías de la región.

Aunque estos casos parecen buenas noticias, no debemos olvidar que han sucedido porque hemos alterado gran parte de los ecosistemas mediterráneos. Además, la llegada de especies invasoras está terminando por destruir lo poco que quedaba. Desde el año 1956, son dos las especies de peces conejo que han llegado a través del canal de Suez: *Siganus rivulatus* y *S. luridus*. Ambas especies se han expandido desde Turquía y Grecia, y actualmente las podemos encontrar también al sur de Francia. El nombre común de los peces conejo no se debe a su aspecto sino a su gran capacidad reproductora. Esto las ha convertido, en algunas regiones, en las especies más abundantes de la comunidad de peces. Su expansión también se está viendo favorecida por las subidas de las temperaturas provocadas por el cambio climático. Este cóctel de impactos medioambientales tendrá un efecto negativo sobre las especies nativas, ya que estos peces se alimentan de las algas. Del mismo modo que un bosque mengua por la ganadería intensiva, la presión de estos animales herbívoros hace que las praderas marinas no se puedan regenerar y acaban colapsando.

Siganus rivulatus [Serg Dibrova].

Otra de las especies que ha migrado al Mediterráneo es la medusa nómada (*Rhopilema nomadica*). Este cnidario de color azulado es capaz de alcanzar el tamaño de una cabeza humana y, como el resto de sus gelatinosos parientes, es venenoso. Desde los años setenta se ha expandido por las costas egipcias, israelíes, turcas y griegas, llegando a provocar el cierre de playas, con el consiguiente impacto turístico. En la costa sureste de Turquía durante el verano de 2009 sus picaduras causaron un total de 815 hospitalizaciones. Su proliferación se ve potenciada por la acción de la sobrepesca y el calentamiento del mar, entre otros factores. En algunas ocasiones forman enjambres de hasta 100 km de ancho que pueden golpear los recursos pesqueros al devorar las larvas de crustáceos y peces. Estas hordas de medusas incluso amenazan con dejar sin aire acondicionado a los israelíes. La central eléctrica de Rutenberg, al sur de Tel Aviv, necesita el agua de mar para enfriar sus turbinas. Pero todos los veranos las invasoras obstruyen los sistemas de la central, teniendo que ser retiradas por toneladas a bordo de camiones.

Siguiendo con las especies venenosas podemos mencionar al pez león soldado. Al igual que su pariente, el pez león rojo (*P. volitans*) del cual ya hemos hablado en el capítulo XI, esta especie cuenta con espinas cargadas de veneno en sus aletas. El primer registro del pez fue en 1991 en la bahía de Haifa, en Israel. Desde entonces, también se ha detectado en el Líbano, Turquía y Chipre. En este último país, donde fueron detectados en 2012, la Unión Europea ha financiado un programa para la erradicación del animal con la esperanza de frenar su avance. Otro grupo de peces tóxicos que han llegado desde el mar Rojo son los peces globo. Es el caso del tamboril ñato (*Sphoeroides pachygaster*), el pez globo oceánico (*Lagocephalus lagocephalus*) o el pez sapo de mejillas plateadas (*Lagocephalus sceleratus*), que al menos desde el año 2014 están siendo capturados en las costas mediterráneas españolas. Todos ellos están armados con tetrodotoxina, por lo que su consumo es bastante desaconsejable. Por lo tanto, la aparición de estas especies también supone un problema de salud que ya se ha cobrado varias muertes en países como Egipto e Israel.

La migración lessepsiana es el evento de invasión biológica más grande ocurrido en el Mediterráneo. Probablemente el que implica a más especies en el mundo. Sin embargo, en su avance desde el este se han ido sumando especies invasoras que se valieron de otros medios para llegar. En 2012, una investigación realizada por investigadores de Grecia, España, Francia, Italia y Turquía, contabilizó unas 955 especies invasoras que han hecho de este mar su nuevo hogar. Un millar de organismos que, gracias al cambio climático, la sobrepesca, la contaminación y la destrucción del fondo marino tienen la posibilidad de conformar un nuevo *Mare Nostrum*.

DEL SUEÑO A LA PESADILLA

Volvamos a Ferdinand de Lesseps. Tras su éxito en Egipto, nuestro protagonista se dispuso a realizar otra gran gesta: unir los océanos Atlántico y Pacífico. En el pasado, si querías ir en barco, por ejemplo, desde Cádiz hasta Tokio, tenías que bordear casi por completo el continente sudamericano. Así que encontrar una ruta alternativa que redujese el trayecto parecía un buen negocio. En esas andaban Reino Unido y Estados Unidos, que apostaban por crear un canal en Nicaragua[175] o en Panamá.

Para afrontar el proyecto, Francia creó la Compagnie Universelle du Canal Interocéanique de Panama y concedió su dirección a Ferdinand. En 1876, la sociedad envió a Lucien Napoleón Bonaparte Wyse, un oficial de la marina, para que estudiara la posibilidad de hacer el canal en Panamá. Viendo que los informes eran favorables, Wyse viajó a Bogotá para entablar conversaciones con Aquileo Parra, presidente del Estado Federal de Colombia del que formaba parte Panamá. Las negociaciones fueron fructíferas y Francia consiguió la autorización de Colombia para crear y gestionar el canal durante 99 años.

175 La idea de construir el canal de Nicaragua, de 300 km de largo, ha seguido hasta nuestros días. Sus creadores esperaban que pudiera competir con el canal de Panamá, al permitir el paso de buques demasiado grandes para pasar por este último. Sin embargo, los problemas financieros, las protestas sociales y los informes medioambientales han frenado de momento el proyecto.

Caricatura de Ferdinand de Lesseps por André Gill en *La Lune*, 1867.

Con el contrato, ya en la mano, Ferdinand organizó en 1879 el Congreso Internacional de Estudios del Canal Interoceánico en París. Al evento asistieron expertos de 23 países para debatir la mejor forma de llevar a cabo el proyecto. Entre ellos se encontraba Gustave Eiffel, el constructor de la famosa torre. Es en este punto donde la historia de Ferdinand empieza a truncarse. Cegado por su éxito en Suez, se enroca en repetir la misma estrategia creando un canal a nivel. Es decir, cavar para que las aguas de los dos océanos se acaben encontrando. Sin embargo, otros ingenieros defendían que la mejor estrategia era crear un sistema de esclusas y lagos que permitiera salvar la geografía de Panamá. Finalmente, la opinión del héroe nacional tuvo más peso y se optó por el primer modelo. Una decisión que le costaría cara a Ferdinand y a los franceses.

Conforme avanzaban las obras, se hacía evidente el error cometido. Por un lado estaba el problema del clima. Suez es una región seca, casi un desierto, mientras que en Panamá las lluvias dominan el parte meteorológico. Además, el terreno en Egipto es bastante plano comparado con las montañas panameñas. Las enfermedades también estaban suponiendo un problema grave, con numerosos obreros muertos por esta causa. A este combo de dificultades se sumó la falta de fondos económicos, lo que supuso el último torpedo que hundió el proyecto. Para evitar el desastre, el encargado de las finanzas, Jacques de Reinach, optó por sobornar a periodistas y políticos para que no hablaran del evidente fracaso. Obviamente, el remedio fue peor que la enfermedad.

Todo saltó por los aires en 1889 y pasó a ser conocido como «el escándalo de Panamá». La montaña de problemas y despropósitos llevó al cierre de la Compagnie Universelle du Canal Interocéanique de Panama, lo que supuso la mayor crisis financiera de la Tercera República Francesa. Muchos franceses perdieron los ahorros que habían invertido en el proyecto. Reinach acabó suicidándose, mientras que Ferdinand, su hijo Charles, Gustave Eiffel y otros encargados del proyecto fueron condenados en el año 1893 a penas de cárcel y económicas. Por aquel entonces, nuestro protagonista tenía cerca de noventa años, por lo que no llegó a entrar en la cárcel. Sin embargo, tuvo que afrontar hasta su muerte la repudia social.

El escándalo de Panamá también acabó con el sueño francés de construir el canal. Esta gesta finalmente sería realizada por Estados Unidos, que siempre apostó por el modelo de esclusas. En este sistema era esencial la creación del lago artificial Gatún, una extensa masa de agua de 436 km^2. Para su construcción se invirtieron seis años, creando una represa del río Chagres y obligando al traslado de 24 pueblos panameños. El agua embalsada sirve para abastecer el sistema de esclusas que los barcos usan para acceder al lago. De esta forma, un buque *subirá* desde la bahía Limón en el mar Caribe y, tras navegar por el lago Gatún, *descenderá* hasta el golfo de Panamá en el océano Pacífico.

El modelo de esclusas, que hace que los océanos no estén conectados de forma directa, marca la diferencia fundamental para que Panamá no haya vivido su propia migración lessepsiana. La gran mayoría de los 80 km de longitud del canal se hacen a través de agua dulce. Esto convierte al lago Gatún en una barrera para las especies marinas. Sin embargo, desde su inauguración el 15 de agosto de 1914, el canal de Panamá ha sido cruzado por más de un millón de embarcaciones. Es decir, más de un millón de posibilidades para aquellas especies que sepan aprovechar la oportunidad.

Una de estas especies avispadas es la almeja *Anomia peruviana*, conocida en inglés como *Peruvian jingle shell*. Este molusco, de brillante concha, es nativo del indopacífico y en 2009 fue descubierto por investigadores del Smithsonian en la bahía Limón. En concreto, encontraron varios ejemplares debajo de una placa de PVC. Las almejas se mueven poco y sus larvas son muy pequeñas como para aventurarse solas por el canal de Panamá. Por ello para realizar este periplo tuvieron que contar con la ayuda de barcos, que pueden usar de dos formas diferentes. La primera implica que las crías, capaces de nadar, viajen dentro de la embarcación en las aguas de lastre, una ruta que veremos en detalle en el capítulo XIV. La otra opción consiste en agarrarse bien al casco del barco, cerrar a conciencia la concha y aguantar la exposición al agua dulce durante más de 12 horas. Los estudios en laboratorio han demostrado que esta especie es capaz de soportar dichas condiciones. Además, los análisis genéticos mostraron que las poblaciones de *Anomia peruviana* en la bahía Limón tienen distintos orígenes. Es decir, la epopeya de las almejas sucedió en varias ocasiones.

También existen peces que se han aventurado a atravesar el canal de Panamá. En la panza de las enormes embarcaciones de transporte, asociados a la suciedad y a las incrustaciones del casco, algunos de estos animales son capaces de soportar el agua dulce. Uno de los primeros en lograrlo es el tarpón (*Megalops atlanticus*), una especie atlántica que en 1937 fue detectado en el lado pacífico. Este pez, que puede medir más de 2 m y pesar 150 kg, es un gran depredador que tolera bien los cambios de salinidad. De momento parece limitarse a algunas incursiones sin llegar a establecer una población.

Así que, gracias al agua dulce, en el canal de Panamá solo tenemos un puñado de casos anecdóticos. Sin embargo, debido al volumen de tráfico y a la ampliación de la vía, completadas en 2016, sigue acechando el riesgo de que una curiosidad se convierta en una catastrófica invasión.

Un ejemplar de tarpón [M. Springer].

Semillas de la gramínea *Poa pratensis* [Adil].

Con fuego. Así terminó la colonización de la punta Cierva, en la península Antártica, por parte de la hierba de Kentucky (*Poa pratrensis*). Esta especie, nativa de Europa, Asia y norte de África, comenzó a extender sus raíces por el resto del mundo gracias a la expansión del Imperio Español en América. Siglos más tarde sería usada como césped, siendo ampliamente sembrada en Estados Unidos. De esta forma, prácticamente todos los continentes estaban a su alcance salvo la Antártida. Esto es debido al océano Antártico o Austral, una inmensa extensión de agua a menos de 10 °C que rodea al continente blanco, una barrera geográfica difícil de superar, sobre todo para una planta. Sin embargo, nuestra protagonista contó con la ayuda, inconsciente, de unos científicos. En los años 1954 y 1955 en la base Primavera, dependiente del Gobierno argentino, se llevaron a cabo experimentos para repoblar el lugar con árboles patagónicos.[176] Los ejemplares fueron traídos desde el continente americano, junto con tierra donde viajaba como polizón la planta oportunista.

En el año 1995 se detectó una pequeña colonia de hierba de Kentucky, de unos 40 cm de diámetro, en los alrededores de la base Primavera. Tiempo después, en 2015, la planta se extendía por más de 1 m de diámetro, pero debido al gélido clima no era capaz de desarrollar flores y, por tanto, no podía dispersarse con semillas. Aun así, los científicos decidieron acabar con su aventura antártica. La hierba fue eliminada a conciencia del lugar: se retiró tanto la materia vegetal como la tierra donde crecía. También fue usado un pequeño soplete para eliminar cualquier resto vegetal que quedase entre las rocas y así evitar que volviera a rebrotar.

El Protocolo de Protección Ambiental del Tratado Antártico establece que las especies no nativas deben ser eliminadas, motivo por el cual se procedió a la erradicación de la hierba de Kentucky. Puede parecer una medida exagerada, pero la realidad es que en lo relativo a especies exóticas lo mejor es actuar en cuanto sean detectadas. Aunque su número sea pequeño, no conviene esperar a

176 Dos especies de hayas australes: *Nothofagus antarctica* y *N. pumilo.*

que las condiciones les sean más favorables y puedan proliferar. En el caso de la Antártida, los ecosistemas terrestres no son una fiesta de la biodiversidad. La región más cercana al continente americano es la península Antártica, a la cual le podemos sumar las islas Shetland del Sur y las Orcadas del Sur. En esas zonas la vegetación sólo crece en las áreas libre de hielo, alrededor del 0,3% del continente, y está formada por musgos, líquenes y solo dos especies de plantas vasculares nativas del lugar: la hierba pilosa antártica (*Deschampsia antarctica*) y el clavel antártico (*Colobanthus quitensis*). Con respecto a la fauna, el único vertebrado terrestres es la paloma antártica (*Chionis albus*), la cual vive de la carroña que puede atesorar en las colonias de aves y mamíferos marinos. Por lo demás, el resto de las especies están representadas por dos dípteros y una larga lista de seres vivos a los que podemos añadir el apelativo micro. Si no fuera por el frío, cualquier invasor lo tendría muy fácil para establecerse. Sin embargo, esta limitación podría desaparecer en el futuro debido al cambio climático, que ya ha provocado un aumento de la temperatura local de 3 °C.

La hierba de Kentucky no es la única planta que ha desembarcado en la Antártida. El Tratado Antártico comenzó a aplicarse en 1998, así que antes de esa fecha el continente blanco estaba desprotegido frente a las invasiones. De hecho, se cree que ya en el siglo XIX los cazadores de focas que estuvieron en la península antártica y en las islas Shetland del Sur pudieron traer como polizones a plantas y animales. Sin duda, la mayor triunfadora vegetal es *Poa annua*, una especie cosmopolita también usada como césped. Esta planta ha llegado a establecerse en seis sitios diferentes, como por ejemplo al lado de la base polaca Henryk Arctowski en la isla Rey Jorge. Actualmente se está procediendo a su erradicación, aunque en un futuro podrían aparecer nuevos focos. Esto es debido a que el continente helado cada vez tiene más visitantes humanos.

Durante los años 2007 y 2008 un total de 33.054 turistas y 7085 científicos posaron sus pies en la Antártida.[177] Entre sus ropas, botas y maletas fueron descubiertas alrededor de 2600 semillas que, gracias a los humanos, habían conseguido ir más allá del

177 Entre 2017 y 2018 la cifra de turistas ascendió a más de 42.000.

océano austral. Todas estas personas acuden a las más de 50 estaciones e instalaciones científicas que se han levantado en la región. La construcción de estas estructuras también supone una vía de entrada de especies exóticas. Por ejemplo, entre los materiales importados para hacer la estación de investigación Halley VI, de Reino Unido, se detectaron unas 5000 semillas de unos 34 tipos de plantas distintas. Los vehículos son otro foco que debe ser analizado, puesto que en ellos pueden viajar granos, insectos, hongos, bacterias y demás organismos asociados a la tierra pegada. Incluso en los lotes de alimentos frescos han aparecido candidatos.

En el reino animal también encontramos especies que han llegado a las frías tierras antárticas. El primero en ser registrado fue un colémbolo, un tipo de insecto, de la especie *Hypogastrura viatica*, que apareció en la isla Decepción en 1940. Este animal es nativo de las costas del norte de Europa y del Ártico. Apenas alcanza el milímetro de longitud, pero, viajando como polizón, ha conseguido llegar a las puertas del Polo Sur. Otro aventurero un poco más grande es la mosca común (*Musca domestica*). Este indeseado compañero de los humanos prospera en las cocinas de las bases y podría transmitir enfermedades a las especies de artrópodos nativos.

La presencia de estos diminutos animales preocupa a la comunidad científica, ya que podrían alterar los ecosistemas antárticos. Veamos, por ejemplo, el caso de *Eretmoptera murphy*, un tipo de mosquito sin alas que no supera los 5 mm de longitud. La especie es endémica de la isla San Pedro, que pertenece a las islas Georgias del Sur, pero en la década de los sesenta dio un salto de más de 800 km y acabó llegando a la isla Signy, en las Orcadas del Sur. De nuevo, esto fue posible gracias a experimentos que pretendían trasplantar plantas de un sitio a otro.

El mosquito es pequeño, pero resistente. Sus larvas pueden deshidratarse para soportar el frío, aguantan bien eso de quedarse atrapadas en el hielo y son capaces de respirar bajo el agua. Además, cuenta con una increíble cualidad llamada partenogénesis: las hembras se reproducen sin necesidad de machos, haciendo clones de sí mismas. En la isla Signy habitan poco más de una docena de especies de artrópodos, lo que da a *Eretmoptera murphy* ventaja al no tener muchos competidores. Pero ¿cómo siendo tan diminuto podría desestabilizar un ecosistema? La respuesta se encuentra en los detritos y la materia orgánica muerta que forman parte de su menú. Al tratarse de una especie descomponedora, si su población es elevada se espera que libere grandes cantidades de nitrógeno al suelo. En algunas zonas se han registrado poblaciones de cientos de miles por cada metro cuadrado. Esto podría cambiar la dinámica del ecosistema que, moldeado por las condiciones antárticas, recibiría demasiados nutrientes.

Por desgracia, en el caso de *Eretmoptera murphy* y las otras especies de insectos que han llegado a la Antártida poco podemos hacer. Actualmente no existen métodos para dar caza a estos minúsculos invasores, por lo que solo queda documentar cómo se produce la expansión y poner los medios necesarios para evitar que lleguen a nuevas zonas.

XIV. EL FRACASO DE ROY MACKAL

EN LAS PROFUNDIDADES DEL LAGO

El lago Ness debe de ser una de las regiones más escudriñada de la Tierra. Sus aguas son el hogar del popular Nessie, esa criatura que ha cautivado la imaginación de tantas personas. Aunque algunos tratan de rastrear su origen siglos atrás,[178] la leyenda prendió en abril de 1934, cuando el matrimonio Mackay aseguró ver una gran estela con dos jorobas surcando la superficie del lago. Su historia apareció en el periódico *The Inverness Courier* y causó una epidemia de avistamientos. Poco a poco, juntando piezas como si se tratase de Frankenstein, los testimonios fueron dando forma al animal: medía al menos 15 metros, tenía el cuello largo, una cabeza pequeña, la piel oscura, algunas jorobas y aletas para nadar. Por desgracia, cada vez que alguien posaba sus ojos en el lugar o se zambullía en el misterio, volvía con las manos vacías. De seguro, habrían tenido más éxito buscando una aguja.

La historia de Nessie se ha escrito a golpe de fraudes, creando una colección de supuestas instantáneas con filtro borroso. En una ocasión, la criatura incluso hizo su aparición entre las páginas de *Nature*. Este misterioso suceso ocurrió en 1975, cuando la prestigiosa revista científica publicó un artículo firmado por Robert

178 Según la leyenda, el monje irlandés san Columbano tuvo un encuentro con el monstruo en el año 565. El suceso habría ocurrido mientras tenía lugar un enterramiento, momento que el monstruo aprovechó para aparecer y atacar a uno de los discípulos del santo. Por suerte, Columbano le ordenó detenerse haciendo el gesto de la cruz y la criatura acabó volviendo al lago.

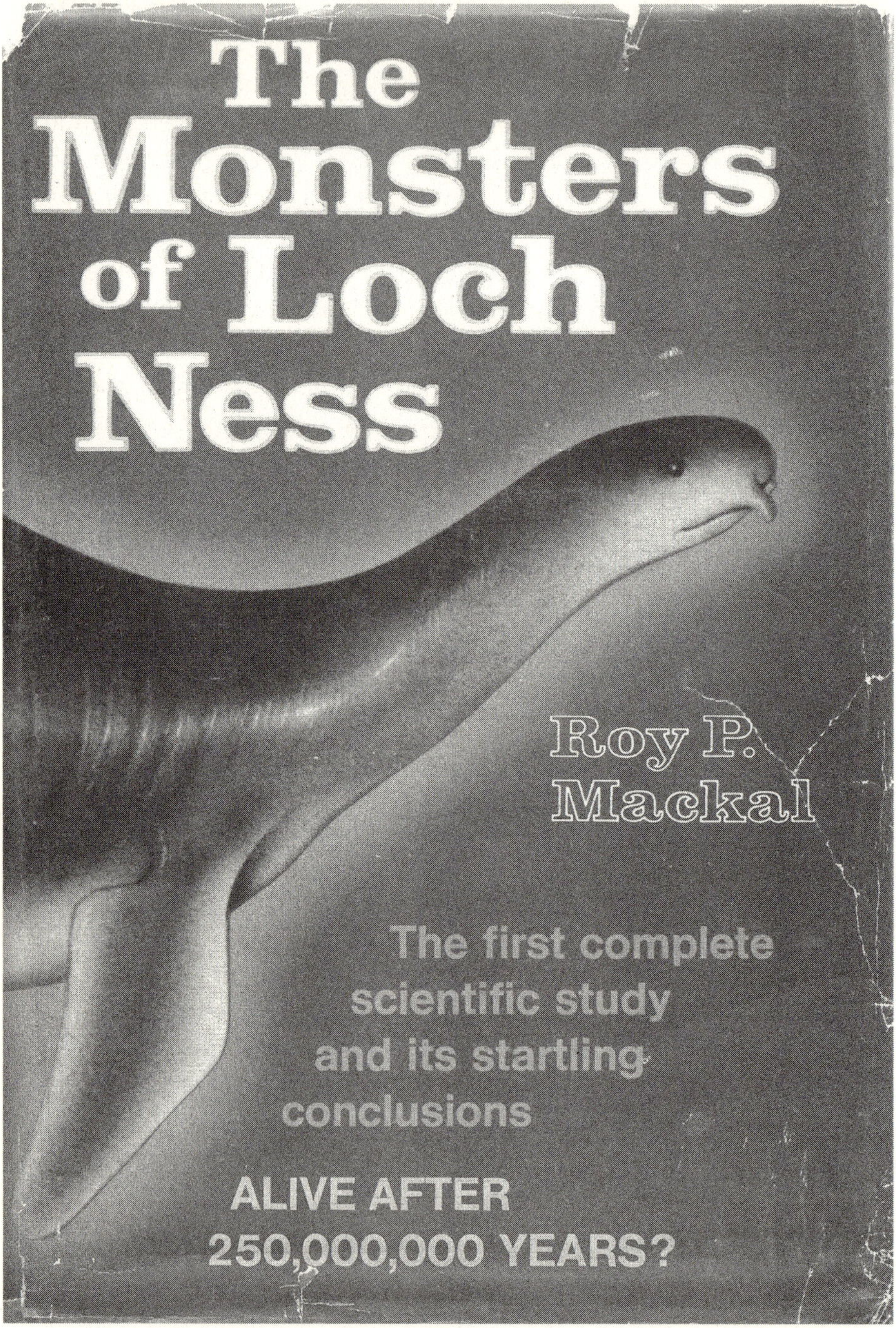

Portada de la primera edición del libro de Roy P. Mackal *The Monsters of Loch Ness*, de 1976.

Rines, abogado estadounidense, y Peter Scott, naturalista británico. Acompañando aquellas líneas, los autores adjuntaron dos fotografías obtenidas con una cámara subacuática donde aseguraban que se veía una aleta romboidal del animal. También incluían un dibujo de cómo debería ser la criatura. Para rematar la publicación sugerían darle un nombre científico, *Nessiteras rhombopteryx*, ya que así se podría considerar una especie amenazada de Reino Unido y promover medidas para su protección y conservación. Todo quedó en una anécdota al demostrarse el montaje de las imágenes.

Una de las personas atraídas por el misterio fue Roy Mackal, biólogo estadounidense, que viajó al lugar en los años sesenta. Allí quedó maravillado por los esfuerzos que la Loch Ness Phenomena Investigation Bureau (LNI), fundada en 1962, estaba realizando para encontrar al dichoso animal. Mackal se acabaría convirtiendo en el director científico del proyecto, que llegó a idear diversas estrategias. Diseñó un arpón pensado para extraer una biopsia de Nessie cuando se diese el encuentro. En cierta ocasión, se puso sobre la mesa la posibilidad de instalar trampas, ancladas al lecho del lago, de 5 m de largo por 2 m de ancho y 2 m de alto. En 1969, la LNI probó suerte con un pequeño submarino, con capacidad para una persona, traído de Estados Unidos. A esta lista de herramientas para dar con la criatura debemos incluir barcos con sonar, cámaras tanto en la superficie como bajo el agua y muchos ojos humanos.

Nessie ha eludido incluso las pruebas de ADN. En 2019, investigadores de la Universidad de Otago anunciaron los resultados de un estudio donde habían analizado el ADN que se encontraba en muestras de agua del lago. Pudieron detectar la presencia de unas 3000 especies diferentes, pero no hallaron nada extraño que les hiciese pensar que allí vive un plesiosaurio. Ni siquiera una coincidencia con las otras supuestas identidades de la criatura. La conclusión a la que llegaron era que, si alguna vez existió algo, debió de ser una anguila muy grande ya que la firma genética de estos peces sí está presente en Ness.[179]

---

179 En realidad, el estudio pretendía demostrar las ventajas del análisis del ADN ambiental para la detección de la biodiversidad y sus aplicaciones a

La falta de evidencias hizo que la LNI fuese disuelta en 1972. Mackal también abandonaría la búsqueda, a pesar de que, según aseguró, pudo avistar al animal en 1970. En la década de 1980 se centró en la persecución del Mokèlé-mbèmbé, otro supuesto reptil de la época de los dinosaurios. Concretamente, la criptozoología especula que puede ser un saurópodo que vaga por las selvas del centro de África. Aunque debe de hacerlo muy silenciosamente, porque aún no se le ha visto ni la cola.

Mientras algunos perseguían la sombra del mito en Ness, otra criatura se deslizaba por el fondo del lago. Algo que no debería de estar ahí. En 1977 se detectó en sus aguas la presencia de *Phagocata woodworthi*, un tipo de gusano plano parecido a una planaria nativo de América del Norte. Este invertebrado es realmente pequeño, así que su presencia en el lago es bastante sospechosa ya que difícilmente habría podido llegar por sus propios medios. Evidentemente en esta historia está implicada la mano humana. El punto exacto de entrada de la especie exótica no está claro, pero muchos apuntan a la gran cantidad de material y aparatos que se trajeron para dar con Nessie,[180] entre los que habría viajado como polizón. El caso de *Phagocata woodworthi* no ha atraído la atención de los medios de comunicación. Tal vez no vaya más allá de lo anecdótico. Pero los siguientes protagonistas que vamos a conocer sí han acaparado titulares al convertirse, a su manera, en pequeños monstruos acuáticos.

El mejillón cebra (*Dreissena polymorpha*) es un molusco propio de algunas regiones de Rusia. En concreto, podemos encontrarlo en las aguas de ríos que desembocan en los mares Caspio y Negro. Sin embargo, gracias a la actividad humana ha conseguido ampliar su área de distribución. Aferrado a las embarcaciones y favorecido por la construcción de canales, fue colonizando poco a poco las aguas dulces europeas durante el siglo XIX. En Estados Unidos hizo su aparición en 1980, en la región de los Grandes Lagos. A España llegó un poco más tarde, en el año 2001.

---

la conservación. Nessie fue un gancho publicitario usado por el grupo de investigación.

180 Se desconoce si la presencia de *Phagocata woodworthi* supone algún tipo de impacto ecológico para el lago Ness. Sus efectos sobre las especies de invertebrados nativos aún deben ser analizados.

A veces se argumenta que la presencia del mejillón cebra puede ser una buena noticia. Esto se debe a que estamos tratando con un organismo cuya alimentación se basa en la filtración del agua. Si su número es elevado, estos pequeños animales limpian el agua de partículas en suspensión, disminuyendo así su turbidez. Es decir, cuando la especie exótica está presente aumenta la transparencia del agua, por lo que las algas, la biodiversidad del fondo y todos aquellos que se alimentan de ellos deberían verse beneficiados. Pero esta visión es errónea. Lo que en realidad sucede es que la legión de moluscos está engullendo todo el fitoplancton del ecosistema, cortando de raíz la cadena trófica acuática.[181] En resumen, se rompe el equilibrio.

Además, el mejillón cebra no tiene mucho respeto por otras especies de su familia. Las almejas de río, como *Anodonta anatina* o *Unio mancus*, son joyas de la biodiversidad de los ecosistemas acuáticos a las que se le suele prestar poca atención. El molusco invasor no alberga reparos por crecer sobre ellas, lo que provoca la muerte de las autóctonas. En una ocasión se encontró un ejemplar con 1717 individuos adheridos sobre uno de estos animales. En el aspecto económico su presencia tampoco son buenas noticias. Por ejemplo, al agruparse formando colonias puede obstruir los sistemas de riego agrícolas. Se calcula que en Estados Unidos la invasión de esta especie genera un coste de 2000 millones de dólares al año.

¿Cómo se lucha contra un molusco acuático del tamaño de una uña? Con respecto a los sistemas humanos se han puesto en marcha diversas estrategias: usar pinturas antiadherentes en las tuberías, poner filtros o subir el flujo del agua para que al mejillón no le dé tiempo a agarrarse. Las aguas también pueden ser tratadas con cloro y peróxido de hidrógeno. Evidentemente, esta solución no la podemos aplicar en ríos y lagos, lugares donde se apuesta por frenar la expansión controlando los barcos y demás vehículos que entran en ellos. En algunas zonas ya es obligatorio limpiar las embarcaciones con agua a presión, además de caliente, y dejar que se sequen durante varios días. También se ha recurrido al genial olfato de los perros, los cuales han sido entrenados para detectar

181 Por otro lado, el crecimiento de algas se traduce en que sean expulsadas otras especies nativas.

Corbicula fluminea su medio [ABS Natural History].

al invasor en las embarcaciones. Si el perro se sienta, tendrás que fregar a conciencia.

Nuestra siguiente protagonista es otro bivalvo, la almeja asiática (*Corbicula fluminea*). Esta especie proviene del este de Asia e hizo su aparición en Estados Unidos en 1924, cuando fue importada como fuente de alimento. Para expandirse cuenta con un as en la manga: son hermafroditas. Esto significa que cada ejemplar puede autofecundarse y llegar a producir hasta 100.000 crías al año, las cuales encontrarán nuevos nichos si logran agarrarse a algún artilugio humano. Su colonización es prácticamente imparable y esto obliga a llevar a cabo verdaderas proezas si se quiere tener éxito. En 2016 se detectó una población en expansión en el lago de Bañolas, en la provincia de Gerona, y la Administración decidió cubrir la zona afectada con un plástico para provocar la muerte de las almejas. En 2017, tras retirarlo, se calculó que habían destruido el 60% de la población, así que hubo que dar otro paso más. En 2018, dos buzos recibieron la tarea de aspirar el suelo del lugar, hasta una profundidad de 15 cm. El agua extraída fue filtrada y tratada con cloro antes de ser desechada. De esta forma, se consiguió controlar la invasión gracias a un factor clave: estaba en su fase inicial. Si las almejas se hubieran detectado más tarde, o simplemente no se hubiese actuado, su número habría sido demasiado abrumador para detenerlas.

Sin salirnos de Cataluña, podemos acercarnos al delta del Ebro para conocer al caracol manzana (*Pomacea canaliculata*). Este molusco es nativo de Sudamérica y el inicio de su invasión debemos situarlo en el comercio de especies para acuarios. Es un animal herbívoro al que le encanta degustar todo tipo de plantas, algas y también algo de detritos. Cada ejemplar puede poner entre 800 y 2000 huevos en cada puesta, así que también cuenta con una increíble ventaja numérica. En la zona del delta se ha vuelto en verdadero quebradero de cabeza, puesto que está diezmando los arrozales del lugar. Los agricultores han intentado matarlo con cal viva, saponita y cianamida cálcica. Los campos han sido inundados con agua marina para ahogarlos e incluso se procedió a recolectarlos a mano. Pero la mejor opción vuelve a ser la contención: toda maquinaria agrícola debe ser limpiada antes de ser usada para evitar polizones.

A veces ni siquiera somos conscientes de la invasión. En Japón existen dos tipos de lapa de agua dulce del género *Ferrissia, F. japonica* y *F. nipponica*, las cuales se consideran nativas. Ambas se encuentran en peligro de extinción por la contaminación y la destrucción de su hábitat. Pero su identificación morfológica es bastante complicada, e incluso la comunidad científica no se pone de acuerdo sobre la distribución que ocupan o si en realidad son solo una o dos especies. Para dilucidar estas cuestiones se suele recurrir al análisis molecular, así que se tomaron varias muestras para tratar de arrojar luz sobre el asunto. Para sorpresa de todos, el ADN puso de manifiesto una realidad bien distinta: la gran mayoría de los ejemplares pertenecían a la especie *F. californica*, propia de Norteamérica.[182]

A este catálogo de invasores acuáticos podemos sumar unos pequeños crustáceos. La historia de *Artemia parthenogenetica*, un animal de 3 mm de longitud, nos recuerda que no debemos subestimar el poder de las cosas minúsculas. La especie habita ambientes salinos como las marinas del Odiel, en la provincia de Huelva, donde cumple una función clave en el ecosistema. Cada primavera, después de pasar el invierno en forma de quiste en el barro, renace para filtrar microalgas, que a su vez se afanan en realizar la fotosíntesis ayudadas por, entre otras cosas, los carotenoides. Estas moléculas, las cuales confieren a su portador tonos rojos, amarillos y naranjas son reutilizadas por otros animales de la cadena trófica con fines distintos. Entre ellos se encuentran los flamencos, cuyas llamativas plumas rosas son posibles gracias al metabolismo de carotenoides obtenidos en una dieta rica en artemias y otros organismos.

Los flamencos y otras aves no lo saben, pero las artemias que degustan suelen ir cargadas de cestodos, un tipo de parásito como las tenias, que están deseando acabar en sus tripas.[183] En reali-

182 *Ferrissia californica* también ha sido introducida en otros países como República Checa, Alemania, Países Bajos, Polonia, Eslovaquia o Gran Bretaña.

183 Concretamente, *Artemia parthenogenetica* es huésped intermediario de unas 13 especies de cestodos. Entre ellos, los más importantes son *Flamigolepis liguloides* y *Confluaria podicipina*. Aunque no sean del agrado del gran público, la expansión de las especies invasoras también pone en riesgo una rica y fascinante biodiversidad de parásitos.

dad, los crustáceos son unos intermediarios que los gusanos usan para llegar a su huésped final. Con el fin de conseguir su cometido, manipulan el comportamiento de las artemias haciendo que permanezcan en las zonas más iluminadas del agua. Además, *hackean* su metabolismo, favoreciendo que acumulen grandes concentraciones de hemoglobina y carotenos, volviendo así más visibles a sus víctimas. Prácticamente, les colocan un cartel luminoso para que se las coman.

¿Cuánto tiempo lleva este sistema ecológico, engrasado con carotenoides e impulsado por parásitos, en funcionamiento? Seguramente mucho más tiempo que los años contabilizados desde que los humanos pusimos los pies en las marismas del Odiel. Pero ahora se encuentra en peligro por la aparición de una especie exótica. La *Artemia franciscana* es natural de Norteamérica y fue detectada en la región en el año 2016. La recién llegada es más competitiva que la artemia nativa y más resistente a los parásitos. Es decir, los titiriteros no pueden realizar su maravilla molecular para servirlas en bandeja a las aves. Si la población de la invasora se acaba imponiendo, podemos suponer que esta canción de la naturaleza ya no sonará igual.

Estatua de Sir Francis Drake en Plymouth Hoe, Devon, Inglaterra [Ian Woolcock].

DE PUERTO EN PUERTO

El 26 de septiembre de 1580 Francis Drake volvió a pisar tierras inglesas. Después de partir hacía casi tres años atrás, el corsario a las órdenes de la reina Isabel I de Inglaterra había regresado con oro, plata y otras joyas arrebatadas a los españoles. También traía seis toneladas de clavo, una de esas especias por la que suspiraban los europeos, atesoradas en las islas Molucas. Aunque su mayor trofeo consistía en una gesta: la circunnavegación de la Tierra, una hazaña con la que esperaban provocar cierta urticaria en el monarca Felipe II de España. Para conseguirlo, Drake dirigió una flota de barcos entre los que se encontraba el galeón *Golden Hind*, una embarcación de tres mástiles, cien toneladas y 31 m de longitud. Ajenas a las ambiciones humanas, estas islas de madera fueron usadas por otras criaturas para sus propias epopeyas.

Siglos después de aquel viaje de Drake, en el año 1986, una réplica del *Golden Hind* partió desde Reino Unido hasta la Columbia Británica, en Canadá. Mientras algunos recreaban la historia, un grupo de científicos decidió aprovechar el momento para observar qué especies usaban el barco como medio de transporte. De esta forma, esperaban hacerse una idea de cómo las especies exóticas se habían podido expandir en el pasado. Concretamente, observaron los polizones que se aferraron al barco durante un trayecto de 800 km, desde el río Columbia hasta la bahía de Yaquina en Oregón, Estados Unidos. El resultado fue una lista de 64 organismos, entre los que se encontraban protozoos, hidrozoos, briozoos, nematodos, anélidos, moluscos, crustáceos, ácaros, ascidias y algas, entre otras criaturas.[184]

Por desgracia, sabemos muy poco sobre la relación entre los viajes por mar en tiempos pasados y la dispersión de organismos. ¿Cuántas especies ayudaron a expandirse de forma accidental los romanos por el Mediterráneo, los vikingos por el Atlántico o los

184 Muchos de estas especies pudieron subir al barco gracias a que viajaba a una velocidad lenta, una media de 3 o 4 nudos, y a las estancias en los puertos. En algunas ocasiones, el barco llegó a descansar sobre el fondo de barro, llevándose consigo parte de la fauna y flora que habitaba allí.

polinesios por el Pacífico? Por ejemplo, los antiguos griegos tenían que lidiar con ciertos animales como percebes, isópodos y gusanos de la madera, un tipo de bivalvo con un aspecto extraño y un peculiar apetito por la madera. Todos ellos eran polizones que, de alguna u otra forma, amenazaban con destruir los cascos de las embarcaciones. Pero había otra manera de viajar en aquellos artilugios humanos. Ya en la Edad del Bronce se usaban rocas, guijarros y arena como una forma de lastre sólido. Un material que sin duda iría cargado de pequeños animales y semillas de plantas.

En la actualidad este fenómeno es más fácil de rastrear. Alrededor del 80% del comercio mundial se realiza vía barcos, miles de ellos, que usan el agua de lastre para poder navegar. Mediante este sistema, si una embarcación está libre de cargamento tomará agua del mar para equilibrar su peso, la cual liberará cuando deba recoger la mercancía. Un método ideal para que larvas, huevos y una larga lista de seres microscópicos consigan saltar de un puerto a otro, de un océano al siguiente. ¿Cuál es el nivel de este transporte? Se calcula que al año se emplean unos 12 km^3 de aguas de lastre, en cuyo interior transitan alrededor de 10.000 especies.

Los lugares con más tráfico marítimo serán los que tengan más posibilidades de ser invadidos. Por ejemplo, en las aguas de la bahía de San Francisco, en California, se han establecido casi 300 especies exóticas en los últimos 140 años. Entre ellas encontramos al cangrejo chino o de Shanghái (*Eriocheir sinensis*), una especie propia de las costas del este de Asia, que se estableció en la región alrededor del año 1992. En realidad, su hábitat son los estuarios y los ríos, por lo que su invasión se produjo río arriba tras ser desembarcado por las aguas de lastre. En Alemania aparecieron incluso mucho antes, siendo registrados los primeros ejemplares en 1912 en el río Weser. Se cree que llegaron desde el puerto de Hamburgo, la considerada como puerta del mundo del país, donde desemboca el río Elba. En aquel lugar, todos los años, los alemanes pueden ver cómo hordas de cangrejos acuden río abajo para desovar.

En 1945, mientras el mundo se asomaba al final de la segunda guerra mundial, fueron detectados en la costa del sureste de Inglaterra varios ejemplares de *Austrominius modestus*, un tipo de percebe nativo de Australia y Nueva Zelanda. Debido a la extensión que ocupaba la especie, se cree que la colonización debió de iniciarse al menos unos años antes, tras llegar aferrada al casco de algún barco u oculta en las aguas de lastre. Desde entonces también ha aparecido en otros países como Francia, Bélgica, Países Bajos o Sudáfrica.

Quizás la historia más famosa que involucra a las aguas de lastre sea la protagonizada por la nuez de mar (*Mnemiopsis leidyi*). A pesar de su aspecto gelatinoso, no estamos tratando con una medusa sino con un ctenóforo, unos animales que conforman su propio grupo. Pero que no os engañen las apariencias, puesto que en realidad es un carnívoro con la capacidad de engullir desde el zooplancton hasta huevos y larvas de peces. La especie habita las aguas costeras del Atlántico occidental, desde donde se ha expandido a otras regiones del mundo gracias al tráfico marítimo. En la década de 1980 llegó al mar Negro y devoró todo lo que pudo, lo cual provocó el colapso de ecosistemas y recursos pesqueros. En un muestreo realizado en 1989 se llegaron a contabilizar hasta 400 ejemplares por m^3 de agua. El invertebrado es tan voraz que incluso se ha documentado cómo se alimenta de los ejemplares más jóvenes de su propia especie. Un canibalismo que Thomas Larsen, del instituto Max Planck, describió de la siguiente forma: «De alguna manera, toda la población de nuez de mar está actuando como un solo organismo, y los grupos más jóvenes apoyan a los adultos en momentos de estrés nutricional».

Las algas también se están moviendo de un océano a otro gracias al tráfico marítimo. En 1903, la diatomea *Biddulphia sinensis*, un organismo unicelular, ya medraba en el mar del Norte, una especie que hasta entonces solo podíamos encontrar en la región indo-pacífica. Otro ejemplo es *Asparagopsis armata*, un tipo de alga roja originaria del hemisferio sur, la cual ya hizo su aparición en la costa atlántica de Francia en 1923. Por aquellas fechas también se estaba estableciendo en el mar Mediterráneo, concretamente en Argelia. En muchas ocasiones, estos episodios son un calco de aquellas historias de terror vegetal que conocimos en el capítulo IV. Unas invasiones que cubren de tonos verdes, marrones, amarillos y rojos el fondo del mar.

Caulerpa taxifolia en Bali, Indonesia [Jesús Cobaleda].

De la misma forma que cientos de plantas se han aprovechado de nuestro gusto por los jardines, algunas algas deben su expansión a que fueron seleccionadas para adornar acuarios. Una de ellas fue *Caulerpa taxifolia*, un alga nativa del océano Pacífico y del mar Caribe. En 1980, en el zoológico alemán de Wilhelma en Stuttgart consiguieron desarrollar una cepa resistente a ambientes fríos.[185] Viendo los buenos resultados, en el acuario de Mónaco decidieron también usar la especie con el mismo fin. Desde allí, la caulerpa pudo escapar, a través de las cañerías, y llegar al mar de Liguria, donde unos submarinistas la descubrieron en 1984. Dicen que por aquel entonces apenas ocupaba el espacio de una servilleta, pero para 1999 cubría la mayor parte de la superficie desde Tolón, en Francia, hasta Génova, en Italia. Se había expandido por más de 300 km de la costa mediterránea.

La caulerpa cuenta con la capacidad, típica del mundo vegetal, de dispersarse mediante clones. Un trocito de ella le basta para comenzar una nueva colonización. Tan solo necesita que unos pescadores decidan lanzar sus redes allí donde crece o que un ancla las arrastre y transporte de puerto en puerto. Cuando llegan a un nuevo ecosistema, crecen cubriéndolo todo y expulsan a las especies autóctonas. Entre las afectadas se encuentran las praderas de posidonia, posiblemente el ecosistema más fascinante del Mediterráneo, cuya piedra angular son plantas adaptadas a la vida bajo el mar. Has leído bien: plantas, con flores y frutos, no algas. Sus colonias cubren grandes extensiones, a veces de cientos de km^2, proporcionando hábitat y refugio a una rica biodiversidad.[186] Por desgracia, estas maravillas de la naturaleza se encuentran en regresión debido a la destrucción provocada por la sobrepesca, la contaminación y otros impactos, entre los que debemos añadir a *Caulerpa taxifolia*. A esta lista se ha sumado *C. racemosa*, propia de mares templados de gran parte del mundo, que en 1990

---

185 El desarrollo de la cepa fue posible gracias a una reproducción selectiva donde se usaron productos químicos y luz ultravioleta para crear individuos más resistentes.

186 En 2012, investigadores del CSIC dieron a conocer lo que podría ser la especie más longeva jamás conocida. Se trataba de una colonia, formada por clones, de *Posidonia oceanica* que contaba a sus espaldas con 100.000 años.

fue vista creciendo en la misma zona y ganándole la partida a su hermana.[187] Invasores expulsando al invasor.

En algunas regiones, la degradación de los ecosistemas marinos, unida al tránsito artificial de organismos, ha desembocado en sucesiones de invasiones biológicas. Oleadas de algas, de distintas especies, que se van sustituyendo mientras las autóctonas quedan cada vez más arrinconadas. En el verano del año 2016, las playas del norte de Ceuta amanecieron cubiertas con una alfombra marrón obsequiada por la marea. Se trataba del alga parda *Dictyota pinnatifida*, nativa del atlántico americano tropical, de la cual fueron retiradas más de 5000 toneladas. Cerca de allí, los pescadores de La Línea de la Concepción, en Cádiz, también estaban lidiando con la invasora que se aferraba a sus redes. Nuevamente, el tráfico marítimo había servido como medio de transporte para las algas polizones.

Al estrecho de Gibraltar no le dio tiempo a acostumbrarse a la presencia de *Dictyota pinnatifida*. Casi al mismo tiempo entró en escena *Rugulopteryx okamurae*, un alga que había cruzado los océanos desde las costas de Japón o Corea hasta llegar a las puertas del Mediterráneo en las aguas de lastre de alguna embarcación. La historia volvió a repetirse, con las playas de Ceuta teniendo que ser limpiadas y los fondos marinos siendo engullidos por una mancha marrón. Mientras tanto los pescadores, en la bahía de Algeciras y alrededores, de nuevo se enfrentaban a la tarea de limpiar toneladas de algas de sus redes. En algunas ocasiones incluso temiendo que el barco, y su medio de vida, se hundiera por el abrazo del alga.[188]

---

187 *Caulerpa racemosa* apareció en las costas de Túnez en 1926, probablemente después de migrar desde el mar Rojo a través del canal de Suez.

188 En 2019, EFE AGRO recogió las palabras de Javier Arriola, patrón del pesquero *Alba Marina* de Conil de la Frontera, sobre las toneladas de alga que se aferraban a sus redes: «Se nos podría haber hundido hasta el barco».

MIENTRAS EL MUNDO MIRABA A FUKUSHIMA

Misawa fue una de las ciudades japonesas golpeadas por el tsunami ocurrido tras el terremoto del viernes 11 de marzo de 2011. Los días posteriores a la catástrofe, el mundo sintió un escalofrío al ver cómo el mar engullía carreteras, casas y vidas. En las cabezas de todos resonaba un nombre, Fukushima, la central nuclear que daba forma a todo tipo de pesadillas radiactivas y rescataba el fantasma de Chernóbil. Sin embargo, mientras las cámaras retransmitían en directo aquel horror, algo había partido desde Misawa adentrándose en el océano Pacífico.

El 5 de junio de 2012, quince meses después del tsunami, llegó a la costa de Oregón un muelle de pesca. Concretamente apareció en Agate Beach. Estaba hecho de acero y espuma de poliestireno, material que le permitía flotar. Pesaba 188 toneladas y media 20 m de largo, 6 m de ancho y 2 m de alto. Impulsado por las corrientes y el viento, había viajado más de 7000 km desde Misawa hasta Estados Unidos. Viviendo sobre aquella especie de arca, viajaban una rica muestra de organismos nativos de Japón como percebes, mejillones, almejas, caracoles, erizos de mar, anémonas, gusanos de todo tipo, pequeños crustáceos o algas, entre otros. Hubo que esperar hasta 2013 para tener la lista completa de organismos: alrededor de 130 especies. La mayoría de ellas ya habían hecho de la estructura su hogar antes del desastre, mientras que un puñado hicieron autostop en mar abierto.

Ante la posibilidad de que estos organismos pasasen a engrosar la lista de especies invasoras, se optó por una minuciosa limpieza y destrucción del muelle. Aprovechando la marea baja,[189] el 7 de junio, un equipo de voluntarios y personal de la administración raspó la superficie del muelle. Se recogieron cerca de dos toneladas de biomasa, que fue desinfectada con lejía y posteriormente enterrada en un agujero a tres metros de profundidad. Mientras tanto, las grietas y recovecos de la estructura fueron esterilizados con

189 El trabajo debió realizarse rápidamente, antes de que la marea alta regresara y ayudase a la dispersión de los organismos o de sus gametos.

antorchas de propano para, finalmente, proceder a su demolición. Sin embargo, lo ocurrido en Agate Beach no fue un hecho aislado.

Según el Gobierno de Japón, alrededor de 5 millones de toneladas de restos fueron arrastrados al océano Pacífico aquel día de 2011. Seguramente, la gran mayoría acabó en el fondo marino, junto a toda la basura que nuestra civilización ya ha arrojado, pero es probable que unos 1,5 millones de toneladas continuaran flotando, transportando organismos a grandes distancias. Parte de la comunidad científica ha tratado de rastrearlos, abriendo una pequeña ventana al extraño fenómeno. Entre los años 2012 y 2017, se documentó la llegada de 634 objetos a puntos como Hawái y las costas desde Alaska hasta California. La lista estaba compuesta por muelles, barcos, boyas, trozos de madera y otros restos que habían sido reclamados por el tsunami. A bordo de aquellas improvisadas balsas se llegaron a contar cerca de 300 especies, de tan diversos grupos que serían suficientes para dar una clase de taxonomía zoológica.

Antes de que los humanos entrásemos en escena, las especies marinas podían dispersarse por mares y océanos aprovechando las algas que flotan a la deriva. Incluso sabemos que ciertos animales terrestres han colonizado islas gracias a un fenómeno conocido como *rafting*. Por ejemplo, en 1995 tras el paso por el Caribe de los huracanes Luis y Marilyn llegaron a una playa de Anguila varios árboles arrancados por las tormentas en Guadalupe, situada a unos 270 km de distancia. En estas improvisadas balsas viajaron, durante días, un grupo de iguanas verdes que se establecieron en la región. Estos eventos no eran muy comunes y estaban limitados por la resistencia de la materia vegetal. Sin embargo, hoy en día las corrientes oceánicas se han convertido en autopistas donde los vehículos son millones de objetos de origen humano, que abarcan desde el muelle de Misawa hasta botellas de plástico olvidadas en las playas.

La contaminación por plástico es uno de los mayores retos medioambientales de nuestros días. Además de provocar la muerte de animales y arrojar una sombra de incertidumbre sobre los ecosistemas inundados por microplásticos, este material también está implicado en la dispersión de especies. Al ser tan resistente a la degradación, puede ser usado como una balsa por parte de organismos marinos para viajar a grandes distancias. Podemos imaginar una botella de plástico, en la inmensidad azul del océano

Atlántico, siendo transportada desde América hasta Europa con pequeños animales o algas unidos a ella. Si observamos con atención la basura que desembarca en nuestras playas, seguramente encontremos percebes, bivalvos, corales u otros organismos de regiones lejanas. Por ejemplo, en un tramo de playa de Dorset, en Reino Unido, hallaron un caracol de Florida en un zapato viejo, lapas en una boya de las Azores y cangrejos de las Bermudas en una tubería de plástico.

Además de embarcaciones y basura, existe otra forma de surcar los océanos. Entre 2010 y 2015 alrededor de 23 plataformas petrolíferas hicieron escala en los muelles de Las Palmas de Gran Canaria. Tales estructuras se mueven a lo largo del océano Atlántico a fin de aprovechar los distintos yacimientos de petróleo. Debido a su tamaño, se desplazan lentamente a velocidades no superiores a 15 km/h. La parte inferior de estos gigantes ofrece refugio para muchas especies en el mar abierto, las cuales aceptan de buen grado la invitación. De esta forma, cuando se ponen en marcha se convierten en una especie de monstruo marino o isla flotante que es acompañado por un séquito de criaturas.

Al examinar dos de aquellas plataformas que visitaron Las Palmas, se encontraron varias especies de peces que nunca habían sido registradas en aguas canarias. Una de ellas, que provenía de Angola y el golfo de Guinea, traía consigo peces como el sargento africano (*Abudefduf hoefleri*). La otra había partido desde Brasil, además de pasar por Cabo Verde durante el trayecto, y tenía como acompañantes, entre otras, a varias especies de peces cirujano. Posteriormente, también se ha documentado dos corales tropicales que han sido introducidos gracias a esta vía: *Tubastraea coccinea* y *Oculina patagonica*. Concretamente, el género *Tubastreae* o corales solares comprende especies solo nativas de los océanos Pacífico e Índico. Dos representantes de este grupo aparecieron en la década de 1980 al sudeste de Brasil,[190] al mismo tiempo que comenzó la extracción de petróleo y gas frente a las costas de Río de Janeiro. Desde entonces, se han extendido por más de 3000 km del litoral brasileño.

190 Los corales del género *Tubastraea* también han aparecido en el golfo de México, asociados a los campos petrolíferos en alta mar desde principios de la década de 2000.

Abudefduf hoefleri en Cabo Verde [Kidd Germany].

Habíamos mencionado también al coral *Oculina patagonica*, el cual esconde una curiosa historia. Esta especie ha colonizado en poco tiempo gran parte del mar Mediterráneo. Su primer hallazgo en esta región fue de la mano de un buzo en el golfo Génova. Luigi Morra descubrió una colonia incrustada a un kilómetro del puerto de Savona, Italia. Con el paso de los años también ha aparecido en la gran mayoría de países de la cuenca mediterránea. En 2012, por ejemplo, investigadores del CSIC hallaron en el litoral de Almería un ecosistema conformado en su mayoría por el coral, que habría desplazado a la comunidad de algas.

Durante años *O. patagonica* estuvo envuelta en cierto misterio. La primera descripción de la especie se realizó en 1908, pero lo sorprendente es que este descubrimiento se refería a fósiles recogidos en la Patagonia, los cuales databan del Holoceno, hace unos 10.000 años. Desde entonces, no hubo ningún rastro de la especie viva en Sudamérica. Hasta que de repente apareció en el Mediterráneo, viva, comportándose como una especie invasora y poniendo sobre la mesa un montón de dudas. Si estaba creciendo cerca de un puerto, tal vez habría llegado gracias a las aguas de lastre. Pero ¿desde qué región sudamericana se produjo la introducción? Si no se encontraba por ninguna parte, a lo mejor desapareció antes de ser transportada o se encuentra agazapada en algún punto remoto. ¿Y si también habitaba en el Mediterráneo y ahora, con el caos que hemos generado, ha encontrado su oportunidad? Otra opción podría ser que realmente los fósiles no sean *O. patagonica*. O tal vez la estuviéramos confundiendo con otros corales parecidos.

La localización de la especie, tanto de ejemplares vivos como fósiles, en el noroeste del Atlántico abrió una vía para resolver el misterio. Pero quedaba una pregunta: ¿el coral fue introducido en el Mediterráneo desde esa región? Las pruebas de ADN sirvieron para despejar la incógnita, al determinar que las poblaciones atlánticas y mediterráneas habían quedado separadas entre sí hace alrededor de cinco millones de años. Entonces, no puede tratarse como una invasora, sino como una oportunista cuya presencia ignorábamos y que ahora avanza por un mar desdibujado por nuestras acciones.

Dicen que la ciencia despoja de emoción a las cosas al descomponerlas como unas matrioskas. Después de catalogar todas las especies del lago Ness, tal vez no sintamos el mismo cosquilleo al volver a mirar sus aguas. Pero un lugar no necesita una criatura esquiva para ser fascinante. A lo largo de este capítulo hemos dado algunas pinceladas de especies maravillosas: las artemias y sus parásitos, las praderas de posidonia o las iguanas capaces de sobrevivir al *rafting*. Una biodiversidad con la capacidad de cautivar y que abre nuevas incógnitas, al igual que sucedió cuando *O. patagonica* apareció viva ante nuestros ojos. Aun así, no me puedo resistir a cerrar este capítulo con otro enigma.

En 2017 se anunció el hallazgo en los Cayos de Florida de una nueva especie para la ciencia. Crece entre los restos de un naufragio,[191] protegido por una concha alargada, serpenteante y de aspecto rojizo. No se mueve, sino que captura su alimento lanzando redes de mocos desde la seguridad de su caparazón. En realidad, *Thylacodes vandyensis*, como la bautizaron, pertenece al grupo de los gasterópodos, junto a caracoles terrestres y marinos. El barco hundido es el único lugar donde ha sido encontrada, pero sus descubridores creen que no debería estar allí. ¿Cómo acabó en aquellas aguas? No lo sabemos. ¿Y su hábitat natural? No tenemos ni idea, quizás algún punto del inmenso Indo-Pacífico. De momento, el extraño caracol permanece envuelto en el misterio.

---

191 El nombre de la especie hace referencia a *Vandy*, el apodo con el que se conoce al *USNS General Hoyt S. Vandenburg*. Esta embarcación se usó como buque de transporte durante la segunda guerra mundial. El 27 de mayo de 2009 fue hundido de forma intencionada en los Cayos de Florida para crear un arrecife artificial, el segundo más grande del mundo.

XV. EL VIAJE DE MYERS EN UN BARCO CARGADO DE ARROZ

IMPERIOS DE HORMIGAS

¿Cómo suena una invasión de insectos? Igual que si estuviera cayendo una leve lluvia en un bosque. En algunas regiones de Estados Unidos podemos toparnos con ejércitos de orugas afanadas en devorar árboles. Sus mandíbulas van eliminando poco a poco, pero sin descanso, todas las hojas que encuentran. Mientras siguen masticando más y más material, se deshacen de aquello que su organismo no quiere. Desde las alturas, sus excrementos caen al suelo por miles haciendo que un día soleado se escuche como uno nublado.

La lagarta peluda (*Lymantria dispar*), un tipo de polilla,[192] está considerada como uno de los insectos más destructivos en el este de Estados Unidos. Sus orugas devoran las hojas de los árboles, condenando bosques y las economías que dependen de ellos. El insecto es nativo de Eurasia, aunque en el siglo XIX comenzó a expandirse por Norteamérica gracias a un entomólogo aficionado. Étienne Léopold Trouvelot vivía en Francia, pero, tras el golpe de Estado dado por Napoleón III en 1851, huyó del país para establecerse en Medford, Massachusetts. Allí trataría de encontrar una nueva forma de producir seda y hacer fortuna.

192 Aunque coloquialmente solemos conocer como polillas a todas las mariposas nocturnas, las verdaderas polillas son aquellas cuyas larvas se alimentan de fibras textiles o comida almacenada.

Lymantria dispar [Marek R. Swadzba].

Desde el año 1845, la industria de la seda europea estaba sufriendo los efectos de una serie de enfermedades que afectaban a los gusanos de seda (*Bombyx mori*). No es de extrañar que algunas personas acudieran a los catálogos zoológicos en busca de una especie que ofreciera el mismo o un mejor producto. La propia Société Zoologique d'Acclimatation incluyó en 1857 este objetivo en su lista de recompensas de la siguiente forma: «Aclimatación lograda de una nueva especie de gusano de seda, productor de seda fácil de tejer. Premio: una medalla de 1000 francos».

En Estados Unidos la situación incluso era menos favorable. La introducción de los gusanos de seda había sido infructuosa y las especies americanas no estaban a la altura para ser un animal útil. Es en este escenario donde entra Trouvelot, aunque su historia con los insectos e intenciones está envuelta en cierta incógnita, ya que no se conocen los detalles al completo. En el año 1868 comenzó a criar ejemplares de lagarta peluda, traídos desde Europa, con la idea de crear un híbrido que fuese resistente a las enfermedades. Por desgracia, las polillas acabaron escapando y, pese a las advertencias del propio Trouvelot, nadie se preocupó por capturarlas. Tras este episodio, nuestro protagonista perdió el interés por la entomología y se centró en la astronomía,[193] mientras el insecto iniciaba la conquista de América.

Los artrópodos, en especial los insectos, ocupan el primer puesto en cuanto a número de especies se refiere, así que no es de extrañar que sean los protagonistas de muchas historias sobre invasiones biológicas. Un puñado de ellas tienen como punto de partida el interés humano. Este es el caso de la lagarta peluda y los episodios de aquellas especies usadas para control biológico o en la polinización de los cultivos. Sin embargo, la gran mayoría de estos animales han logrado expandirse por el mundo viajando como polizones en barcos, ocultos en cajas de mercancías o escondidos entre plantas. Este capítulo trata sobre ellos y va a ser una procesión de patas, antenas, alas y alguna que otra criatura reptante.

193 En el campo de la astronomía ilustró sus observaciones gracias a sus grandes dotes como dibujante.

En julio de 1929, el entomólogo británico John Golding Myers se encontraba a bordo del *S.S. Chenab*. Viajaba junto a su esposa desde Trinidad, donde trabajaba estudiando las plagas de la caña de azúcar con el fin de encontrar un control biológico. Se dirigían a Cuba. La embarcación provenía de Calcuta tras hacer escala en Rangún, ciudad de Myanmar, para recoger un cargamento de arroz. Durante los trece días de viaje, Myers decidió matar el tiempo recolectando los insectos que pudo hallar en el barco. A pesar de las fumigaciones que se realizaron en los diferentes puertos, llegó a recoger unas 42 especies, en su mayoría insectos que estaban surcando los mares junto a los humanos.

Myers escribió un artículo sobre sus observaciones para la revista *Journal of Animal Ecology*, en 1934, advirtiendo del peligro que suponía dicho trasiego de artrópodos, el cual denominó como *insect tourism*. Un riesgo real que ilustró con una pequeña anécdota. Seis días después de llegar a La Habana, tras cruzar Cuba, descubrieron que escondidos en sus ropas les acompañaban varios ejemplares vivos de escarabajos. El insecto resultó ser el escarabajo rojo de la harina (*Tribolium castaneum*), conocido por su capacidad para devorar granos almacenados y otros alimentos, el cual proviene de la región indoaustraliana, pero que actualmente se ha convertido en una plaga mundial.

¿Desde cuándo estamos moviendo, de forma inconsciente, insectos por el mundo? Al igual que ocurría con las especies que conocimos en el capítulo anterior, podemos suponer que esto lleva sucediendo desde hace mucho tiempo. Muy probablemente ya nos acompañaban en nuestras primeras andanzas, aprovechando las rutas de comercio y la expansión de los imperios. La historia de la mariposa blanquita de la col (*Pieris rapae*) ilustra bastante bien esta realidad. Se cree que la especie es originaria del este de Europa, pero hoy en día la podemos encontrar en muchas otras regiones. Para rastrear su expansión se realizó un estudio que compaginó datos genéticos, morfológicos e históricos.[194] De

194 Los investigadores tomaron muestras genéticas y morfológicas de mariposas de todo el mundo, suministradas por ciudadanos de diferentes países. A estos datos se le añadieron los históricos, rebuscando entre la documentación que mencionaba los cultivos que sufrieron las plagas de esta mariposa y así datar la época de llegada.

esta forma se determinó que el insecto llegó a Oriente y Asia gracias a la Ruta de la Seda, para posteriormente aparecer en Rusia en el siglo XVIII. Por otra parte, el comercio marítimo le permitió desembarcar en Quebec, Canadá, alrededor de 1860. En los años sucesivos, sus características alas blancas comenzaron a verse en distintas zonas de Estados Unidos. En América cabe destacar un linaje cuyo punto de partida fue la costa atlántica y que, aprovechando los *caballos de hierro* y la reciente creación del ferrocarril transcontinental, llegó hasta California. Desde San Francisco, ya entrados en el siglo XX, volvería a embarcar para colonizar nuevos territorios en Nueva Zelanda y Australia. Toda una proeza, realizada por un animal que no supera los 50 mm de envergadura, la cual ha sido posible gracias a los humanos.

Otro ejemplo histórico lo encontramos en la hormiga de fuego tropical (*Solenopsis geminata*), un insecto que se dispersó gracias a los galeones españoles. La ciudad mexicana de Acapulco fue un punto importante para el comercio español en el siglo XVI. En sus puertos, los barcos eran cargados con plata con dirección a Manila, en Filipinas, para costear el comercio con China. Además, estas embarcaciones transportaban tierra que no tenía valor alguno, salvo el hecho de ser utilizada como lastre, aunque entre sus granos podría albergar animales ocultos como las hormigas de fuego tropical. O tal vez los marineros eran conscientes de su presencia, pero no tenían ninguna necesidad de darle importancia. Una vez llegados a su destino, la arena era desechada para compensar la carga de las mercancías compradas. De esta forma, mientras los galeones desplegaban velas con dirección Europa, los ecosistemas filipinos acabaron recibiendo una visita indeseable. No fue el único lugar al que llegó la especie, que actualmente está presente en regiones tropicales de América, África, Australia, India y del sudeste asiático.[195]

Existe una hermana de la hormiga de fuego tropical que es más famosa: la hormiga de fuego (*S. invicta*). La especie es nativa de

195 La historia de la hormiga de fuego tropical fue desentrañada al comparar las rutas comerciales del siglo XVI, con la genética de las poblaciones de hormigas a lo largo del mundo. Así se constató las similitudes entre colonias cuyos ancestros habían partido desde México en galeones.

Portada del libro de Bert Hölldobler y Edward O. Wilson, *The Superorganism: The Beauty, Elegance, and Strangeness of Insect Societies.*

América del Sur, pero, gracias a los humanos, ha posado sus patas en lugares tan lejanos como Australia. Se cree que llegó a Estados Unidos alrededor de la década de 1930, viajando como polizón en algún barco que recaló en el puerto de Mobile, Alabama. Una década después, avanzaba por el país a una velocidad de 8 km por año, impulsada además por el transporte de mercancías. Para la década de 1990 ya había llegado a California a través de los estados sureños.

En su nuevo hogar, las hormigas de fuego sufrieron, literalmente, un pequeño cambio. Las colonias que se encuentran en sus regiones nativas se organizan de forma monogínicas y oligogínicas. Esto quiere decir que solo presentan una o unas pocas reinas. En estas zonas estos grupos luchan entre sí o con hormigueros de otras especies por el control del territorio. Sin embargo, durante la década de 1970 comenzó a detectarse que las poblaciones invasoras en Estados Unidos construían colonias poligínicas, lo que implica un número considerable de progenitoras, y cuyas fronteras se diluían creando una supercolonia. Estábamos asistiendo a la formación de un imperio mirmecológico.

¿Cómo es posible que las hormigas de fuego decidieran unirse en vez de luchar? La respuesta se encuentra en una variante o alelo de un gen, el *Gp-9*, que está implicado en cómo tales insectos se reconocen por el olor. Tal y como explican Bert Hölldobler y Edward O. Wilson en el libro *El superorganismo* esta condición puede inclinar la balanza hacia un tipo u otro de organización: «Cuando las obreras son portadoras del alelo de la poliginia, una característica por lo general heterocigótica, matan a todas las reinas homocigóticas para la monoginia. En consecuencia, la colonia se transforma en una poliginia. Dada la violencia de estos asesinatos selectivos, las colonias se transforman cuando solo el 15% de las obreras portan el alelo poligínico del gen».

Una vez sellada la alianza, estos imperios pueden crecer muy rápido. Cada reina tiene la capacidad de poner entre 800 y 2000 huevos por día, hasta formar colonias con alrededor de 400000 obreras afanadas en consolidar sus territorios. La unión en una supercolonia es un fenómeno cuyas consecuencias no deberían ser pasadas por alto. Las hormigas de fuego a pesar de ser bastante pequeñas, tienen un tamaño que va de 2 a 6 mm, se han hecho famosas por provocar daños en todo tipo de aparatos eléctricos. Además de los millones de dólares que el sector agrícola debe gastar para controlar la plaga cada año, solo en Estados Unidos. Aunque quizás una de sus características más notables es su dolorosa picadura que les da nombre a ellas y a sus hermanas.

La expansión de la especie también es un mal augurio para la fauna y flora autóctona. Allí donde se establece, la hormiga de fuego reduce la biodiversidad de invertebrados, además de matar a anfibios, reptiles y pequeños mamíferos. En algunas regiones incluso ha inducido la evolución de sus víctimas. Ante una situación de peligro, los lagartos grises (*Sceloporus undulatus*) se quedan quietos y confían en su camufaje para pasar desapercibidos en el entorno. Esta estrategia es efectiva contra sus depredadores naturales, pero no para hacer frente a las invasoras, que acaban matándolas tras paralizarlas con sus picaduras. Después de sufrir durante años su presencia, algunas poblaciones de estos reptiles han desarrollado extremidades más largas que les permiten huir a una mayor velocidad.

Dejemos, de momento, a las hormigas de fuego a un lado para conocer otra especie: la hormiga amarilla loca (*Anoplolepis gracilipes*). Propia del sudeste asiático, este insecto se ha expandido de forma accidental por Estados Unidos, Japón, México, Chile, Sudáfrica o islas de los océanos Índico y Pacífico. Su invasión más famosa es la que ha llevado a cabo en la isla de Navidad. En esta región ha creado supercolonias que cuentan con múltiples reinas, mientras sus obreras rastrean el suelo del bosque en busca de comida. En su menú no le importa incluir semillas, vegetación, carroña o cualquier pequeño animal que tenga la mala suerte de cruzarse en su camino. Concretamente, el cangrejo rojo de tierra (*Gecarcoidea natalis*) es una de las especies que más está sufriendo sus efectos.

Cada año, los bosques de la isla de Navidad son testigos de una procesión de patas y pinzas. Lejos de los océanos, los cangrejos rojos de tierra pasan su vida buscando comida entre la hojarasca que se acumula en el suelo. Como su nombre indica, son crustáceos terrestres, pero siguen manteniendo un vínculo con el mar, ya que sus larvas deben desarrollarse en el medio acuático. Así que, cuando llega el momento de reproducirse, estos animales migran desde las zonas interiores de la isla hasta la costa. Se mueven por millones, atravesando carreteras o sorteando las raíces de los árboles hasta llegar a la playa donde se reproducen. Llegado el momento, las hembras deberán acercarse a la orilla para liberar a la próxima generación.[196] Cuando las corrientes marinas son favorables, las crías regresan al lugar tras una marea alta y llenan las playas de millones de diminutos cangrejos, que harán el camino contrario al que realizaron sus progenitores.

Pero esta escena, única en el mundo, se encuentra en peligro debido a la expansión de la hormiga loca amarilla. Los cangrejos no tienen forma de enfrentarse a las invasoras, que ocupan sus madrigueras o les asaltan durante su travesía anual. Las hormigas no les muerden o pican, sino que les rocían con ácido fórmico, lo que les provoca ceguera y posteriormente la muerte. Millones de ellos sufren este destino cada año, mientras que otros se ven relegados a zonas libres de estos insectos. Paradójicamente, este episodio es la continuación de otra introducción que se produjo en la isla durante el siglo XIX. En el pasado las migraciones de los crustáceos no eran tan espectaculares, ya que su población estaba controlada por un depredador, la rata de Maclear (*Rattus macleari*), la cual se extinguió hacia el año 1903. El destino de este mamífero, también endémico de la isla de Navidad, se vio sellado al llegar la rata negra a bordo de la corbeta británica *HMS Challenger*, durante una expedición científica entre 1872 y 1874. Se cree que el roedor desapareció debido a alguna enfermedad transmitida por su pariente.[197]

En un relato sobre hormigas invasoras no debe faltar la historia de la hormiga argentina (*Linepithema humile*), que, como su nombre indica, es propia de Argentina, pero también está presente en otros lugares como Uruguay, Paraguay, Bolivia y el sur de Brasil. Al igual que sucedía con la hormiga de fuego, con la que comparte ecosistemas, las colonias de estas regiones son territoriales y luchan entre sí o cualquier otro formícido que tenga la mala fortuna de vivir cerca. Su principal arma es la ventaja numé-

196 La liberación deben realizarla con mucho cuidado, puesto que, si caen al mar o una ola las arrastra, morirán ahogadas, ya que no saben nadar.

197 Con la extinción de la rata de Maclear también perdimos un tipo de garrapata, *Ixodes nitens*, la cual estaba especializada en chupar la sangre del roedor.

rica. Cuando una obrera detecta a un enemigo, lo marca químicamente a modo de señal de ataque para avisar al resto del hormiguero. De esta forma, el intruso se verá rodeado por un grupo que le agarran y le arrancan las extremidades.

En 1891 se detectó por primera vez a la hormiga argentina en Nueva Orleans, Luisiana, por lo que su desembarco debió de producirse años antes. Probablemente viajó a bordo de barcos que transportaban café de Brasil.[198] Mientras se expandía por el este de Estados Unidos también recaló en California, lugar que le serviría como lanzadera para alcanzar otras partes del mundo. El comercio y el tráfico de embarcaciones por todo el globo se convirtió en su aliado más importante. Por ejemplo, la movilización de tropas durante la segunda guerra mundial fue su pasaporte para llegar hasta Hawái.

La hormiga argentina necesita poco para comenzar una invasión. Le basta con una reina y una decena de obreras. Al igual que nuestras anteriores protagonistas también es poligínica, con progenitoras que pueden poner hasta 60 huevos al día. Debido a ello, las colonias crecen rápido, superando y destruyendo los hormigueros de las especies nativas. Además, mantienen una estrecha relación con pulgones, a los cuales protegen de sus depredadores a cambio de unas gotitas de líquido azucarado que ellos secretan. Evidentemente, esta alianza supone un riesgo para la flora y la agricultura que sufren las plagas.

Sin embargo, la cualidad más impresionante de la hormiga argentina es su capacidad para crear supecolonias. Aunque quizás sea mejor expresarlo en singular: la supercolonia. El proceso de expansión de la especie por el mundo se inició con unas pocas reinas, motivo por el cual la diversidad genética de las poblaciones exóticas es baja. Esta condición también ha derivado en la unión de los hormigueros, actuando como uno solo, a una escala que ha dejado boquiabiertos a los entomólogos. Desde el norte de Italia, pasando por el sur de Francia, hasta la costa atlántica de España, las hormigas argentinas cooperan entre sí como si fueran una única sociedad. En total, la supercolonia europea se extiende por unos 6000 km. Y no es la única.

---

198 Anteriormente la hormiga argentina llegó a Madeira en 1882.

En la costa oeste de Japón existe también una supercolonia, que tenemos que sumar a la que se expande por alrededor de 900 km en California. En Nueva Zelanda hallamos otra, la cual desciende de poblaciones introducidas desde Australia y ocupa cientos de km. Obviamente estos grupos no están unidos físicamente, pero sí genéticamente. Esto significa que, si ponemos a una obrera de Italia en cualquiera de los hormigueros de las otras localizaciones, no será identificada como una enemiga sino como una hermana. Se olerán y reconocerán con las antenas, el equivalente en su mundo al apretón de manos, para luego proseguir con sus tareas o luchar pata con pata contra los competidores.[199] Teniendo en cuenta el inmenso número de ejemplares que puede tener un solo hormiguero de esta especie, pocos han dudado en equiparar su sociedad con la humana. En cuanto a individuos se refiere, es seguro que salimos perdiendo.

Pero a medida que se extendían han aparecido colonias disidentes. En San Diego, justo en el estado de California, las hormigas argentinas están viviendo su particular guerra civil que enfrenta a la supercolonia inicial con una de reciente creación. Según aseguran los que han estudiado el fenómeno, a lo largo del territorio disputado mueren cada año unos 30 millones de hormigas. No es la única. En Estados Unidos se han identificado cuatro supercolonias independientes. Por otro lado, en las calles de Barcelona se está produciendo el mismo escenario, pero protagonizado por ejemplares de la supercolonia europea y una de reciente creación, la cual se extiende por la costa de Cataluña y otros puntos del mediterráneos. El origen de estos grupos podría encontrarse en nuevas importaciones desde algún punto de Sudamérica.[200]

A pesar del tremendo éxito de la hormiga argentina, debemos decir que no tiene todas las cartas a su favor. Si recordamos, habíamos dejado a las hormigas de fuego expandiéndose por el

199 Una forma de determinar la semejanza entre supercolonias consiste en capturar hormigas de distintos lugares y juntarlas, de manera que podremos ver si se reconocen o luchan entre ellas. Tras realizar estos análisis, se determinó que las hormigas de Norteamérica, Europa, Japón, Hawái, Nueva Zelanda y Australia se reconocen entre sí.

200 A esta lista podemos añadir otra más en Sudáfrica, que se expande sin competencia y que no tiene relación con la colonia inicial.

sudeste de Estados Unidos a mediados del siglo XX, justo la región donde comenzó su andadura la argentina. Ambas especies provienen de la misma región, pero la mano humana las ha situado a más de 4000 km de su hogar y ahora vuelven a luchar, pero a una escala de supercolonia. En esta ocasión, la superioridad numérica no pudo hacer frente a los aguijones de las hormigas rojas y las primeras han sido expulsadas, de momento, del lugar. Pero siguen manteniendo una suerte de imperio entomológico con más de 100 años de historia.

LA EXPO 92, PLANTAS Y MACETAS

«Algo único e irrepetible, inolvidable, muy bello, grandioso, maravilloso..., pero agotador». Estas son algunas de las palabras que muchos usaron para definir la Exposición Universal de 1992 celebrada en Sevilla. Durante seis meses más de 40 millones de personas visitaron las diversas instalaciones, construidas casi a contrarreloj en cinco años, situadas en la zona de la Cartuja. El evento fue un caleidoscopio del mundo con muestras de la tecnología del futuro, exposiciones de diversos países, música de todas partes y un monorraíl. Los visitantes hicieron colas, a veces de hasta siete horas, para entrar en los distintos pabellones mientras soportaban las altas temperaturas. Entre tantos humanos, unos insectos de apenas 2 mm de longitud revoloteaban provocando cierta molestia pasajera. Nadie les prestaba mayor atención, salvo los jardineros encargados de mantener a las plantas que decoraban el lugar.

El toque botánico de la Expo 92 se creó con más de mil especies vegetales. En los años previos al evento, las plantas fueron llegando a Sevilla desde diferentes puntos. Posteriormente, se mantuvieron en viveros para su aclimatación antes de ser sembradas en la ubicación final. La parte más ambiciosa de este plan fue la operación Raíces dirigida por Benito Valdés, catedrático de la Universidad de Sevilla. Para llevar a cabo el proyecto, se negoció con países de América, desde el norte al sur, la donación de ejemplares de su flora más representativa. En algunos casos se trataba incluso de especies que nunca se habían visto en España.

Manejar tantas plantas supone hacer frente a las plagas que amenazan con devorarlas o sorberles la savia. Volvamos a las colas de los pabellones. Los diminutos insectos que incordiaban a los visitantes eran ejemplares adultos de mosca blanca (*Bemisia tabaci*), una especie bien conocida por su capacidad para afectar cultivos y jardines. Se cree que este animal es originario de India, pero actualmente tiene una distribución mundial sólo limitada por las bajas temperaturas e impulsada por el comercio de plantas. Cuando se celebró la Expo 92 ya era un viejo conocido en el país. No sería el único que se dejaría ver por allí.[201] Durante los años 1990 y 1992 se realizó un seguimiento de los artrópodos que aparecieron en las instalaciones, cuyo apetito tenía el potencial de marchitar el evento. Terminado el trabajo, se confeccionó una lista con más de 100 especies.

Entre los artrópodos identificados se encontraba el pulgón del algodón (*Aphis gossypii*), especie cuya distribución es tan amplia que ya no podemos identificar su lugar de origen. Otros ejemplos de animales cosmopolitas que se dieron cita en Sevilla son el pulgón del melocotonero (*Myzus persicae*), la araña roja (*Tetranychus urticae*) o la cochinilla acanalada (*Icerya purchasi*). Todas ellas plagas ya asentadas en España antes del evento. Sin embargo, el trasiego de plantas realizado, procedentes de tantos puntos geográficos distintos, también supuso el riesgo de importar nuevas plagas. Por ejemplo, en el césped de la Cartuja se detectó el rastro de larvas del escarabajo *Sphenophorus venatus*, siendo su primera cita en Europa. Desde la Costa del Sol, en Málaga, llegaron varios naranjos infectados con mosca blanca de la especie *Paraleyrodes minei*, la cual había aparecido recientemente en el país. Mientras que en un ejemplar de palo amarillo (*Terminalia australis*) se localizó una población de ácaros exóticos. Se decidió destruir la planta con el fin de evitar su expansión, pero finalmente el árbol fue podado a conciencia y fumigado en una cámara cerrada para luego ser expuesto junto al resto de plantas.

El comercio de plantas o sus partes ha sido un trampolín para muchos insectos. Ocultos entre las hojas, la madera o la tierra de las macetas, estas especies se han abierto paso hacia nuevas regiones. Veamos algunos casos. El grillo camello *Diestrammena asynamora* es propio de cuevas asiáticas, pero de alguna forma ha encontrado un hábitat amable en los invernaderos de Europa y Estados Unidos. Por otro lado, en un vivero del condado de Surrey, al sur de Londres, habitan unos pequeños artrópodos de la especie *Aposthonia ceylonica* después de arribar a tierras inglesas desde Tailandia. Fueron descubiertos en 2019 y se convirtieron en noticia al ser el primer registro de un nuevo orden de insectos en Reino

201 Además de la mosca blanca (*Bemisia tabaci*), también se detectó la presencia de la mosca blanca de invernadero (*Trialeurodes vaporariorum*).

Unido en 100 años. No lejos de allí, en las islas Sorlingas situadas al suroeste de Inglaterra, existe una población de insectos palo de la especie *Clitarchus hookeri* conformada solo por hembras y que se mantienen gracias a la partenogénesis. La especie es una de las más comunes de Nueva Zelanda, donde se dan poblaciones sexuales y asexuales. Se cree que llegaron ocultas entre las plantas sembradas en el *Tresco Abbey Gardens* en el año 1911 o en la década de 1930. Los análisis genéticos demostraron que descendían de ejemplares de ambos sexos, pero en algún punto de su expansión por Tresco evolucionaron para crear solo clones de sí mismas.

En España es famoso el picudo rojo (*Rhynchophorus ferrugineus*), que fue detectado en el año 1993 en Almuñécar, municipio de Granada. El escarabajo, autóctono del sudeste asiático, viajó dentro de palmeras que habían sido importadas desde Egipto u otros países del norte de África. Desde entonces, se ha expandido por el país devorando las palmeras que encuentra a su paso.[202] Mientras tanto en Japón, en el año 2017, se descubrió que cientos de escobas de bambú, procedentes de la provincia china de Zhejiang, traían consigo ootecas de la mantis *Hirodula venosa*. Tiempo antes, en 2012, en el mismo país saltaron las alarmas cuando hizo acto de presencia un escarabajo de cuernos largos, *Aromia bungii*, el cual había desembarcado en la región gracias a una partida de madera. Sus larvas se desarrollan bajo la corteza de los cerezos, precisamente la planta protagonista del famoso Hanami o festival de los cerezos en flor. Podemos mencionar otro ejemplo más. El barrenador esmeralda del fresno (*Agrilus planipennis*) es un coleóptero asiático, visto en 2002 por primera vez en Norteamérica, el cual está detrás de la muerte de cientos de millones de fresnos y que ha provocado daños por más de 10.000 millones de dólares.

No solo los insectos se han aprovechado del comercio de plantas. Recientemente, se ha comenzado a prestar atención a lo que podemos encontrar bajo las macetas de viveros e invernaderos.

---

202 En especial, se teme por sus efectos en el palmeral de Elche, el mayor de Europa, donde la especie fue detectada en 2005. Mientras, su llegada a las islas Canarias podría significar una grave amenaza para la supervivencia de la palmera canaria (*Phoenix canariensis*).

Allí, unos animales alargados y viscosos reptan mientras siguen el olor de su próxima comida. Se trata de planarias terrestres, un tipo de gusanos planos, muchas de las cuales actúan como depredadores en los suelos donde habitan. A pesar de su aspecto frágil, son capaces de dar caza a lombrices, caracoles y babosas, a los cuales paralizan con una faringe especializada y posteriormente devora. La planaria de Nueva Zelanda (*Arthurdendyus triangulatus*) fue detectada por primera vez en Belfast, Reino Unido, en 1963. Hoy en día, se ha vuelto un invertebrado común en Escocia que amenaza con reducir la abundancia de lombrices, un hecho que tendría importantes consecuencias en la fertilidad de los suelos y en los animales que se alimentan de ellos. Por otra parte, el gusano plano de Nueva Guinea (*Platydemus manokwari*) ha llegado a lugares tan alejados como Francia y Florida. Gracias a sus defensas químicas, puede medrar sin temor a que las aves se lo merienden mientras rastrea moluscos autóctonos.[203] En España también han hecho acto de presencia. En 2014 un estudio advertía de la detección «de un mínimo de diez especies de planarias potencialmente invasoras en diferentes regiones del territorio peninsular», con orígenes en Oceanía, Asia y Sudamérica.

Como es evidente, son muchos los animales que han usado la línea botánica para expandirse. Así que, para continuar con este relato y dado los paralelismos que hay entre todos ellos, vamos a centrarnos en uno solo: el escarabajo japonés (*Popillia japonica*). Este insecto, de unos 15 mm de longitud, ha supuesto un quebradero de cabeza para Estados Unidos. Su historia comienza en Japón, de donde es nativo y donde habita sin suponer muchos problemas gracias a que los depredadores mantienen controlada su población. Cuando es una larva vive en el suelo alimentándose de raíces, mientras que de adulto prefiere comer hojas, pero solo la parte que está entre los nervios.

---

203 Además, los gusanos planos de Nueva Guinea pueden ser portadores de *Angiostrongylus cantonensis*, un tipo de nematodo parásito de ratas. Este gusano se reproduce en el interior de los roedores, liberando sus larvas en sus heces. Una vez en el suelo, esperan a ser ingeridas por caracoles o babosas en cuyas entrañas se desarrollarán hasta ser adultos. Para cerrar el ciclo necesitan que alguna rata se coma al molusco, pero puede ocurrir que acabe en el interior de algún humano provocandole angiostrongiliasis.

En el año 1916 se descubrieron los primeros ejemplares de la especie en un vivero en Riverton, municipio del estado de Nueva Jersey. Al principio fue algo anecdótico, pero lo cierto es que nuestro protagonista ya llevaba tiempo avanzando por el continente. Se cree que los escarabajos debieron llegar al país antes de 1912, posiblemente junto a una partida de bulbos de iris japoneses. Desde su introducción accidental, el insecto ha llegado a otros estados e incluso a Canadá. La gravedad del escarabajo japonés radica en que se trata de un animal polífago, es decir, que es capaz de comer una gran variedad de plantas, más de 300 tipos, entre las que se encuentran muchas con interés comercial.

La lucha contra esta especie invasora dura ya más de un siglo. En el año 1917 se creó en el Bureau of Entomology de Estados Unidos un departamento con un claro objetivo: estudiar la biología del escarabajo japonés y encontrar métodos de control o erradicación. Desde entonces, muchos han intentado acabar con él usando los más diversos métodos, pero ninguno ha resultado efectivo al cien por cien. Durante los años 1920 y 1933 se importaron alrededor de medio centenar de especies consideradas enemigos naturales de *P. japonica*. Sin embargo, tras pruebas y ensayos solo quedaron tres y, finalmente, las únicas que lograron asentarse en el país fueron una avispa y una mosca. La avispa parásita de Corea y de China (*Tiphia vernalis*) ataca al escarabajo japonés cuando se encuentra bajo tierra. La hembra de este insecto rebusca en la arena hasta encontrar una larva, le inyecta una sustancia paralizante y pone en ella un huevo. Fueron necesarios 25 años de programas de introducción para lograr que se estableciera en los campos americanos.[204]

Otro método de control biológico es la enfermedad conocida como *milky spore*, producida por la bacteria *Paenibacillus popilliae*. Este microorganismo se introduce en las larvas cuando comen tierra infectada con esporas. Una vez dentro, pasa a la sangre, donde se multiplica hasta tornarla de un color blanco leche. El patógeno fue descubierto en 1933 en Nueva Jersey y, ya en 1939,

204 Sin embargo, la mosca *Istocheta aldrichi*, que ataca a los adultos, no se ha adaptado tan bien a los ambientes cálidos, aunque lleva más de 60 años tras la pista de su presa.

se puso en marcha un programa de control del escarabajo que duró hasta 1953. El sistema consistía en moler gusanos infectados, secarlos y esparcirlos por el campo. La bacteria también es capaz de atacar a otras especies de escarabajos, lo cual hace pensar en los efectos que este plan tuvo en las poblaciones autóctonas.

La guerra no fue solo biológica, sino que también se usaron insecticidas contra el escarabajo japonés. Aunque al principio se trató de cañonazos que se llevaban por delante a todo tipo de fauna y afectaron a la salud de las personas. Este fue el caso del aldrín, que era barato de producir, pero también mortal para aves, gatos,

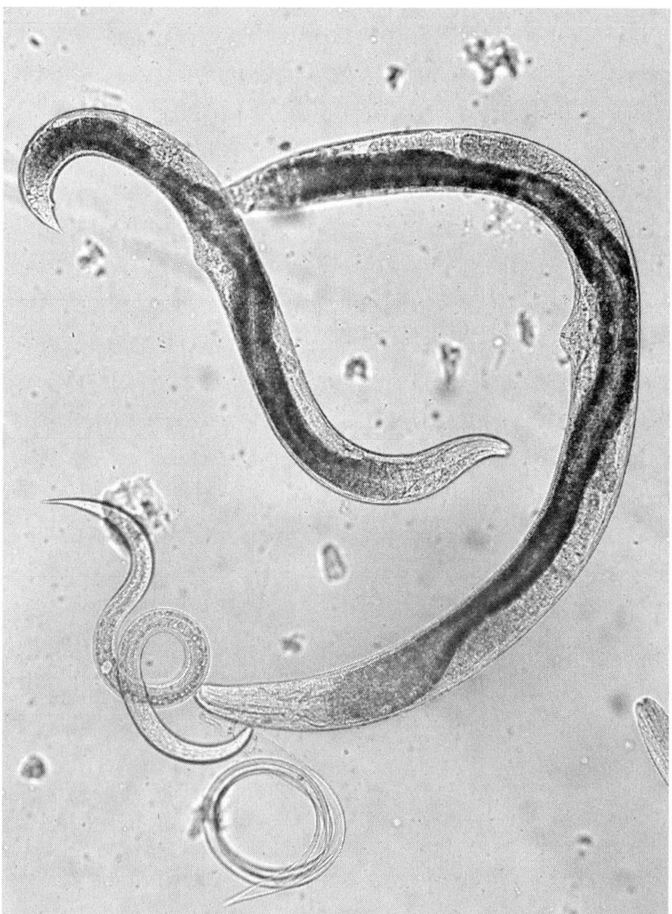

Hembras y larvas de nematodos entomopatógenos [D. Kucharski K. Kucharska].

ardillas, conejos y peces, entre otros. Rachel Carson, en su libro *Primavera silenciosa* recoge el testimonio de Ann Boyes, secretaria de la National Audubon Society en Detroit, sobre la fumigación con este producto: «La primera indicación de que la gente estaba preocupada con la rociadura fue una llamada que yo recibí el domingo por la mañana de una mujer que informaba de que al volver a su casa desde la iglesia había visto una cantidad alarmante de pájaros muertos y moribundos. El insecticida se había pulverizado allí el martes. Añadía que no había ningún pájaro volando por aquel sitio; que ella había encontrado por lo menos una docena [muertos] en el patio trasero de su casa y que sus vecinos acababan de hallar ardillas muertas».

Durante 1970 y 1980 los insecticidas fueron la mejor baza, ya que controlaban todos los estadios del insecto. Sin embargo, como hemos visto, se trataba de una medida mortífera. En la década de 1990 el abanico de estos productos se fue reduciendo, por prohibiciones y restricciones, ya que primó la protección medioambiental y el sentido común. Por aquel entonces, la especie empezó a ser una plaga menor, pero seguía suponiendo un problema económico. En este punto se añadieron al arsenal varias especies de nematodos como *Heterorhabditis sp*, *Steinernema glaseri* o *Neoaplectana carpocapsae*, que son efectivas contra las larvas y se venden en preparados comerciales para el tratamiento del césped y jardinería.

Mientras se siguen buscando otros candidatos para la lucha biológica, también se está desarrollando una guerra química más refinada. El principal foco de atención está puesto en las feromonas. Cuando una hembra de escarabajo japonés emerge del suelo, emite una gran cantidad de feromonas que atraen a los machos. Las investigaciones se centran en conocer las moléculas implicadas en este cortejo, lo que permitiría desarrollar antagonistas o bloqueadores para impedir su comunicación, o atrayentes para atraparlos en trampas. Sin embargo, a pesar de todas estas medidas, podemos decir que la especie definitivamente llegó a Estados Unidos para quedarse. Un recordatorio sobre la moraleja más importante a respecto de las especies invasoras: prevenir la introducción es clave si no queremos perdernos en un laberinto de soluciones.

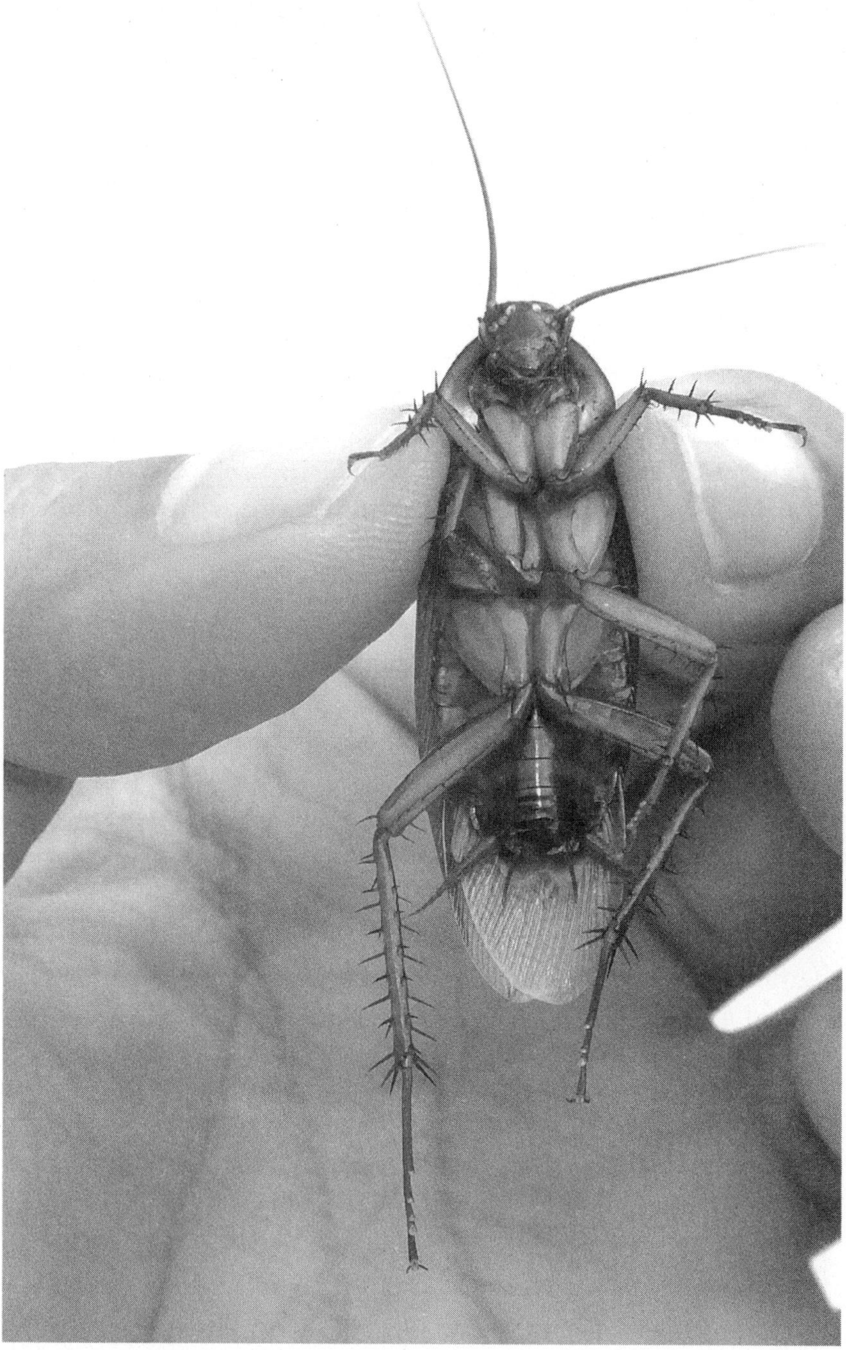

Periplaneta americana [Pas TD].

El tráfico marítimo se encuentra detrás de la expansión de uno de los animales más odiados del planeta: la cucaracha americana (*Periplaneta americana*). Este insecto fue bautizado por Carl von Linné en el siglo XVIII, el cual supuso que al ser recolectada en las tierras del Nuevo Mundo su hogar debía de encontrarse allí. Pero el naturalista erró en su apreciación y la idea se ha replicado hasta nuestra época. Realmente, la especie proviene de África, aunque actualmente ha alcanzado el grado de cosmopolita. Su andanza debió de comenzar hace siglos, como atestigua el hallazgo de una ooteca, la estructura que usan para proteger sus huevos, en el buque español *San Antonio*. La embarcación naufragó en las islas Bermudas en 1625, llevando consigo una pequeña pista de la historia del artrópodo.

Se atribuye la expansión de este insecto al conocido como *comercio triangular*, un sistema económico que las naciones europeas llevaron a cabo entre los siglos XVI y XVIII. Así lo explica el historiador Timothy C. Winegard en su libro *El mosquito*: «Estaba pensado para maximizar los beneficios de la metrópolis imperialista europea. Las colonias de ultramar se explotaban para extraer sus recursos naturales, como azúcar, tabaco, oro y plata, mediante el uso de mano de obra esclava. Estas materias primas se embarcaban hacia la metrópolis, donde se transformaban en productos manufacturados que se cambiaban por más esclavos africanos y se vendían a precios inflados a las poblaciones coloniales».

En algún punto de esta vergonzosa historia, las cucarachas habrían embarcado hacia el continente americano. Así, mientras los pueblos africanos eran desangrados, el ir y venir de los barcos ayudó a aumentar las posibilidades de introducción de la especie.[205] En el siguiente capítulo hablaremos de otra consecuencia más terrorífica de este episodio.

205 A finales del siglo XVIII el entomólogo inglés Henry Smeathman comprobó el apetito voraz de las cucarachas que viajaban en los *barcos negreros*. En unos de sus viajes a África, las cucarachas llegaron a comerse los insectos que había recolectado durante su expedición a Sierra Leona.

P. americana no fue la única que jugó al despiste con Linné. Dado la animadversión que nos suponen estos artrópodos, se han convertido en sinónimo de insulto contra personas o pueblos. El etólogo y premio Nobel, Karl von Frisch, lo describe de la siguiente forma en su libro *Doce pequeños huéspedes*: «En algunas partes del sur de Alemania son conocidas como las prusianas; en el norte, como suavias; en la Alemania occidental se llaman las francesas; y en la oriental, las rusas. Y en Rusia son de nuevo las prusianas. Parece ser que en todos los lugares se ha achacado su aparición e introducción al vecino más próximo».

Karl se refiere a la cucaracha rubia (*Blattella germanica*), también nombrada por Linné y que, nuevamente, ya se encontraba en expansión cuando recibió su nombre científico. ¿De dónde proviene esta especie? Existen dos hipótesis: una apunta hacia Etiopía y otra, la más probable, al sudeste asiático.

Desde Europa también se han aportado cucarachas al resto del mundo. La cucaracha negra u oriental (*Blatta orientalis*), de nuevo descrita por Linné, es nativa del este del continente, pero, al igual que sus hermanas, ahora tiene una distribución mundial. En Estados Unidos se convirtió en una plaga, aunque desde 1978 le ha salido competencia. La cucaracha roja o de Turquestán (*B. lateralis*), autóctona del centro de Asia, fue detectada por primera vez en un depósito del Ejército en California. Posteriormente se dejó ver en otras bases militares, por lo que algunos han apuntado a que el origen de la invasión estaría en las misiones en países como Afganistán. Finalmente, en este pasaje del repelús podemos incluir a la cucaracha australiana (*P. australasiae*), la cual en 2018 fue detectada en Madrid, probablemente tras viajar oculta en un envío de mercancías. Ya había hecho acto de presencia en otros puntos como las islas Canarias o Guipúzcoa. Aún a riesgo de ser repetitivos, el nombre de este insecto vuelve a ser erróneo, puesto que fue bautizada científicamente después de desembarcar en Australia. Su origen probablemente se encuentre en África. Con tanto movimiento de especies, es normal que los naturalistas se equivocaran alguna vez mientras describían la biodiversidad del mundo.

Nuestra siguiente protagonista lleva ya una década expandiéndose por España. La avispa asiática (*Vespa velutina*)[206] llegó al puerto de Burdeos, al sur de Francia, alrededor del año 2004 oculta entre mercancía procedente de China. Se cree que el inicio de esta colonización se debió a una sola reina que viajó tras ser fecundada. Para 2009 se estimaba que en esta región sus nidos podían contarse por miles. Con el paso del tiempo, la especie continuó avanzando por la geografía francesa a un ritmo de 78 km al año.[207] En 2011 hizo su aparición en Bélgica, por Italia la empezaron a ver en 2012 y en Alemania la reconocieron en 2014. Posteriormente, en 2016 logró salvar de alguna forma el canal de la Mancha hasta Reino Unido, mientras que también era registrada a escasos veinte km de la frontera de Suiza. De momento, en septiembre de 2019 se registró su marca europea más septentrional en la ciudad alemana de Hamburgo.

Fue cuestión de tiempo que la avispa asiática llegase hasta España. Leopoldo Castro, entomólogo especializado en la especie, lo describió de la siguiente forma en una entrevista para *La Voz de Galicia*: «Era inevitable que la mancha que iba extendiéndose por el suroeste de Francia alcanzase España». En 2010 apareció, casi simultáneamente, primero en Amaiur, localidad de Navarra, y luego en Irún, en el País Vasco. Dos años después sería registrada en Cataluña y Galicia.[208] Llegados a 2019, la lista de comunidades se había ampliado con Asturias, Cantabria y La Rioja, además de parte de Aragón y Castilla-La Mancha. El único enclave

---

206 Además de la avispa asiática (*Vespa velutina*), en España se han detectado otras especies de avispas exóticas. De la misma familia es la avispa bicolor (*V. bicolor*), nativa de la isla china de Hainan, la cual puede encontrarse en Málaga desde el año 2013. En 2012 se localizó en Valencia al avispón oriental (*V. orientalis*), pero esta población no llegó a establecerse. Sin embargo, en 2018 hizo acto de presencia en Algeciras y, de momento, parece que en esta segunda oportunidad le está yendo mejor.

207 A esta rápida expansión debemos añadir los saltos que se produjeron gracias al transporte de mercancías, una vía que se cree también aprovechó la especie.

208 En Galicia la especie apareció primero en dos focos. Uno al norte, en la localidad de Burela situada en Lugo, y otro al sur, en Baixo Miño, cerca de la frontera con Portugal. El origen de estos focos podría encontrarse en reinas descendientes del frente francés, que viajaron gracias al transporte de la madera. Otra opción es que el segundo foco provenga de Portugal, país donde ya se encontraban las avispas desde 2011.

que parece haber salido airoso es Mallorca, la mayor de las islas Baleares, que tras detectar la presencia del insecto en 2015 pudo anunciar que la había «borrado del mapa» cuatro años después. Sin embargo, para el resto de las regiones la opinión de los expertos es que la avispa asiática ha llegado para quedarse.

Pero hagamos un alto para hacer una fotografía de la avispa asiática. Se trata de un insecto de unos 3 cm, de color oscuro y con una franja naranja en el abdomen. Esto nos indica que en realidad el linaje que ha llegado desde Asia hasta Europa es la subespecie *V. velutina nigrithorax*. Es importante saber diferenciarlas, ya que la alarma generada por su expansión ha acabado destilando cierta psicosis. De repente, cualquier cosa que se les pareciera era susceptible de ser aplastada o rociada con insecticida. En algunas ocasiones, los medios de comunicación contribuyeron a ello al confundirla con el avispón gigante asiático (*V. mandarinia*), una especie mucho más grande y preocupante pero que no ha asomado, de momento, sus antenas por España.[209] Por desgracia, se han producido muertes por picudaras de la avispa asiática, aunque debemos recalcar que no es más peligrosa que las otras avispas presentes en España. Por tanto, suponen un riesgo para la salud sobre todo para las personas con alergia a este tipo de insectos.

Sin embargo, el foco de mayor preocupación con este episodio está puesto sobre las abejas. O, mejor dicho, sobre sus cuidadores. En gran parte, debemos al gremio de los apicultores el rastreo de la avispa asiática, su salto a los medios de comunicación y el primer impulso para que las administraciones tomasen cartas en el asunto. No es para menos. La noticia de su llegada retrató una incertidumbre que no paraba de crecer y amenazaba con devorar su medio de vida. A la lista de problemas que encajaban sus abejas, ahora debían sumar un nuevo depredador capaz arrasar las colmenas que encontraba.

Como hemos podido ver a lo largo del libro, seguirles la pista a especies invasoras pequeñas no es fácil. En el caso que nos ocupa,

209 En Internet pueden encontrarse varias guías o infografías para identificar especies de avispas, además de otros insectos que se les parecen, autóctonas de España. Por poner un ejemplo, en la web mapadeavispas.com tienen una pequeña guía fotográfica.

Nido de *Vespa velutina nigrithorax Lepeletier* en Nelas, Portugal [TPM].

debemos añadir que durante el invierno las reinas fecundadas se encuentran ocultas ya que están hibernando. Sin un depredador o parásito que las rastree por nosotros, solo podemos combatirlas a partir de la primavera. En ese momento, las reinas emergen y comienzan a construir un primer nido de pequeño tamaño, el cual tiene la función de dar cobijo a las primeras obreras. Posteriormente, en verano harán un segundo nido más grande desde donde partirán las futuras reinas tras aparearse. Finalmente, cerrando el ciclo, la antigua generación acabará muriendo por el frío.

Por tanto, la lucha contra la avispa asiática se centra en la destrucción de su morada.[210] Para ello se han puesto sobre la mesa todo tipo de soluciones, desde el uso de pequeños explosivos activados con control remoto hasta el apoyo de un helicóptero con radar térmico para detectar los nidos, los cuales suelen estar a una

210 También se puede recurrir a trampas para capturar tanto a las obreras como a las reinas.

temperatura de 25 °C. También se emplean insecticidas, pero, debido a que el insecto prefiere situar su casa a gran altura, en muchas ocasiones debe recurrirse a disparar el veneno dentro de cápsulas o incluso rociarlo mediante drones. En algunas zonas, como en Santiago de Compostela, el artrópodo se convirtió en la primera causa de salida de los equipos de bomberos. Entre 2012 y 2016, sólo en el País Vasco, se destruyeron alrededor de 6500 nidos. A pesar de todos estos esfuerzos, actualmente en España la especie cuenta con miles de ellos. Por ejemplo, en 2019 se estimó que en Galicia había alrededor de unas 100.000 colonias. Como decíamos, ha llegado para quedarse.

Vamos a poner punto final a este capítulo con un par de relatos sobre parásitos. En muchas ocasiones, las historias de las especies invasoras se cruzan entre sí y dan lugar a extraños escenarios. Uno de los insectos que recaló en Hawái fue el grillo *Teleogryllus oceanicus*, que podemos encontrar en Australia además de otras regiones de Oceanía. Se cree que pudo ser introducido en el siglo XIX tras viajar en barcos, o incluso mucho antes durante la colonización de los pueblos polinesios. Tiempo después, las islas recibieron un nuevo inquilino desde América del Norte: la mosca parásita *Ormia ochracea*. En ningún otro sitio del mundo estas especies se ven las caras, salvo en este punto del océano Pacífico.

Aun así, *O. ochracea* ha encontrado la forma de sacar partido de *T. oceanicus*. Después de reproducirse, las moscas hembra surcan el aire buscando grillos machos. Sin ser conscientes del peligro que corren, estos insectos cantan con la esperanza de atraer a las hembras de su propia especie. El problema es que su verduga también puede oír la canción. Cuando los encuentra, la mosca inserta un huevo en el cuerpo de la víctima que sufrirá el destino de ser devorado internamente por una larva. Sin embargo, la evolución les ha otorgado una vía de escape, aunque quizás se trate de un callejón sin salida.

En la isla de Kauai muchos machos de *T. oceanicus* portan una mutación, la cual hace que sus alas sean inútiles para producir sonido; es decir, se han vuelto silenciosos. De esta forma, evitan ser parasitados, pero se enfrentan a un problema evidente: no pueden atraer a las hembras. A pesar de ello, son capaces de tener descendencia gracias a que se acercan a los machos rivales que cantan e interceptan a sus pretendientas. ¿Qué pasará cuando ya no quede nadie para entonar la sonata de amor? Tal vez sea el fin de la aventura de la especie en tierras hawaianas, o quizás nos sorprenda con una nueva adaptación.

Continuando con los relatos de terror y parásitos, es el momento de conocer a otra mosca. En 1997 se descubrió en las islas Galápagos la presencia de la especie *Philornis downsi*, propia de Sudamérica, que llegó a la región oculta en algún avión o barco. Una noticia nefasta para las aves endémicas del lugar, entre las que se encuentran los famosos pinzones que tanto han ayudado a explicar la teoría de Darwin. Las moscas de este insecto colocan sus huevos bajo los nidos de las aves, donde se alimentarán sus retoños. Durante la noche, las larvas emergen y se deslizan hacia el interior de los orificios nasales de los polluelos. Una vez allí, se nutren de su sangre y tejidos hasta llegar a provocar la muerte de sus víctimas.

A lo largo de su evolución, las aves de las Galápagos no han tenido que hacer frente a este tipo de larvas vampíricas. Por este motivo no presentan estrategias para defenderse de esos parásitos. El resultado es un clavo más en el ataúd de algunos animales que ya estaban encajando diversos impactos, como la destrucción de sus hábitats o la introducción de otras especies invasoras. Se calcula que existen alrededor de una veintena de especies cuya conservación está en riesgo por la expansión de la mosca. Entre ellas podemos destacar al pinzón de manglar (*Camarhynchus pauper*), el cual se encuentra en peligro crítico de extinción. Enmendar esta situación supone luchar contra un pequeño y esquivo insecto, es decir, una tarea bastante difícil de realizar. De momento, las soluciones que se barajan van desde la cría en cautividad hasta la fumigación de los nidos con pequeñas dosis de insecticida. La esperanza está puesta en la identificación e importación de algún parásito que devore al parásito. El tiempo dirá si hemos logrado librar a los pinzones de esta pesadilla.

Fred Soper, 1928 [National Library of Medicine].

XVI. FRED SOPER, EL ASESINO DE MOSQUITOS

DESDE LA HIPOFARINGE DE UN MOSQUITO

Silenciosa y discreta, la hembra del mosquito volaba entre los pasajeros del barco buscando una fuente de alimento. Durante su efímera existencia ha acabado lejos de tierra, viajando en aquella cosa de madera rodeada de agua salada. Dentro de su realidad no hay cabida para comprender la historia que se desarrolla a su alrededor. Ni para distinguir entre tripulación y esclavos. Lo único que importa es posarse sobre la piel de uno de esos mamíferos, del matiz que sea, y poner a trabajar las pequeñas herramientas, al estilo de finas agujas, que su gremio esconde dentro de la probóscide. Las dos primeras que debe usar, conocidas como mandíbulas, están armadas con pequeños dientes para perforar la piel y abrirse paso hacia la comida. Este trabajo se complementa con otras dos piezas, los maxilares, que mantienen el tejido abierto. Después es el turno del lábrum, el cual rastrea el vaso sanguíneo y succiona la sangre, una labor que es apoyada por la hipofaringe. La función de este último elemento es inyectar saliva con propiedades anticoagulantes para mantener el flujo sanguíneo. A través de esta estructura ejércitos de virus y parásitos han hallado el camino hacia los humanos.

Malaria, fiebre amarilla, dengue, fiebre chikungunya, zika o fiebre del Nilo Occidental son algunas de las enfermedades más conocidas asociadas a las picaduras de mosquitos. Debido a semejante repertorio, estos insectos se han ganado ser considerados los animales más peligrosos del mundo. Se estima que anualmente mueren unas 750.000 personas por las enfermedades que transmiten. Muchas más que las registradas por mordeduras de serpientes, las cuales ocuparían un segundo lugar con 100.000 muertes. En una escala mucho más inferior estarían los leones, con alrededor 20 víctimas, y los tiburones, que no superan la decena.[211]

Decíamos en el capítulo XV que, además de cucarachas, el comercio de esclavos ayudó a la dispersión de un animal más terrorífico. Este fue el caso del mosquito de la fiebre amarilla (*Aedes aegypti*), una especie originaria de África. Este insecto fue capaz de viajar a través del Atlántico dentro de los conocidos como *barcos negreros*. Dentro de aquellas infames embarcaciones, le bastó con un poco de agua dulce acumulada en un barril para reproducirse, mientras se alimentaba de los humanos sin distinguir su lugar de procedencia. Así fue cómo la fiebre amarilla desembarcó en América y otras regiones del planeta.

El primer brote de fiebre amarilla en América se registró en Barbados, en el año 1647, tras la llegada de un *barco negrero* holandés. En tan sólo dos años, la enfermedad se cobró la vida de 6000 personas. El mosquito se expandió por el Caribe, llevando consigo la epidemia, consiguiendo luego llegar hasta Florida y extenderse por el continente. Para 1693 la fiebre amarilla golpeó Boston, después de que la Armada Real Británica hiciera escala allí durante un viaje en dirección Quebec, mientras que en 1702 también afectaría a Nueva York. Conforme la enfermedad avanzaba por territorio americano, junto con la malaria y su propio vector del que hablaremos más adelante, se dibujó un desafortunado escenario debido a que las poblaciones africanas ya contaban con ciertas defensas frente a los virus y parásitos transmitidos por los mosquitos. Esta condición favoreció el secuestro de alrededor de 30 millones de personas del oeste central de África. Una realidad que el historiador Timothy C. Winegard describe de la siguiente forma en su libro *El Mosquito*: «Durante los siglos XVII

---

211 No vayamos ahora a querer matar todos los mosquitos del mundo. Se han identificado alrededor de 3500 especies de mosquitos y solo unos cientos de ellas se alimentan de nuestra sangre. Además, cabe recordar que también, al ser el alimento de otros animales, cumplen su función en los ecosistemas.

y XVIII, casi la mitad de todos los europeos que se aventuraron en aguas caribeñas murieron a causa de una enfermedad transmitida por mosquitos. La necesidad y la demanda de esclavos africanos se hizo muy patente. Durante los dos primeros siglos de esclavitud industrial en América, los esclavos importados directamente de África eran los más preciados: por ellos se pagaba el triple que por un europeo en régimen de servidumbre y el doble que por un esclavo indígena».

La fiebre amarilla, y su portador invasor, también moldeó a las sociedades de lugares como Nueva Orleans. Durante el siglo XVIII la ciudad formaba parte de la colonia de Nueva Francia, pero el azote de los huracanes, el dominio de los pantanos y el establecimiento de los mosquitos no se lo pusieron fácil a los franceses. El primer brote de la enfermedad ocurrió en 1796 y desde allí la epidemia se extendió siguiendo la costa del golfo de México y la cuenca del río Misisipi. Sin embargo, los ciudadanos no fueron conscientes de hasta qué punto sus acciones ayudaron a que *A. aegypti* se sintiera más cómodo en aquellas tierras. Hay que decir que, por aquel entonces, tampoco se conocía la relación entre la enfermedad y el insecto. La llegada del artrópodo coincidió con un aumento de las plantaciones de azúcar en la región de Luisiana, lo cual implicó deforestación y la construcción de canales destinados al riego y al transporte fluvial. En este ambiente, el mosquito encontró multitud de objetos, como cisternas y barriles, donde se acumulaba el agua dulce y que le proporcionaban lugares ideales para poner sus huevos. Además, la dulce caña de azúcar también debió de ser un enérgico sustento[212]. Por otro lado, el desarrollo urbanístico jugó un papel importante al proporcionar huecos y recovecos húmedos para las futuras generaciones. A estos factores debemos sumar el comercio a través del puerto de la ciudad y las líneas ferroviarias, que le abrieron las puertas hacia otras localidades.

Tras la compra de Luisiana por Estados Unidos en 1803, Nueva Orleans pasó a ser la capital del estado en 1812. Pero este cambio

212 Los machos de mosquitos no se alimentan de sangre, sino que se decantan por una dieta más dulce como néctar de flores y otras sustancias azucaradas. Por eso se dice que solo las hembras del mosquito son las que pican.

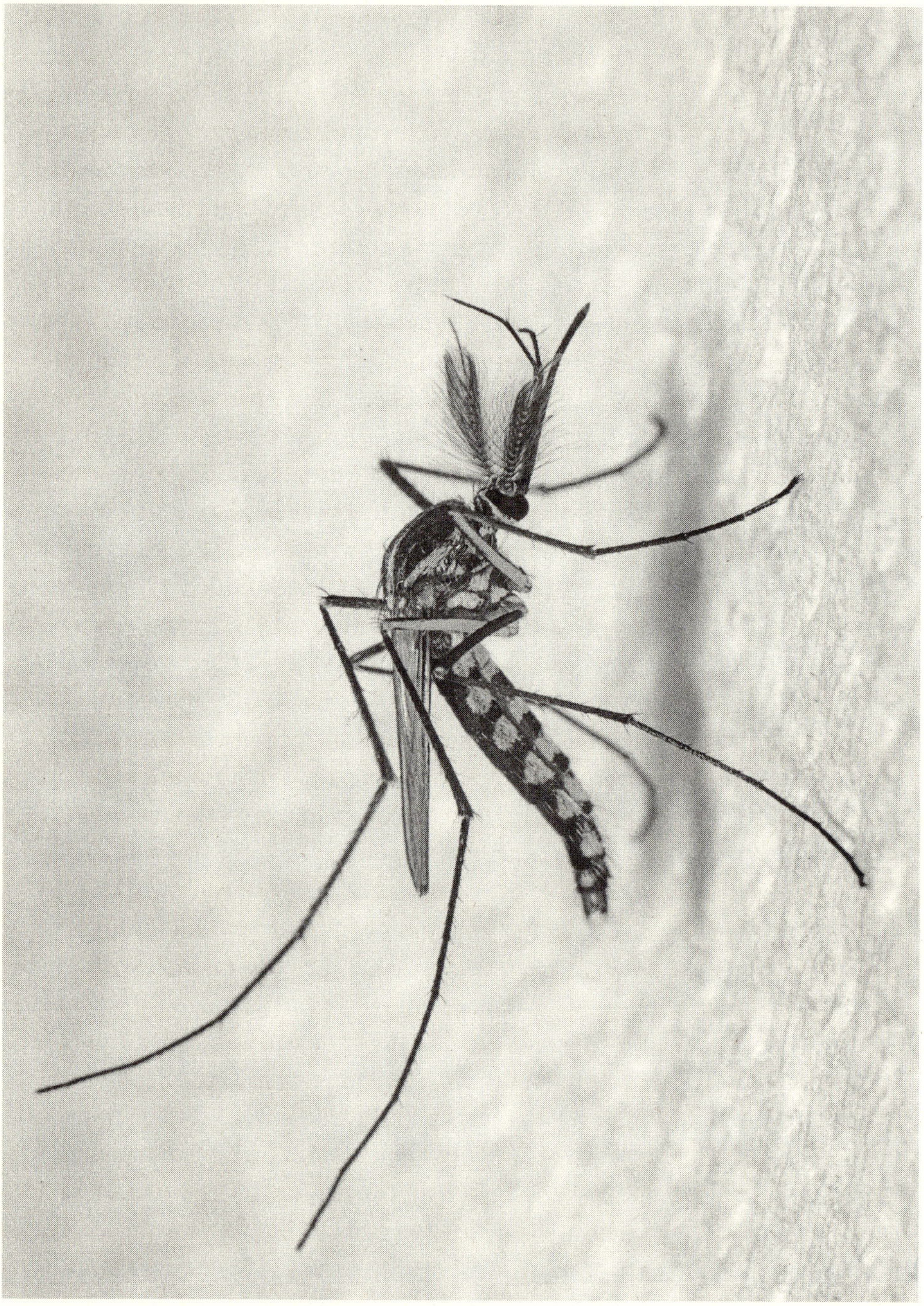

Aedes aegypti [Nuwatphoto].

histórico no pareció importarle al mosquito de la fiebre amarilla. En 1853 un brote de la enfermedad mató al 15% de la población. Pasadas seis décadas del traspaso del territorio, habían muerto más de 150.000 personas en la ciudad a manos del virus. Esta situación acabó alumbrando una sociedad con ciertos tintes de distopía. Aquellos ciudadanos que habían superado la fiebre amarilla eran conocidos como *aclimatados*, una etiqueta que les confería privilegios frente a los que aún no se habían enfrentado al virus. Esta condición les permitía acceder a empleos, préstamos bancarios o incluso la posibilidad de casarse con ciertas personas. Cuando alguien superaba la enfermedad se decía que había recibido el «*baptism of citizenship*» y podía reclamar un certificado de aclimatación, el cual le daba derecho a conseguir trabajo o iniciar negocios con los comerciantes locales. Así es como el mosquito acabó imprimiendo una nueva capa de desigualdad en la Nueva Orleans de aquella época: ricos y pobres, blancos, personas de color libres y esclavos, aclimatados y no aclimatados.

Hemos pasado de puntillas por la cuestión del desarrollo urbanístico, pero este punto es importante cuando hablamos de *A. aegypti*. La evolución de esta especie la ha llevado a tener una relación estrecha con los entornos urbanos. Es decir, presenta adaptaciones que le permiten aventurarse entre nuestras construcciones y salir airosa. ¿Cómo se ha llegado a esta situación? Antes de encontrarse con los humanos, sus antepasados vivían en las selvas del centro de África.[213] Allí se alimentaban de la sangre de primates y usaban los huecos con agua en los árboles para depositar sus huevos. Sin embargo, el retroceso de estos ecosistemas, debido a un aumento de las temperaturas, dejó a algunas poblaciones ante un ambiente seco y poco amable para sus larvas. Los distintos estudios científicos parecen indicar que los mosquitos salvaron esta situación gracias a los ambientes artificiales creados por las sociedades del Sahel. Entre sus construcciones encontra-

213 Según los estudios genéticos, *Aedes aegypti* habría surgido en Madagascar hace unos 7 millones de años, después de que sus antepasados dejaran África y se expandieran por varias islas del océano Índico, originando otras especies. Posteriormente, su linaje habría vuelto al continente africano.

ron espacios con el valioso líquido elemento para reproducirse, así como un nuevo candidato al que chuparle la sangre.

Pero para que las epidemias de fiebre amarilla fuesen una realidad se necesitaba una ficha más. Según los análisis filogenéticos, el virus que nos ocupa tiene alrededor de 1500 años y habría surgido entre las poblaciones de primates que habitaban los bosques del centro de África. En un principio, se transmitía a través del conocido como ciclo selvático, mediante el cual infecta a monos y es portado por mosquitos como *A. africanus*. En este punto, solo necesitaba que algún humano, aventurándose en la selva o que viviera en sus cercanías, fuese picado por uno de estos insectos. Las personas infectadas en estas zonas fueron la vía para que ambos elementos se encontrasen, creándose así un segundo ciclo denominado como urbano,[214] en el que *A. aegypti* se convierte en el transmisor de la enfermedad.

De esta manera, el virus de la fiebre amarilla encontró en el mosquito la forma de expandirse por otras regiones. La trata de esclavos le permitió entrar en el comercio triangular para desembarcar en puertos de América y Europa. El aumento del comercio ocurrido entre los siglos XVIII y XIX le abrieron las puertas de Asia. Entrados en el siglo XX, el movimiento de tropas durante la segunda guerra mundial también ayudó a que *A. aegypti* hallase nuevos nichos que colonizar, con el virus en sus entrañas. Por aquel entonces también estaba presente desde Portugal hasta al mar Negro, pero actualmente la especie ha desaparecido de los mapas del continente europeo. Tal vez esto se debió a la batalla contra otra enfermedad, la malaria, que se llevó a cabo en gran parte con toneladas de insecticidas. Las mejoras higiénicas y la gestión del agua también debieron jugar un papel en su desaparición. Sin embargo, en el mundo globalizado donde estamos sumergidos no debemos descartar su reaparición. Durante el verano de 2010, varios ejemplares del insecto fueron detectados en Países Bajos. Habían llegado gracias a un envío de neumáticos

214 El ciclo selvático tiene dos vertientes según se produzca en África o en América del Sur. En este último lugar, las especies de mosquitos del género *Haemagogus* y *Sabethes* actúan como vectores en la selva. Además, también se habla de un tercer ciclo, el ciclo de sabana, con aspectos de los otros dos.

desde la ciudad de Miami. En otra ocasión, en el año 2016, fueron capturados seis mosquitos adultos en el aeropuerto internacional de Ámsterdam-Schiphol, los cuales probablemente llegaron ocultos en la carga de algún avión. Ya no necesitan un barril con algo de agua para superar una larga e incierta travesía por mar.

Ilustración de *Plasmodium falciparum* [Sciencepics].

EL GENERAL PATTON DE LA ENTOMOLOGÍA

Un día, en el mes de marzo de 1930, Raymond Shannon caminaba por el delta del río Potenji, en Brasil, cuando se encontró con algo inesperado. En un charco formado por agua dulce nadaban miles de larvas de mosquitos. Su ojo de experto entomólogo las identificó como *Anopheles gambiae,* lo cual era una sorpresa, ya que dichos insectos eran propios de África, no de Sudamérica. Cerca del lugar donde las encontró había un puerto en el que recalaban destructores franceses, provenientes de Dakar, tras atravesar el Atlántico. Shannon supuso que los barcos actuaron como medio de transporte y alertó a su jefe, Fred Soper, de su presencia. Urgía actuar ante la aparición de aquellos pequeños vampiros portadores de microorganismos del género *Plasmodium*, los parásitos que provocan la malaria.

Raymond y Fred trabajaban para la fundación Rockefeller. Se encontraban en Brasil porque desde mayo de 1928 había estallado un brote de fiebre amarilla en Río de Janeiro y otras regiones del país. Los culpables eran hordas de mosquitos de *Aedes aegypti* a los que habían declarado la guerra. Soper, epidemiólogo estadounidense, aconsejó al Gobierno que abrieran los diques que contenían las mareas. Así, el agua salada acabaría de un plumazo con la potencial amenaza que suponía *Anopheles gambiae.* Pero recibió una negativa como respuesta. A lo largo de la década de 1930, la malaria se fue expandiendo por la costa brasileña siguiendo la colonización de sus portadores. Murieron unas veinte mil personas y otras cien mil se infectaron, en lo que fue una de las peores epidemias de esta enfermedad sufridas por el país.

Ante el avance del desastre, las autoridades acudieron a Soper para encontrar una solución. El epidemiólogo recurrió a la experiencia adquirida con los mosquitos de la fiebre amarilla. Gracias a este trabajo, él y su equipo habían desarrollado un protocolo para luchar contra aquellos indeseados insectos. De esta forma, diseñaron una campaña financiada con más de dos millones de dólares y unas 4000 personas empleadas. La idea consistía en rociar de verde París[215] y otros insecticidas cualquier lugar donde pudieran criar, además del interior de edificios y casas. El trabajo fue realizado de manera escrupulosa. Sobre un mapa, se asignaron las diferentes zonas a los fumigadores, que irían marcando con banderas los lugares donde ya habían actuado. Los trabajadores debían anotar con detalle todas las tareas realizadas. Los hogares, convenientemente numerados, eran revisados por rastreadores en busca de alguna señal de los invasores, desde el techo hasta los baños. A su vez, la labor de rastreo era supervisada por otras personas, que recibían una bonificación si encontraban algún mosquito rezagado.

En un artículo publicado en el periódico *New Yorker*, titulado *The Mosquito Killer*, el periodista Malcolm Gladwell asemeja a Soper con el general Patton. Ilustró su disciplina con una anécdota sucedida tras estallar un arsenal de municiones en Río de Janeiro. La catástrofe ocurrió mientras tenían lugar las labores de fumigación. Tras ojear los mapas, Fred supuso que uno de sus empleados habría muerto en la explosión, puesto que debía de encontrarse en la misma zona. Así que se puso en contacto con la familia para darles el pésame. Sin embargo, resultó que el empleado aún vivía porque no había estado en el lugar. Acabó siendo despedido inmediatamente. Pero aquella visión casi militar terminó dando resultados: *A. gambiae* fue exterminado en tres años.[216]

Hablar de la historia de Fred supone resaltar su idea más ambiciosa: el Programa Mundial de Erradicación de la Malaria, iniciado en 1955. El proyecto estaba impulsado por la Organización Mundial de la Salud y contaba con el apoyo de personajes como John Kennedy. El núcleo de esta campaña era el DDT y el objetivo era matar sólo a los mosquitos en cuyo interior se encontraban los *Plasmodium*, sin necesidad de fumigar todo el terreno. Para ello, el insecticida debía ser usado sobre las paredes interiores de

---

215 El verde de París, además de ser un pigmento compuesto por arsénico y que usaron artistas como Renoir y Van Gogh para dar color a sus cuadros, fue uno de los primeros insecticidas con los que se armó la humanidad.

216 En realidad, *Anopheles gambiae* es un complejo de especies que engloba siete especies, las cuales resultan difíciles de diferenciar las unas de otras. Tras analizar el ADN de especímenes de museo, se determinó que este episodio en Brasil fue propiciado por *Anopheles arabiensis*.

las casas. De esta forma, cuando un mosquito infectado se pose allí, para descansar y eliminar el agua sobrante de la sangre ingerida, morirá al impregnarse del veneno. Soper calculaba que cada país debía aplicar esta estrategia durante al menos tres años. Este era el tiempo que tardaba una persona en eliminar el parásito del cuerpo tras superar la enfermedad. Si tenían éxito, solo quedarían mosquitos no portadores y las naciones podrían alcanzar la erradicación de la enfermedad.[217]

Cuando esta estrategia se puso sobre la mesa, el DDT gozaba de muy buena prensa. La humanidad se había aferrado a aquella sustancia para combatir todo tipo de indeseados artrópodos. Aunque su primera síntesis se produjo en 1874, no sería usado contra los insectos hasta mediados del siglo XX. El primer paso se debió a los trabajos de Paul Hermann Müller, químico suizo, que en 1939 descubrió sus propiedades tras probar 350 sustancias. La última resultó ser eficaz para fulminar todo tipo de plagas agrícolas y especies que transmitían enfermedades como, pulgas, piojos y, por supuesto, mosquitos. El hallazgo le valió a Müller el Premio Nobel de Fisiología en 1948.

El siguiente evento importante podríamos situarlo en el proyecto Malaria desarrollado por los Estados Unidos durante la segunda guerra mundial. Nuevamente podemos volver a recurrir a las palabras del historiador Timothy C. Winegard en su libro *El mosquito,* donde explica que los estadounidenses crearon «un programa encubierto análogo al Proyecto Manhattan, para responder por fin al mosquito con su propia medicina mediante la utilización de nuevos fármacos antipalúdicos sintéticos y de los servicios del DDT como aniquilador de mosquitos». Debido a su eficacia, el insecticida fue reclutado para combatir a estos insectos y, además, para finales de la guerra empezó a comercializarse para su uso agrícola.[218]

Sin embargo, como ya hemos visto en el capítulo XV, el DDT acabó siendo una pesadilla ecológica. La voz de alarma, encar-

---

217 Soper creía que era un objetivo factible de alcanzar si se cubrían al menos un 80% de los hogares.

218 Según describe Timothy C. Winegard en su libro *El mosquito*, «en el planeta se han rociado alrededor de 1,8 millones de toneladas de DDT, de las cuales más de 600.000 toneladas se esparcieron solo en Estados Unidos».

ALGERIA (BONE). ADULT MOSQUITO DESTRUCTION. 59a

The spray head of a power sprayer. The exterior of thatched nuts is sprayed to prevent departure of mosquitoes when the interior is treated.

nada en el libro *Primavera silenciosa* de Rachel Carson, inició el declive de la era del DDT. Su uso masivo no solo segó la vida de animales, sino que además propició la aparición de mosquitos resistentes, los cuales empezaron a ser documentados ya en 1956. Las continuas evidencias de sus efectos nocivos fueron allanando el camino hacia su prohibición en Estados Unidos en 1972.[219] Para consternación de Soper, que fue un gran defensor del DDT, la humanidad también tuvo que renunciar a la idea de usarlo para erradicar la malaria y otras enfermedades.

Cuando se habla de los problemas generados por las especies invasoras suele aparecer, a modo de coletilla, una expresión del tipo «y también pueden afectar a la salud humana», casi como un factor de menor importancia. Sin embargo, a lo largo de este capítulo hemos visto cómo la llegada de *Aedes aegypti* y *Anopheles gambiae*, junto con sus indeseados compañeros, golpeó a las sociedades obligándoles a buscar desesperadamente soluciones. Escenas como la ciudad de Nueva Orleans moldeada por la fiebre amarilla, o la humanidad aferrándose ciegamente al mortal DDT, nos deben mantener alerta para actuar ante cualquier nuevo candidato.

MOSQUITOS, NEUMÁTICOS Y GENES

«*Black with silvery-white markings*». Así comenzaba la descripción que Frederick Arthur Askew Skuse, entomólogo del Australian Museum en Sydney, hacía de tres ejemplares de mosquitos procedentes de Calcuta, India. Los insectos fueron recolectados y enviados a Australia por Everard Charles Cotes, trabajador del *Indian Museum*, quien informó que eran una gran molestia en la ciudad. Skuse, el cual se encontraba a cargo de las colecciones de moscas y

219 A pesar de la prohibición de uso, Estados Unidos siguió exportando DDT hasta el año 1981. España prohibió su uso en 1977. En 2007 China dejó de producirlo, quedando solo dos países en el mundo que aún lo fabrican: India y Corea del Norte.

otros dípteros, dictaminó que se trataba de una nueva especie. Así que, en 1894, detalló científicamente su morfología en un breve artículo titulado *The banded mosquito of Bengal* y la bautizó como *Culex albopictus*. Posteriormente, la comunidad científica le cambió el nombre a *Aedes albopictus*. Aunque este artrópodo, de unos 10 mm de longitud, es más conocido como mosquito tigre.

El mosquito tigre es una especie propia del sudeste asíatico, aunque, al igual que su hermano *A. aegypti*, ha encontrado en el ser humano una forma de expandir sus fronteras. Se cree que las rutas comerciales marítimas podrían haberle servido para propagarse desde China a otros puntos de Asia como Japón y Tailandia. Hacia el siglo XVIII, gracias al movimiento de barcos por todo el globo, logró arribar a Madagascar y otras islas del océano Índico como Reunión. Por esas mismas fechas habría alcanzado Hawái desde tierras niponas, un largo rodeo que también le llevaría hasta Italia pasando por América.

Su desembarco en Estados Unidos se produjo en el año 1985 tras llegar al puerto de Houston, ciudad de Texas, en el interior de una partida de ruedas usadas que procedían de Japón. Tiempo después, en 2017, ya había sido registrada en al menos 40 estados del país y cabe esperar que lleguen a más regiones del continente. Una investigación, publicada en 2019, describió cómo la especie estaba utilizando sus «huevos como si fueran una cápsula del tiempo» para sobrevivir a los inviernos más fríos que debía encajar conforme avanza hacia el norte del país. Concretamente, habían descubierto que los huevos de las poblaciones más norteñas podían entrar en un estado donde su metabolismo se ralentiza, algo parecido a lo que ocurre en una hibernación, para eclosionar cuando las condiciones sean más favorables. Mientras, los ejemplares que viven al sur no son capaces de soportar tan bien estas condiciones. Es decir, habían documentado la adaptación del mosquito tigre para hacer frente a las condiciones locales en un período de unos 30 años.

La llegada del mosquito tigre a Europa se produjo mientras la Guerra Fría dividía el mundo en dos. Su primera detección fue en el año 1979 en Albania, por aquel entonces conocida como la República Socialista Popular de Albania, la cual se hallaba inmersa en un periodo de aislamiento internacional debido a la ruptura con la gran mayoría de las naciones. Tras haber dejado de lado a la Unión Soviética, desde 1960 el Gobierno inició relaciones comerciales con la República Popular China de Mao Zedong, nación que se convirtió en uno de los pocos socios de los albaneses. Gracias a este vínculo económico, llegaron estos insectos en el interior de algún cargamento de neumáticos usados. Curiosamente, para cuando fueron descubiertos, el acercamiento de China a Estados Unidos y las reformas iniciadas por Deng Xiaoping hicieron que el dirigente albanés, Enver Hoxha, también trabase enemistad con ellos. El mosquito tan solo necesitó una pequeña ventana al mundo europeo que le abriera la posibilidad de colonizar nuevos nichos.

Los estudios genéticos nos han permitido desentrañar, en parte, la ruta del mosquito por Europa. Desde Albania consiguió llegar a otros países de la península de los Balcanes como Grecia. Un segundo foco se inició en el norte Italia durante los años 1990 y 1991, en las ciudades de Génova y Padua respectivamente, tras llegar desde Estados Unidos en el interior de ruedas desechadas. Desde esta región se habría expandido hacia Suiza, Turquía, Croacia y Eslovenia. Posteriormente, una tercera entrada tuvo lugar en el centro de Italia, entre finales de la década de los 90 y principios de los años 2000, cuyos descendientes han podido dispersarse hacia Francia y España, además de otros países. Aunque estas rutas no fueron tan ordenadas como las hemos dibujado, ya que a lo largo de esta historia también se dieron otras introducciones las cuales reforzaron la diversidad genética de las poblaciones ya establecidas.

En España, su primera aparición se produjo en agosto de 2004 en Sant Cugat del Vallés, localidad de Cataluña. Diez años después la especie ya se encontraba en Andalucía, mientras que en 2012 hizo acto de presencia en la isla de Mallorca. Para 2016 se anunció que abarcaba todo el arco mediterráneo del país, además de avanzar hacia el interior de la península ibérica.[220] Esta expan-

220 El seguimiento de la expansión de la especie por España ha sido posible gracias al trabajo de los expertos que integran Mosquito Alert, un proyecto de ciencia ciudadana, y su *aplicación Mosquito Alert*, destinada a que cualquier ciudadano pueda avisar sobre su presencia. En su página web (http://www.mosquitoalert.com/) puede encontrarse bastante información sobre las distintas especies de mosquitos invasoras que hay en el país.

sión se produjo gracias al comercio de mercancías, pero también a través del transporte de pasajeros. Un estudio llevado a cabo en Barcelona descubrió que, por cada 1000 coches que circulaban por la ciudad, había cinco que portaban al mosquito tigre como indeseable polizón.[221]

Como seguramente ya se habrá dado cuenta el lector, el comercio de neumáticos usados ha resultado ser un gran aliado para *A. albopictus*. Dentro de ellos puede acumularse un poco de agua y, gracias al material del que están hechos, también ofrecen una buena temperatura para el desarrollo de sus huevos mientras son transportados de un punto a otro de la Tierra. Por ejemplo, entre los años 1990 y 1995 se importaron a Italia más de 93.000 toneladas métricas de neumáticos usados, parte de las cuales fueron a parar a la región del Véneto; de hecho, en este territorio localizamos a Padua, que, como hemos visto, fue uno de los puntos de entrada del mosquito tigre. Aunque no es la única especie capaz de saltar grandes distancias entre ruedas gastadas. A modo de pinceladas podemos mencionar otros casos. En la ciudad costera de Karachi, en Pakistán, se identificaron ejemplares de *A. aegypti* asociados a almacenes de ruedas. El *rock pool mosquito* americano (*A. atropalpus*) solo se encontraba en los ecosistemas del este de Estados Unidos y Canadá, hasta que este comercio lo catapultó hacia el oeste del continente y puntos de Francia, Italia y Países Bajos. En 2002, el mosquito japonés (*A. japonicus*), un insecto nativo del este de Asia, fue recolectado dentro de las instalaciones de una empresa belga dedicada, nuevamente, a los neumáticos de segunda mano.

La alarma generada por el mosquito tigre es, obviamente, su capacidad para ser el vector de enfermedades como el dengue, la fiebre amarilla, la fiebre chikungunya o el zika. Aunque esto no quiere decir que todos los mosquitos estén repletos de virus dispuestos a enfermarnos. Para que esto suceda, estos insectos deben

221 Curiosamente, en su lucha contra *Anopheles gambiae* Fred Soper se encontró con un problema similar. Cuando fueron descubiertos varios ejemplares en el interior de un automóvil, tomó la decisión de instalar una treintena de puntos de desinfección en las carreteras. Los automóviles y camiones que salían del lugar eran rociados con insecticidas. A este control debemos añadir también el del ferrocarril, además de puertos y aeropuertos.

alimentarse de personas infectadas. Este escenario es improbable si, por ejemplo, el dengue no es endémico del país donde vives. Tal es el caso de aquellos situados en Europa. El problema radica en la probabilidad, muy alta dado nuestro mundo globalizado y entregado al turismo, de que una persona se infecte con una de estas enfermedades y, al regresar, los mosquitos tigres decidan que su sangre es jugosa. Esta posibilidad comienza a ser alarmantemente real. Como si fueran pequeñas gotas que caen sobre un papel, los casos registrados de tales enfermedades empiezan a teñir los mapas de los países europeos. Por ejemplo, en 2018 se dieron los primeros casos autóctonos de dengue en España, mientras que en 2019 Francia registró pacientes con zika autóctono, los cuales tienen el dudoso honor de ser los primeros de Europa. Aunque quizás el caso más grave sucedió en el año 2007, cuando un brote de chikungunya en Italia afectó a más de 200 personas.[222] Todos ellos han sido asociados al mosquito tigre.

Debido a nuestra relación con ellos en el pasado, a las elevadas cifras de muertes que dejan en el presente o los preocupantes escenarios que surgirán en el futuro, al combinar mosquitos y cambio climático muchas personas siguen luchando contra estos insectos. La comunidad científica aún sigue rastreando sus secretos, buscando el talón de Aquiles que les haga caer. Esto ha dado lugar a investigaciones que podrían sonarnos absurdas. En los laboratorios de la Universiti Malaysia Sarawak un grupo de científicos llevaron a cabo un extraño experimento con ejemplares de *A. aegypti*: a unos los mantuvieron escuchando, en un bucle contínuo, la canción *Scary Monsters and Nice Sprites* del artista estadounidense Skrillex, mientras que a otros los dejaron en silencio. Después, evaluaron si los insectos mantenían las mismas ganas de comer y reproducirse. Los resultados demostraron que la música electrónica conseguía reducir el nivel de ataques y la cantidad de sangre tomada por las hembras, además de reducir el

222 La última epidemia de dengue que vivió Europa tuvo lugar en Grecia, durante los años 1927 y 1928. Fueron infectadas alrededor de un millón de personas y murieron más de 1000. Este caso estuvo asociado al mosquito de la fiebre amarilla (*Aedes aegypti*). Posteriormente, en 2012 la misma especie estuvo implicada en un brote de dengue en Madeira donde fueron afectadas más de 2000 personas.

apareamiento. Sabemos que los insectos usan las vibraciones de baja frecuencia para diversas funciones. Sin embargo, el ruido o cualquier sonido que esté fuera de estas franjas tiene sobre ellos efectos negativos. Los autores de esta investigación aseguraron que era la primera vez que se demostraban los efectos de la música sobre un vector del dengue. Además, añadieron que, dado que a la gran mayoría de las personas les gusta la música, merecía la pena indagar en esta línea para desarrollar alternativas a las estrategias centradas en el uso de insecticidas.

Dejemos a un lado la idea de promocionar la celebración de conciertos y la compra masiva de altavoces. Durante las últimas décadas la espada de doble filo que suponía el uso de insecticidas, por el daño medioambiental y la aparición de mosquitos resistentes, hizo que la idea de erradicar las plagas se desvaneciera del horizonte. Solo quedaba trabajar con su contención. Pero los avances científicos y tecnológicos nos han vuelto a situar frente a ese ansiado objetivo. En julio de 2019, se anunció que en China habían logrado reducir en un 94% la población de mosquitos tigre en dos islas situadas en la ciudad de Guangzhou. El método había combinado dos estrategias: la esterilización con rayos X y el uso de bacterias del género *Wolbachia*. Veamoslas por separado.

La esterilización que usa radiación es una técnica que se lleva empleando desde hace bastante tiempo contra todo tipo de plagas. El método consiste en criar la especie que se desea combatir, someter a los machos a dosis de radiación que los esteriliza y posteriormente liberarlos en el medio. Así, cuando las hembras silvestres se aparean con ellos no serán capaces de producir descendencia. Sin embargo, esta estrategia no es tan efectiva cuando tratamos con mosquitos, los cuales suelen morir antes de reproducirse. Por otra parte, tenemos a *Wolbachia*, unos microorganismos que viven dentro de algunos insectos y que son transmitidos de generación en generación a través de las madres. Fueron descubiertas en el 1924, pero no sería hasta la década de los setenta cuando se observó su potencial para impedir la reproducción de sus huéspedes. Esta extraña propiedad se debe a que existen diversas cepas de las bacterias, las cuales condicionan si la siguiente generación sale adelante o no. En resumen, si las cepas de ambos congéneres coinciden todo irá correcto, pero si son diferentes los huevos no serán viables.

Las *Wolbachia* están presentes en alrededor del 60% de las especies de insectos, entre ellas el mosquito tigre. Supongamos entonces que los mosquitos que queremos erradicar tienen una cepa A. Bastaría con criar en un laboratorio ejemplares con otra cepa B y liberar grandes cantidades de estos machos en el medio. Así conseguiríamos reducir la población hasta llevarla a su eliminación. El problema con esta estrategia es que si, por error, también soltamos hembras del tipo B todo el esfuerzo habrá sido en vano, y ahora tendremos que buscar otras candidatas para crear una nueva línea. Para evitar dicha posibilidad, los mosquitos se separan mecánicamente teniendo en cuenta el tamaño de machos y hembras. Por supuesto, este proceso no es infalible y por tanto debe de recurrirse a un examen visual que elimine a las hembras. Con el fin de evitar estos problemas, el proyecto llevado a cabo en Guangzhou decidió combinar las dos estrategias, abriendo una prometedora vía para la erradicación de la especie.

Las bacterias *Wolbachia* también han sido reclutadas para combatir a los mosquitos de la fiebre amarilla. Aunque en este caso ha sido más complicado, ya que estos microorganismos no se encuentran de forma natural en el interior de la especie. Sin embargo, un grupo de investigadores australianos logró que una cepa llegase a vivir en sus entrañas. Para ello, inyectaron las bacterias con agujas microscópicas en el interior de los huevos del insecto. Previamente, para alcanzar este objetivo, debieron crear una cepa adecuada criándola en células de mosquitos. Sus indagaciones también demostraron que, de alguna forma, *Wolbachia* conseguía que el virus del dengue no se replicase en el interior de *A. aegypti*.

Aunque, si nos referimos a la erradicación del mosquito de la fiebre amarilla, es imposible no hablar de los *Friendly Aedes*. En 2011, durante el congreso de la Sociedad Americana de Medicina Tropical e Higiene, el biotecnólogo y fundador de la empresa Oxitec, Luke Alphey, hizo un anuncio sorprendente. Entre los años 2009 y 2010 habían estado liberando millones de mosquitos macho transgénicos en la isla Caimán, situada en el Caribe. Estas acciones se habían realizado aprovechando la escasa legislación, en conveniencia con el gobierno del lugar, pero sin que la opinión pública lo supiera. Los ensayos habían salido realmente bien: la población de mosquitos fue reducida en un 80%. Por esas mismas fechas también habían iniciado ensayos en Malasia y Brasil. Concretamente, en este último país se realizaron en el suburbio de Jaureizo, consiguiendo una disminución del 95% en nueve meses.

La tecnología de Oxitec también fue puesta a prueba en Panamá en 2014, alcanzando la eliminación del 93% de la población de *A. aegypti*. Al año siguiente, mientras América sufría una epidemia de zika, las autoridades de la ciudad brasileña de Piracicaba, en el estado de São Paulo, confiaron en la empresa para liberar más de 25 millones de mosquitos transgénicos. Nuevamente, se consiguió una alta reducción, del 95%, seguida de una caída del 91% de los casos de dengue.

¿Cómo funcionan estos *Aedes* transgénicos? Podemos situar su origen en 2002, tras las investigaciones realizadas por Alphey junto a Anthony James, biólogo molecular de la Universidad de California.[223] Aquel año lograron identificar un talón de Aquiles que estaba a nuestro alcance gracias a la biotecnología: un interruptor molecular para iniciar o detener el desarrollo de los músculos que las hembras del mosquito usan para volar. Con esta valiosa información en la mano, trazaron un plan que la periodista Bijal P. Triverdi detalla de la siguiente forma en la revista *Investigación y ciencia*: «Los colaboradores diseñaron un segmento de ADN que constaba de un conjunto de genes y de las secuencias reguladoras que los activan o desactivan en el momento oportuno. El sistema funciona como un equipo de relevos. Durante la metamorfosis del mosquito desde el estadio larvario hasta el adulto, los interruptores específicos de las hembras se ponen en marcha y activan el primer gen, que produce una proteína. Esta acciona otro interruptor que moviliza al segundo gen, el cual sintetiza una toxina que destruye los músculos del vuelo de las hembras».

223 Anthony James se centró en liberar mosquitos transgénicos en Tapachula, México, pero siguiendo una estrategia radicalmente distinta. En vez de aprovecharse de la escasa regulación, se propuso ganarse primero la confianza de la población local y posteriormente pasar a la liberación de los mosquitos. Los detalles pueden leerse en el artículo *El gen destructor* de la periodista Bijal P. Triverdi en la revista *Investigación y ciencia* número 424.

De esta forma, si las hembras silvestres se aparean con los machos transgénicos, producirán una descendencia femenina incapaz de volar y que morirá antes de reproducirse al no poder alimentarse. Por otro lado, los nuevos mosquitos masculinos seguirán aportando genes letales al resto de la población silvestre.

El siguiente paso fue criar a los mosquitos en el laboratorio hasta tener el número suficiente de machos para liberarlos en el medio ambiente. Obviamente para ello hace falta que las hembras no mueran. A fin de garantizar este paso, la maquinaria molecular se diseñó para ser desactivada si los insectos son alimentados con el antibiótico tetraciclina, un elemento que no podrán encontrar en el medio natural. Además, Oxitec les añadió otro gen el cual produce una proteína fluorescente, de manera que los ejemplares transgénicos pueden diferenciarse de los silvestres porque se iluminan en rojo bajo determinada luz.

Frente a los cañonazos y daños colaterales reportados por el uso masivo de sustancias como el DDT, el desarrollo de la biotecnología ha aportado la posibilidad de crear balas específicas; es decir, ahora podemos actuar sólo contra especies concretas. Por eso, muchos ven a esta estrategia como la más prometedora. Sin embargo, se enfrenta a un gran freno: el recelo que la palabra *transgénico* produce en la sociedad. Aun así, Oxitec ya ha anunciado su siguiente gran proyecto tras conseguir el visto bueno de las autoridades de Estados Unidos. Para el año 2021 liberarán 750 millones de sus *friendly Aedes*, llamados así porque no pican a las personas, en los Cabos de Florida.[224]

Tras siglos expandiéndose por el mundo, transmitiendo enfermedades entre las naciones y sobreviviendo a los insecticidas, los más entusiastas creen que estamos asistiendo al comienzo de la erradicación real de algunos tipos de mosquitos. Realmente, parece difícil que puedan tener otro as bajo la manga que les permitan esquivar la radiación, las cepas de *Wolbachia* o los camaradas transgénicos. Ante este escenario, otros se preguntan si es ético que la humanidad decida la eliminación de una espe-

224 Al frente de Oxitec ya no se encuentra Luke Alphey. La empresa fue adquirida por Intrexon en 2015 y nuevamente fue comprada por Third Security en 2020. Actualmente su CEO es Gray Frandsen.

cie, tanto en su rango exótico como nativo, es decir, llevarla a la extinción. Los que están a favor argumentan que, al menos en el caso de *A. aegypti* cuya evolución la ha convertido en un insecto prácticamente urbano, este cometido es aceptable. De todas formas, la complejidad de las sociedades humanas, unido a un futuro incierto que estará moldeado por el cambio climático y al hecho de que compartimos el planeta con millones de mosquitos, hacen pensar que nuestra historia con estas especies está lejos de concluir. Aún quedan por escribir capítulos de mosquitos, virus y personas que luchan contra ellos.

Epílogo: una historia que nunca acaba

Imaginemos que, de alguna forma, la humanidad desapareciera de la Tierra sin dejar rastro de sus construcciones y artefactos. Quitemos todo: la Estatua de la Libertad, las ciudades, las carreteras y hasta el más simple de los objetos. Supongamos ahora que una civilización extraterrestre decide asomarse a ese planeta azul que acaban de descubrir. Allí encuentran infinidad de formas de vida: algunas muy pequeñas, otras verdes, unas corren para salvar su vida mientras que otras hacen todo lo posible por atraparlas.

Al cabo del tiempo, si tienen el mismo interés que nosotros por clasificar la vida, habrán confeccionado un extenso catálogo de especies. Algún equivalente al Charles Darwin de los extraterrestres se daría cuenta de que esos organismos evolucionan y, por tanto, están relacionados entre sí. Así lograrían describir la historia, escrita en genes y fósiles, de los linajes que pueblan la Tierra. Podemos ahora imaginar a uno de estos alienígenas, con tentáculos o no, mirando intrigado a un ser semiacuático, de cuatro patas, rechoncho, con la piel oscura y enorme boca. Sabe que el origen de aquella criatura está en cierto continente, pongamos que también lo llaman África, pero una pequeña población sobrevive en una tierra lejana, le dicen América, y separada por un enorme océano, acertadamente denominado Atlántico. ¿Cómo han llegado hasta allí?

Los sesudos extraterrestres comenzarían a lanzar distintas hipótesis y, haciendo uso de un buen método científico, empezarían a buscar pruebas para demostrarlas o descartarlas. Por ejemplo, algunos de ellos podrían asegurar que, debido al movimiento de los continentes, ambas tierras estaban anteriormente juntas y al separarse dejaron dos poblaciones aisladas. A su vez, otros argumentarían que en realidad esas criaturas son capaces de nadar grandes distancias, mientras que un tercer bando apostaría por la existencia en el pasado de una gran masa de tierra en medio del océano. Sin embargo, pronto descubrirán que el fenómeno también ocurre con otros organismos. En las islas, en todos los continentes, incluso hasta en el aislado Polo Sur, encuentran criaturas que, teniendo en cuenta su biología, no tendrían que estar allí. En ese punto, los alienígenas podrían llegar a la conclusión de que algo sucedió, antes de que ellos llegasen, y dejó su huella en todo el planeta.

La humanidad ha cubierto la Tierra con un manto que influye en toda la biosfera, dejando una profunda marca en ella. Nuestras acciones están dirigiendo el destino del resto de seres vivos. La introducción de especies podría ser identificado como uno de los jinetes de un apocalipsis ecológico. Un fenómeno que sigue abriendo nuevos capítulos mientras lees estas palabras. Es muy probable que las historias que aparecen en este libro queden desactualizadas desde el momento de su publicación. Incluso en el mismo instante en el que estoy escribiendo estas palabras, las especies invasoras son las protagonistas de nuevos episodios y tramas. Podemos citar algunos de ellos.

Durante el año 2020 cientos de estadounidenses recibieron en sus casas, desde China, paquetes que no habían solicitado. Los sospechosos envíos venían etiquetados como joyas, auriculares o juguetes, pero en su interior contenían semillas de plantas. Algunos medios de comunicación alarmistas hablaron de bioterrorismo, pero lo más probable es que se tratase de una estafa de tipo *brushing*. Mediante este sistema, un vendedor *online* usa cuentas de usuario falsas para subir las opiniones positivas de sus productos, mientras se sirve de direcciones físicas reales para los envíos. Ante la posibilidad de que esas semillas fueran de especies invasoras, las autoridades pidieron a los ciudadanos que no las sembraran y notificasen los casos. A fecha de 31 de agosto, el Departamento de Agricultura de Estados Unidos había recolectado más de 8500 paquetes e identificado unas 300 especies diferentes. Siguiendo la estela del mismo caso, la empresa Amazon anunció que ya no permitiría la importación de productos vegetales o semillas a Estados Unidos desde otros puntos del planeta.

También durante el mismo año, saltaron las alarmas en el mismo país cuando el Departamento de Agricultura del Estado de Washington confirmó que habían encontrado un ejemplar de avispón gigante asiático (*Vespa mandarinia*) en el condado de Whatcom. En esa misma región, concretamente en la ciudad de Blaine, en diciembre de 2019 se habían hallado otros dos ejemplares del temido artrópodo. El recuento, en octubre de 2020, va por unos 15 insectos; por tanto, se piensa que debe de haberse establecido una colonia en la zona. Así que los esfuerzos están centrados en encontrar el nido para eliminarlo. Incluso un entomólogo aprovechó que atrapó un avispón vivo para colocarle un rastreador que les llevase hasta la reina. Pero la operación no dio resultados. A unos 95 km de donde está sucediendo esta búsqueda, pero en tierras canadienses, están viviendo un episodio similar. En la ciudad de Nanaimo, en la isla de Vancouver, también hizo acto de presencia la especie. Aunque en este caso ya se ha logrado encontrar el nido y destruirlo.

Los avispones gigantes asiáticos también son conocidos como avispas asesinas. Motivo por el que las *murder hornets* se han hecho un hueco en la prensa y amantes del *clickbait*. Realmente el veneno de esta especie es más peligroso que el de las abejas o avispas autóctonas, además son famosas por las muertes que provocan en Japón. Sin embargo, los expertos recuerdan que los ataques a las personas son raros y, por tanto, no deberíamos dejarnos llevar por el sensacionalismo. Entonces, ¿por qué tanto interés en evitar su expansión? Al igual que su pariente, la avispa asiática (*V. velutina*), este artrópodo puede convertirse en una pesadilla para los apicultores. Las imágenes de avispones asiáticos decapitando abejas (*Apis mellifera*) y devorando las colmenas pueden ser un éxito viral en Internet, pero una nefasta noticia para parte del sector agrícola estadounidense, cuya polinización depende de las pequeñas *Apis*.

En España, mientras vivíamos el distópico ambiente impuesto por el virus SARS-CoV-2, el mosquito japonés (*Aedes japonicus*) sobrevoló los titulares al producirse un brote de meningoencefalitis, debido al virus del Nilo Occidental, en localidades de la provincia de Sevilla, Andalucía. La especie fue detectada por primera vez en 2018, pero actualmente solo se encuentra Asturias y

Cantabria, así que no tuvo nada que ver con este caso. Los verdaderos vectores fueron mosquitos de la especie *Culex pipiens* o *C. perexiguus*, ambas autóctonas del país. Aun así, más nos vale no perder la pista al recién llegado dada su afinidad con algunos virus.

Otras especies que han acaparado titulares en España durante estos meses son el cangrejo azul (*Callinectes sapidus*), presente ya desde el delta del Ebro hasta el golfo de Cádiz, el cual se está abriendo hueco en la gastronomía española; o la polilla del boj (*Cydalima perspectalis*), originaria de Asia y que avanza devorando bosques al norte de la península ibérica. También hay animales cuya expansión no ha armado tanto revuelo. En 2018 se anunció la detección en Girona, Cataluña, de luciérnagas del género *Photinus*, propias de América, que resultaron ser una nueva especie para la ciencia. La han bautizado como *Photinus immigrans*. De alguna forma, ha dejado atrás su hábitat nativo para desembarcar en Europa, donde ahora los humanos nos enteramos de su existencia.

Podría seguir, pero entonces el libro no se acabaría nunca. Tal vez hayas echado en falta la aparición de cierta planta o animal durante las páginas anteriores. O a lo mejor te han parecido demasiadas. El asunto que aquí nos ha ocupado es tan amplio que me he visto obligado a dejar de tirar de cada hilo que me encontraba. De todas formas, en estas páginas espero haber logrado sintetizar la mayoría de las cuestiones que la introducción de especies y las invasiones biológicas ponen sobre la mesa. La intención era ofrecer, en forma de crónica, una mirada a un caleidoscopio con matices ecológicos, biológicos, evolutivos, económicos, sanitarios, sociales, políticos e históricos. Si queremos sacar alguna conclusión de todas estas historias, quizás deba ser lanzada en forma de pregunta que nos invite a reflexionar: ¿qué tipo de relación queremos tener con todas las especies con las que compartimos la Tierra?

Toda saga merece una cronología

A lo largo del libro hemos ido saltando en la línea del tiempo para conocer las distintas historias y desventuras de un buen puñado de especies. Toda saga, aunque sea de un fenómeno tan caótico como el movimiento de especies a lo largo de la Tierra, merece una cronología que nos ayude a situar los diferentes eventos y relatos que han ido apareciendo. O al menos una guía para no perdernos entre tantos animales, plantas, personajes y fechas. Pero ojo, las siguientes páginas están plagadas de *¡spoilers!*

SIGLO XV

1405

Llegan a las islas Canarias los primeros dromedarios.

1492

Descubrimiento de América.

SIGLO XVI

1513

En la isla Santa Elena, descubierta por Portugal, es introducida la cabra.

1523

Desde la ciudad mexicana de Veracruz se realiza el primer envío de carmín de las Indias.

1538

El naturalista Ulisse Aldrovandi viaja por el norte de España. Posteriormente escribiría que no vio ningún cangrejo de río en la región.

1544

Fecha estimada de la llegada de la rata negra a América.

1588

Gonzalo de Liaño le escribe una carta al rey Felipe II anunciando el envío de *gambaros*, posiblemente cangrejos de ríos, a España desde la Toscana.

SIGLO XVII

1600

El *shogun* Tokugawa Ieyasu instaura el shogunato Tokugawa en Japón.

1603

Samuel de Champlain impulsa la colonización francesa de América del Norte, con especial interés en el comercio de pieles.

1625

En las islas Bermudas se hunde el buque español *San Antonio*. En su interior ya viajaban *cucarachas americanas*.

1647

El primer brote de fiebre amarilla en América se registra en Barbados, debido a la expansión de los mosquitos portadores de la enfermedad.

1662

Último registro en la isla Mauricio del dodo. El ave se extinguió debido a la caza y a la introducción de cerdos, perros, gatos, ratas y macacos cangrejeros.

1670

Se funda la Compañía de la Bahía de Hudson, empresa que jugará un importante papel en la exportación de pieles.

1693

La fiebre amarilla golpea Boston mientras los mosquitos avanzan por América.

SIGLO XVIII

1701

Final de la guerra de los castores, tras casi medio siglo de conflicto por el control del comercio de pieles de castor americano.

1702

La fiebre amarilla llega a Nueva York gracias a los mosquitos.

1711

El naturalista y coleccionista británico James Petiver da a conocer la carpa dorada en Europa a través de sus dibujos.

1727

Fecha estimada de la llegada de la rata marrón a Europa tras cruzar el río Volga.

1732

Fecha estimada de la llegada de la rata marrón a Inglaterra, a bordo de barcos que provenían de India.

1733

John Bartram se asocia con el comerciante Peter Collinson para el envío de semillas de plantas de América del Norte a Gran Bretaña. Sus envíos serán conocidos como *Bartram's boxes*.

1736

Se introduce *Rhododendron maximum* en Gran Bretaña a través de los envíos de John Bartram.

1763

Conrad Loddiges vende la primera planta de *Rododendro ponticum* al marqués de Rockingham.

1769

La expedición del capitán Cook recolecta los primeros ejemplares del caracol *Partula faba* en la Polinesia Francesa.

1770

Lauritz Andreas Thodal es nombrado gobernador de Islandia y las islas Feroe.

1771

Siguiendo una petición de Lauritz Andreas Thodal, se compran los primeros renos noruegos para ser importados a Islandia.

Mariano Tobías, gobernador de las islas Marianas, importa varios ejemplares de sambar filipinos para ser introducidos en Guam.

1775

Fecha estimada de la llegada de la rata marrón a la costa este de Estados Unidos después de viajar como polizón en barcos.

1775

El naturalista William Bowles habla de la presencia de cangrejos de río en España.

Estalla la Guerra de Independencia de Estados Unidos.

1777

Se publica el primer catálogo de plantas del vivero de Conrad Loddiges.

El botánico francés Nicalos-Joseph Thiéry de Menoville consigue sacar de contrabando plantas de chumbera con cochinilla desde México.

1780

John Fraser viaja a Terranova, Canadá. Es su primera expedición para buscar plantas después de abandonar el negocio de las telas.

1783

La fiebre de las pieles llega a California y otros territorios del oeste de norteamérica.

El volcán Laki entra en erupción en Islandia y mata a gran parte de su población.

1788

Arthur Phillip, gobernador de Nueva Gales del Sur, introduce las chumberas en Australia para criar cochinillas.

1789

John Fraser descubre la planta *Rhododendron catawbiense* en Tennessee, Estados Unidos.

1791

La ciencia describe a la especie de caracol *Partula faba*.

1795

John Fraser comienza a trabajar para Catalina la Grande, emperatriz de Rusia.

1796

La ciudad de Nueva Orleans, en Luisiana, sufre su primer brote de fiebre amarilla.

SIGLO XIX

1801

Étienne Geoffroy Saint-Hilaire regresa tras una expedición a Egipto. Trae consigo varios ejemplares de gansos del Nilo.

1804

El naturalista Wilhelm Gottlieb Tilesius describe científicamente al cangrejo de Kamchatka.

1808

Una revuelta social acaba con los intentos de aclimatación de camélidos sudamericanos en Sanlúcar de Barrameda, Cádiz.

James Veitch funda la Veitch Nurseries de Exeter.

1825

La planta *Reynoutria japonica* es introducida en Reino Unido desde Japón.

1826

El mosquito doméstico del sur llega a Hawái en el interior de barriles de agua transportados en barcos, ayudando a propagar la malaria aviar.

Fernando VII de España compra un grupo de canguros que serán repartidos entre Madrid y Sevilla.

1829

Primera cita de rododendros que se reproducen por sí mismos en Gran Bretaña.

Se completa la construcción del canal Welland, que conecta los lagos Ontario y Erie.

1832

Jeanne Villepreux-Power crea el primer acuario de vidrio para sus investigaciones en biología marina.

1836

Titus Salt crea un producto textil con lana de alpaca que le hará ganar una fortuna.

1839

Fernando VII de España adquiere un rebaño de 100 cabras de Angora provenientes de Turquía.

1840

William Lobb parte hacia Río de Janeiro como cazador de plantas para la *Veitch Nurseries*. De regalo, lleva plantas de rododendro híbridas para el emperador de Brasil.

Llega a Australia el dromedario Harry tras viajar a bordo del *SS Apolline* desde Canarias.

1841

Se crea la colonia británica de Nueva Zelanda.

1842

Auguste Hardy crea el Jardin d'Essai en la colonia francesa de Argel.

Nathaniel Bagshaw Ward publica el libro *On the Growth of Plants in Closely Glazed Cases*, en el que da a conocer las cajas de Ward.

1845

El Gobierno de Perú decreta la prohibición de exportación de alpacas y llamas.

1846

Anne Thynne empieza a estudiar corales vivos en acuarios.

1847

W. H. Benson recolecta caracoles africanos en la isla Mauricio y los libera en Calcuta, India.

1848

Luis Napoleón gana las elecciones de la II República Francesa.

1849

Expedición de Joseph Hooker a Sikkim, en el Himalaya, para buscar nuevas especies de plantas.

William Lobb es enviado por la *Veitch Nurseries* a América del Norte para recolectar plantas.

1850

El ictiólogo Pierre Carbonnier mantiene una tienda en París donde vende peces y plantas acuáticas.

1851

Luis Napoleón da un golpe de Estado en Francia.

Primeros intentos de introducir ciervos rojos en Nueva Zelanda deste Reino Unido.

1852

La coronación de Napoleón III da comienzo al segundo imperio francés.

Expedición naval de Estados Unidos, dirigida por Matthew Perry, para forzar la apertura de Japón.

Charles Ledger viaja a Sydney, en Australia, para estudiar la viabilidad de introducir alpacas y llamas.

1853

En el Zoológico de Londres se abre un acuario público dirigido por el naturalista Philip Henry Gosse.

1854

Se funda la Société Zoologique d'Acclimatation en Francia. La preside Isidore Geoffroy Saint-Hilaire.

Se publica el libro *The Aquarium: An Unveiling of the Wonders of the Deep Sea* de Philip Henry Gosse. Los acuarios se vuelven una moda en Reino Unido.

Joseph Heco se convierte en el primer japonés ciudadano de Estados Unidos.

Se extingue el picogordo de las Bonin debido a la deforestación y la introducción de gatos, ratas y cabras.

1855

Se crea la Sociedad Española de Aclimatación. La preside Mariano de la Paz de Graells.

1856

En Estados Unidos, se crea la United States Camel Corps en Texas tras importar dromedarios y camellos del norte de África.

1857

La Société Zoologique d'Acclimatation establece recompensas para la aclimatación de las especies más valoradas.

Louis-André Gosse publica el libro *Des avantages que présenterait en Algérie la domestication de l'autruche d'Afrique.*

1858

Japón firma el Tratado Harris.

Después de seis años, Charles Ledger consigue llevar alpacas a Australia.

George James Landells es enviado a la India para comprar dromedarios y camellos, que serían usados en la expedición de Burke y Wills.

1859

Isidore Geoffroy formula la *teoría de la variabilidad limitada del tipo.*

Se crea el jardín zoológico de aclimatación en el Real Jardín Botánico de Madrid.

Richard Owen organiza la *eland dinner* en la London Tavern.

Thomas Austin libera 24 conejos en los alrededores de Melbourne, Australia.

Thomas White Woodbury introduce la abeja italiana en Gran Bretaña.

Comienza la construcción del Canal de Suez.

1860

Se inaugura el jardín de aclimatación del Bois de Boulogne en París.

Se funda la British Acclimatisation Society.

Expedición al Monte Fuji, en Japón, donde participa John Gould Veitch para buscar nuevas especies de plantas.

Un barco con un cargamento de ostras portuguesas se hunde en el golfo de Vizcaya.

El cangrejo de los canales es introducido en Italia, siendo uno de los focos de la epidemia de afanomicosis.

La expedición de Burke y Wills parte desde Melbourne hacia el norte de Australia. En ella participan 26 dromedarios.

La mariposa blanquita de la col llega a Quebec, Canadá, gracias al comercio marítimo.

1861

Se publica el tratado *Acclimatation et domestication des animaux utiles* de Isidore Geoffroy.

Fallece Isidore Geoffroy.

En Australia, Edward Wilson funda la Acclimatization Society of Victoria y promueve la creación de la Acclimatization Society of New South Wales.

1862

La abeja italiana llega a Melbourne, en Australia, tras el envío en barco desde Londres de varias cepas.

Se funda la Queensland Acclimatisation Society en Australia.

George Grey compra la isla Kawau, territorio donde introducirá grandes cantidades de animales y plantas.

1863

El rey Kamehameha V accede al trono en el Reino de Hawái.

1864

En la Colonia del Cabo, al sur de África, los agricultores se centran en la cría de avestruces.

Se funda la Canterbury Acclimatisation Society en Nueva Zelanda.

Consiguen la primera introducción exitosa del conejo en la isla Southland de Nueva Zelanda.

1866

Samuel Wilton construye su primera planta de incubación experimental para criar salmones.

Los burros son importados a Australia como animales de carga y transporte.

1867

Se instaura el Gobierno Meiji en Japón, tras la renuncia del último *shogun*, Tokugawa Yoshinobu.

Los primeros ciervos axis llegan a Hawái como regalo del cónsul Van Reed al rey Kamehameha V.

El canal de Suez es atravesado por el primer barco. Después de millones de años, el mar Mediterráneo y el Rojo vuelven a estar conectados.

1868

Samuel Wilton construye un criadero de salmones a gran escala en Newcastle, Canadá.

Étienne Léopold Trouvelot comienza a criar polillas lagartas peludas en Massachusetts, Estados Unidos.

1869

Se inaugura el canal de Suez.

Se construye el primer ferrocarril transcontinental de Estados Unidos, uniendo sus costas este y oeste.

Pierre Carbonnier consigue la cría de peces del paraíso. Es la primera especie de pez tropical criada en Europa.

Arthur Douglass inventa la incubadora de avestruces.

William Cullen Bryant publica el poema *The Old-World Sparrow.*

1870

Se produce la guerra franco-prusiana, donde Napoleón III es capturado en la batalla de Sedán.

Se inicia el sitio de París. En el día de Navidad, el chef Alexandre Étienne Choron ofrece un exótico menú.

1871

Se funda la American Acclimatization Society en Nueva York.

Robert Roosevelt impulsa la creación de la United States Fish Commission.

Capitulación de París.

1872

La United States Fish Commission comienza a suministrar huevos de salmón del Pacífico a otros países. Estados Unidos realizó estos envíos hasta 1930.

La Acclimatization Society of Cincinnati, en Ohio, empieza a comprar aves europeas para introducirlas en Estados Unidos.

Pierre Carbonnier introduce la variedad *fantail* de carpa dorada en Europa.

W. Bancroft Espeut importa mangostas javanesas a Jamaica para controlar las plagas de ratas y ratones.

1873

Las plantas rodantes llegan a Dakota del Sur, en Estados Unidos, en un cargamento de semillas traídas por inmigrantes rusos.

1874

El conejo es introducido en las islas Kerguelen, después de una serie de expediciones científicas que acuden al lugar para observar el tránsito de Venus.

Pierre Carbonnier importa peces luchadores de Siam y peces colisa desde Asia a Europa.

La ostra perla del Golfo se ha establecido en el mar Mediterráneo tras cruzar el canal de Suez.

Primera síntesis de DDT.

1876

Se celebra el Centennial International Exhibition en Filadelfia. La delegación japonesa presenta un jardín con plantas, entre las que se incluye el kudzu.

Thomas Unett Brocklehurst libera varios ejemplares de ardillas grises en el condado de Cheshire, en Reino Unido, para enriquecer los bosques.

Charles Darwin publica el libro *The Effects of Cross and Self Fertilisation in the Vegetable Kingdom*.

1878

Se celebra la Exposition Universelle en París, donde es instalado un acuario dirigido por Pierre Carbonnier. Ese mismo año, el ictiólogo consiguió criar coridoras pimienta, una especie de Sudamérica.

La United States Fish Commission regala ejemplares de carpas doradas a los ciudadanos de Washington D.C.

1880

En la bahía de San Francisco se han establecido criaderos de ostras americanas traídas desde la costa este del país.

1881

En Nueva Zelanda se aprueba la *Rabbit Nuisance Act*, con el fin de dar cobertura legal a los enemigos del conejo.

1882

La hormiga argentina desembarca en la isla de Madeira.

1883

Se celebra la International Fisheries Exhibition en Londres.

Fred Mather importa truchas marrones desde Alemania para su introducción en Estados Unidos.

1884

Se celebra el World Cotton Centennial en Nueva Orleans, donde la delegación japonesa regala plantas de jacinto de agua.

1886

Edwin Cawston pone en marcha la *Cawston Ostrich Farm* en South Pasadena, California.

1888

En Oregón, la Society for the Introduction of European Songbirds compra ejemplares de aves para introducirlas en Estados Unidos.

Albert Koebele es enviado a Australia para encontrar un control biológico contra la cochinilla acanalada.

1889

Se produce el escándalo de Panamá.

El cangrejo azul nadador se ha establecido en el mar Mediterráneo tras cruzar el canal de Suez.

En Alemania se funda la Bund für Vogelschutz para proteger a las aves. Muchos ornitólogos identificaban a los gatos como una de sus mayores amenazas.

1890

Eugene Schieffelin libera varios ejemplares de estorninos en Central Park.

El cangrejo de los canales es introducido en Europa como alimento ante el declive, entre otros motivos por la afanomicosis, de los cangrejos autóctonos.

La introducción de la mariquita cardenal en California contra la cochinilla acanalada es todo un éxito.

1891

Primera detección de la hormiga argentina en Estados Unidos, en la ciudad de Nueva Orleans.

1893

Theodore Sherman Palmer publica el ensayo *The Dangers of Introducing Noxious Animals and Birds.*

1894

En la isla Stephens, el farero David Lyall descubre una nueva especie de chochín después de que la gata Tibbles le trajera varios ejemplares muertos.

El entomólogo Frederick Arthur Askew Skuse describe científicamente al mosquito tigre.

1895

Debido a la depredación de los gatos no queda rastro del chochín de Lyall en la isla Stephens.

Charles Dalton y Robert Oulton consiguen criar zorros plateados en una granja. Comienza así la cría de animales para el comercio de pieles.

1897

Cecil Rhodes introduce los estorninos en la desaparecida Rodesia, África.

Se extingue el piopio de la isla Stephens a causa de la introducción de gatos.

1898

Se produce la anexión de Hawái a Estados Unidos.

1899

Durante la segunda guerra bóer, Frederick Russell Burnham y Fritz Duquesne reciben la orden de matarse entre ellos.

1900

Oliver Collet libera varios caracoles africanos en Ceilán, actual Sri Lanka.

En Nueva Zelanda, el piopio de isla Norte se extingue debido a, entre otros factores, la depredación de gatos y ratas.

SIGLO XX

1901

En Australia comienza la construcción de una gran valla para frenar el avance de los conejos hacia el oeste.

1902

Lionel Walter Rothschild importa desde Hungría varios ejemplares de lirón gris. Algunos ejemplares escapados acabarán creando una población de miles de individuos en Inglaterra.

1903

Se crea la United States Bureau of Fisheries, en sustitución de la United States Fish Commission.

Primeras enmiendas a la *Rabbit Nuisance Act* para retirar la protección a los mustélidos introducidos en Nueva Zelanda.

La diatomea *Biddulphia sinensis*, nativa del Indo-Pacífico, se expande por el mar del Norte.

La rata de Maclear se extingue debido a la introducción de la rata negra en la isla de Navidad.

1905

Un terrateniente de Checoslovaquia libera varios ejemplares de rata almizclera en las cercanías de Praga para incentivar el comercio de pieles.

1906

La Otago Acclimatization Society importa mochuelos comunes a Nueva Zelanda para frenar la invasión de aves europeas.

Último avistamiento del pájaro campana de las islas Chatham. La introducción de gatos y ratas fue uno de los motivos de su desaparición.

1907

En Australia, finaliza la construcción de la valla contra conejos que tendría el récord de la valla ininterrumpida más larga del mundo.

1910

Robert Broussard presenta la propuesta *American Hippo Bill* con el aval de Frederick Russell Burnham y Fritz Duquesne. Además, fundan la New Food Supply Society.

En Colorado, Estados Unidos, se extingue la trucha degollada *yellowfin* debido a la introducción de peces exóticos.

1912

Último avistamiento en estado salvaje de la lisa gigante de Cabo Verde. Su desaparición se debió a las especies invasoras y a la caza.

Se registra la presencia del cangrejo de Shanghái en el río Weser, Alemania.

1914

Se inaugura el canal de Panamá.

Odón de Buen funda el Instituto Español de Oceanografía.

1916

Primera detección del escarabajo japonés en Estados Unidos, en Nueva Jersey, probablemente tras viajar en una partida de bulbos de iris.

Primeros intentos de introducción de mariquita arlequín en Estados Unidos.

1920

Primeras exportaciones del cangrejo de río americano a California, Hawái, Japón y China como alimento de la rana toro.

En Australia, alrededor de 24 millones de hectáreas de terreno están invadidas por chumberas.

1921

Sadí de Buen recibe en España un grupo de gambusias enviadas por la United States Fish Commission.

1923

En Hawái, una tormenta de arena provoca la extinción de una subespecie del ave apapame después de verse afectada por la introducción de conejos.

El alga *Asparagopsis armata*, propia del hemisferio sur, es detectada en la costa atlántica de Francia.

1924

La almeja asiática es introducida en Estados Unidos como fuente de alimento.

Se descubren las bacterias del género *Wolbachia*.

1925

Los gatos son erradicados por completo de la isla Stephens.

La Comisión de Paludismo de la Sociedad de Naciones importa gambusias a diversos países desde las poblaciones aclimatadas en España.

1926

Primeras granjas de visones americanos en Europa para el comercio de su piel.

El alga *Caulerpa racemosa* es detectada en las costas de Túnez, probablemente tras migrar a través del canal de Suez.

1927

Grecia es golpeada por una epidemia de dengue, vinculada al mosquito de la fiebre amarilla, que durará hasta 1928.

1929

Viaje de John Golding Myers en un barco cargado de arroz.

Primera liberación de ejemplares de rata almizclera en el territorio continental de la Unión Soviética.

1930

La llegada de mosquitos africanos provoca una epidemia de malaria en Brasil.

1931

La sequía en Estados Unidos afecta a los estados de las Grandes Llanuras, promoviendo la formación de *black blizzards.*

El caracol gigante africano es detectado en la ciudad china de Xiamen, tras llegar como polizón en un cargamento de plantas.

1932

Joseph Stalin promueve la introducción de cangrejos de Kamchatka en el mar de Barents, aunque el experimento resultó en fracaso.

Se celebra un juicio en Garmish contra amantes de las aves que habían matado varios gatos de la ciudad.

1933

Franklin Roosevelt se convierte en el trigésimo segundo presidente de Estados Unidos. Una de sus primeras medidas es la puesta en marcha del Civilian Conservation Corps.

En Bengala, se aprueba el *Bengal Water Hyacintth Bill* para hacer frente al jacinto de agua.

Kumaichi Shimojo consigue introducir con éxito el caracol gigante africano en Formosa, actual Taiwán. La especie se extenderá por los territorios ocupados por Japón durante la segunda guerra mundial.

1934

Una gigantesca tormenta de polvo llega a Nueva York desde la región de las Grandes Llanuras.

Se pone en marcha el *Great Plains Shelterbelt* para frenar las tormentas de arena en Estados Unidos. Son sembrados 200 millones de árboles.

Se libera un grupo de mapaches en Alemania para enriquecer la fauna.

La revista *Nature* publica el artículo *Toads Save Sugar Crop.*

En el periódico *The Inverness Courier* se publica la historia sobre el supuesto primer avistamiento de Nessie.

1935

Se introducen los sapos de caña en Australia de la mano del Bureau of Sugar Experiment Stations.

El 15 de abril se produce el Domingo Negro debido a una gran tormenta de arena. El periodista Robert Geiger bautizó el fenómeno como *Dust Bowl.*

Se crea el Soil Conservation Service para proteger los suelos de Estados Unidos.

1936

Las pérdidas por el *Dust Bowl* ascienden a 25 millones de dólares por día.

Sadí de Buen Lozano es fusilado en Córdoba durante la guerra civil española.

Se producen varias introducciones del caracol gigante africano en Hawái.

1937

Varios ejemplares de tarpón son detectados en el lado pacífico del canal de Panamá. Es la primera especie de pez en cruzar el canal.

Las lampreas marinas se han establecido en los lagos Hurón y Michigan después de atravesar el canal de Welland.

El Australian Council for Scientific and Industrial Research realiza ensayos de campo en la isla Wardang para probar la efectividad del virus del mixoma contra los conejos.

1939

La Unión Soviética libera poliquetos en el mar Caspio para favorecer el crecimiento de esturiones.

Termina la sequía en Estados Unidos. Debido a las medidas de protección del suelo, se han introducido y sembrado en el país plantas como el taray o el kudzu.

En Bengala se celebra la *Water Hyacintth Week* para erradicar al jacinto de agua.

En New Hampshire, Estados Unidos, se extingue la trucha de plata por la introducción de peces exóticos.

El químico Paul Hermann Müller descubre las propiedades insecticidas del DDT.

1940

En la isla Decepción, situada en la región antártica, es detectado una especie de colémbolo del ártico.

1945

Varios mapaches escapan de una granja de pieles tras un bombardeo al este de Berlín durante el desarrollo de la segunda guerra mundial.

El percebe *Austrominius modestus*, nativo de Australia y Nueva Zelanda, se ha establecido en las costas del sureste de Inglaterra.

1946

Tom Lamb transporta 20 castores americanos a Tierra de Fuego. La importación es un encargo del Gobierno argentino de Perón para incentivar el comercio de pieles.

Las lampreas marinas se han establecido en el lago Superior, colonizando así todos los Grandes Lagos.

En Estados Unidos, más de un millón de hectáreas han sido sembradas con kudzu por el Civilian Conservation Corps.

1947

Se crea la Estación Central de Producción y Aclimatación de la Unión Soviética.

1950

Frank Fenner lidera la liberación del virus del mixoma en Australia para controlar las poblaciones de conejos.

1952

Paul-Féliz Armand-Delille libera el virus del mixoma en su finca al norte de Francia, lo que provoca una plaga en toda Europa.

1954

Primeras sueltas de la perca del Nilo en el lago Victoria.

El pasto azul de Kentucky llega a punta Cierva, en la Antártida, gracias a unos experimentos de aclimatación de árboles.

1955

Se introduce al caracol lobo en Hawái desde Florida para controlar al caracol gigante africano.

El huracán Janet afecta gravemente a la población de jutía de las islas Santanilla. La especie se acabará extinguiendo tras la introducción de gatos.

Se crea la Great Lakes Fishery Commission para erradicar la población de lampreas marinas en la región de los Grandes Lagos.

La Organización Mundial de la Salud impulsa el Programa Mundial de Erradicación de la Malaria centrado, en su mayoría, en el uso del DDT.

1956

En la provincia de Almería, España, se siembran varias especies de agave para promover la economía.

Primera documentación de mosquitos resistentes al DDT.

1958

Se publica el libro *The Ecology of Invasions by Animals and Plants* de Charles Elton.

La Unión Soviética ha liberado más de 1000 mapaches en sus territorios.

1960

Los hermanos Don y Brain Hunt fundan la empresa International Animal Exchange.

En el aeropuerto internacional Logan se estrella el avión 375 de Eastern Air Lines tras encontrarse con una bandada de estorninos.

Los castores americanos han llegado a la región de Tierra de Fuego gestionada por Chile.

El descubrimiento de cangrejos de Kamchatka juveniles permitirá que la Unión Soviética introduzca la especie en el mar de Barents.

1962

Los Gobiernos de Kenia y Uganda comienzan a liberar perca del Nilo en el lago Victoria para revitalizar la pesca.

Se funda el Loch Ness Phenomena Investigation Bureau para buscar a Nessie.

1963

Sterling North publica la novela *Rascal: A Memoir of a Better Era.*

La planaria de Nueva Zelanda es detectada en Belfast, Reino Unido.

James Dickey publica el poema *Kudzu* en el periódico *The New Yorker.*

1965

Roy Mackal comienza a investigar el lago Ness.

En Nueva Zelanda, Tim Wallis compra un helicóptero para cazar ciervos en Fiorland.

Se extingue el lagarto de la isla Santo Estéfano debido a la introducción de gatos y serpientes, entre otros factores.

1966

En la isla Kawau se descubre que entre los walabíes invasores se encuentra una especie extinta en Australia.

1967

Se extingue el zorro volador de Guam debido a la depredación de la culebra arbórea del café.

1968

Gracias al comercio de mascotas, la cotorra argentina ha establecido colonias en diez estados de Estados Unidos.

1969

Nueva Zelanda legaliza la cría de ciervos en granjas.

Una enfermedad vírica ataca a las ostras portuguesas cultivadas en Europa.

Se estrena en Estados Unidos la película *Rascal*, de Walt Disney Pictures.

En la isla de Guam, se extingue el carricero ruiseñor debido a la depredación de la culebra arbórea del café.

1970

Se introduce el arruí en Murcia por parte del Instituto para la Conservación de la Naturaleza.

Una enfermedad producida por un parásito ataca a las ostras planas cultivadas en Europa.

El alga japonesa *Sargassum maticum* llega a Europa asociada a las conchas de ostras japonesas.

Primera introducción de la carpa asiática plateada en Estados Unidos.

1971

La Unión Soviética ha liberado más de 20.000 visones americanos en 250 regiones diferentes de su territorio.

1972

Estados Unidos prohíbe el uso del DDT, pero no su producción.

1973

Andrés Salvador de Habsburgo-Lorena promueve la introducción del cangrejo de río americano en Badajoz, España.

1974

Primera introducción de cangrejo señal en España, por parte de la industria cangrejera de Guadalajara y Soria.

Se introduce el cangrejo de río americano en las marismas del Guadalquivir. Este proyecto es promovido por Andrés Salvador de Habsburgo-Lorena y el Instituto para la Conservación de la Naturaleza.

En Bélgica, el dueño de un zoológico libera varios ejemplares de cotorras de Kramer para darle más color al país.

1977

En Japón se estrena el anime *Rascal the Raccoon*, que populariza los mapaches como mascotas.

En el río Riaza, en España, la afanomicosis se ceba con los cangrejos de patas blancas.

En las aguas del lago Ness es detectado el gusano invasor *Phagocata woodworthi*.

España prohíbe el uso de DDT.

1978

China comienza el programa Gran Muralla Verde.

Escobar compra el terreno que se convertirá en la Hacienda Nápoles.

1979

En Albania se produce la primera detección del mosquito tigre en Europa. Llegaron desde China gracias al comercio de neumáticos usados.

Primeros registros de pitones de Birmania en los Everglades, Florida, tras ser importada la especie como mascota.

1980

Los bosques de Tierra de Fuego sufren los efectos del *Beavercene*.

El mejillón cebra es detectado en la región de los Grandes Lagos.

1981

La afanomicosis ha acabado con la mayoría de las poblaciones de cangrejos de patas blancas en España.

1982

Se registra por primera vez al ctenóforo *Mnemiopsis* en el mar Negro.

Primera compra de hipopótamos por parte de Pablo Escobar.

Las mariquitas arlequín son importadas por primera vez a Europa.

1983

Se extingue el ave monarca de Guam debido a la depredación de la culebra arbórea del café.

La perca del Nilo ya es el pez más abundante del Lago Victoria.

La almeja de Manila es liberada en el mar Adriático por parte de Italia para contrarrestar el declive de almejas autóctonas.

En Zaragoza se produce la primera introducción del cangrejo *yabbie* en España.

Escapan ejemplares de visones americanos de una granja de piel en Barcelona tras un incendio forestal.

1984

El alga *Caulerpa taxifolia* es detectada en el mar Mediterráneo tras escapar del acuario de Mónaco.

El ciclón Hortensia golpea Galicia, liberando visones americanos de varias granjas de pieles.

1985

En Estados Unidos, el mosquito tigre desembarca en Houston, Texas, gracias al comercio de neumáticos usados.

1986

Primeras introducciones de la mariquita arlequín en Sudamérica.

1987

Se pone en marcha el programa de introducción de peces exóticos en el río Sepik, en Papúa Nueva Guinea. Estas acciones se hicieron con el aval de las Naciones Unidas.

1988

Se detecta una población de mariquita arlequín en Luisiana, Estados Unidos, en rápida expansión.

1989

En el mar Negro, la invasión de *Mnemiopsis* ha provocado el colapso de los recursos pesqueros.

1990

Los mosquitos tigre llegan a Italia gracias al comercio de neumáticos usados.

Visones americanos escapan de una granja de pieles abandonada en Teruel.

1991

El pez león rojo es registrado en Haifa, Israel, tras cruzar el canal de Suez.

1992

El huracán Andrew provoca graves daños en Estados Unidos y, según mitos urbanos, podría haber liberado a las pitones de Birmania y peces león en Florida.

El cangrejo de Shanghái se establece en la bahía de San Francisco.

Se celebra la Exposición Universal de Sevilla.

1993

Primera detección de picudo rojo en España, en la provincia de Granada, debido al comercio de palmeras ornamentales.

Muere Pablo Escobar.

1995

Primera liberación del pacú de vientre rojo en el río Sepik, de la mano del proyecto FISHAID de Naciones Unidas.

Tras la liberación accidental de un calicivirus, las poblaciones de conejo en Australia empiezan a sufrir la enfermedad hemorrágica del conejo.

Se estrena la película *Pocahontas* en España, que vuelve populares a los mapaches.

1997

La mosca parásita *Philornis downsi* es localizada en las islas Galápagos, poniendo en serio riesgo la supervivencia de pinzones y otras aves.

1998

Empieza a aplicarse el Tratado Antártico que, entre otras funciones, trata de proteger la Antártida de invasiones biológicas.

1999

El alga *Caulerpa taxifolia* se extiende más de 300 km por la costa mediterránea, entre Francia e Italia.

SIGLO XXI

2001

Se detecta al mejillón cebra en los ríos de España.

En Estados Unidos se venden unas mil especies diferentes de peces marinos para acuariofilia.

2003

Muere el último ejemplar de *Nesiota elliptica*, un olivo endémico de la isla de Santa Elena. La extinción de la especie está asociada a la deforestación y a la introducción de cabras en el siglo XVI.

Se detecta una población de mapaches en el parque regional del Sureste de Madrid.

2004

La avispa asiática llega al puerto de Burdeos, en Francia, oculta en mercancía procedente de China.

Primera aparición del mosquito tigre en España, en Sant Cugat del Vallés, localidad de Cataluña.

En Hokkaido, Japón, los daños agrícolas producidos por los mapaches ascienden a 300.000 dólares anuales.

Un estudio demuestra que algunas especies de serpientes australianas se han adaptado ante la presencia del sapo de caña.

2005

El Frente de Liberación Animal actúa en una granja de pieles en Santiago de Compostela, Galicia, liberando visones americanos. Estas acciones se repiten en varias fechas y localidades diferentes de España.

Se celebra la primera edición del Redneck Fishing Tournament para controlar las poblaciones de carpa asiática plateada en el río Illinois.

Se calcula que en Australia viven alrededor de cinco millones de burros salvajes.

Se extingue la paloma perdiz de las Salomón debido a las especies invasoras, la deforestación y la caza.

2006

Muere Max, el cerdo vietnamita de George Clooney. La raza de cerdo se ha vuelto popular porque varios famosos tienen estos animales como mascotas.

2007

Un brote de chikungunya, asociado al mosquito tigre, afecta a más de 200 personas en Italia.

China deja de producir DDT.

2009

El hipopótamo Pepe es abatido a tiros en Puerto Berrío, Colombia.

Se calcula que en Australia viven un millón de dromedarios y camellos salvajes.

La población de cotorras en Reino Unido se estima en 40.000 ejemplares.

Las picaduras de medusas nómadas causan más de 800 hospitalizaciones en Turquía.

2010

Se confirma la presencia de avispa asiática en España, en localidades de Navarra y País Vasco.

En Estados Unidos se venden más de 2300 especies diferentes de peces marinos para acuariofilia.

Se detectan los primeros peces león en las costas de Venezuela y Colombia.

2011

Se descubren rododendros invasores en Reino Unido que tienen genes de varias especies, proponiéndose que estas plantas se llamen *Rhododendron x superponticum*.

Un terremoto de magnitud 9,1 golpea Japón. El tsunami provocado afecta a la central nuclear de Fukushima.

La avispa asiática es detectada en Bélgica.

La empresa Oxitec anuncia que lleva dos años liberando mosquitos de la fiebre amarilla transgénicos para controlar su población en isla Caimán.

2012

Se publica la descripción de *Mimulus peregrinus*, especie que habría surgido en Reino Unido tras la hibridación de dos especies exóticas.

El pez león es detectado en Chipre.

En el mar Mediterráneo se contabilizan unas 955 especies invasoras.

Llega a la costa de Oregón, en Estados Unidos, un muelle japonés arrastrado por el tsunami de 2011.

La avispa asiática es registrada en Italia.

El mosquito tigre hace acto de presencia en la isla de Mallorca.

Un brote de dengue en Madeira, vinculado al mosquito de la fiebre amarilla, afecta a más de 2000 personas.

El cangrejo azul, especie propia del océano Atlántico occidental, es detectado en el delta del Ebro, Cataluña.

2013

La avispa bicolor, nativa de Hainan, se establece en Málaga.

2014

Se detectan los primeros peces león en arrecifes del sureste de Brasil.

Varias especies de peces globo han sido pescadas en las costas mediterráneas españolas tras cruzar el canal de Suez.

En España han sido introducidas un mínimo de diez especies de planarias debido al comercio de plantas.

El mosquito tigre ya se encuentra en Andalucía, España.

La empresa Oxitec libera mosquitos de la fiebre amarilla transgénicos en Panamá.

En Alemania, hace acto de presencia la avispa asiática.

2015

Se cifra en más de 13.000 las especies de plantas introducidas a nivel mundial.

Millones de mosquitos transgénicos de la empresa Oxitec son liberados en el estado de São Paulo, Brasil.

2016

La población de cotorras de Kramer en Europa ronda los 85.000 ejemplares.

En Australia se liberan *quolls* del norte entrenados para no comer sapos de caña.

Fallece el último ejemplar de caracol *Partula faba* en el zoológico de Edimburgo, menos de 250 años después de ser descrito.

Las algas *Dictyota pinnatifida* y *Rugulopteryx okamurae* invaden la región del estrecho de Gibraltar.

La avispa asiática llega a Reino Unido.

2017

Se estima que en Reino Unido hay más de 3 millones de ardillas grises.

Polémica con una campaña publicitaria de los cereales *Honey Nut Cheerios* por implicar especies de plantas invasoras.

Australia libera una nueva cepa del calicivirus que produce la enfermedad hemorrágica del conejo.

La población de gatos salvajes en Australia se estima entre 2 y 6 millones de individuos. Cada año, depredan a millones de aves, pequeños mamíferos y reptiles.

El Fish and Wildlife Service de Florida contrata a dos cazadores de la etnia itula de India para cazar pitones de Birmania. Posteriormente, el South Florida Water Management District comienza a emplear ciudadanos estadounidenses para la misma labor.

Se han detectado poblaciones de cerdolíes en Valencia, Madrid, Cataluña, Castilla y León, Aragón y Navarra.

El cangrejo azul ya se encuentra en el golfo de Cádiz.

2018

Más de 100.000 castores americanos habitan Tierra de Fuego.

Se contabilizan más de 11.000 especies de animales y plantas introducidas en sólo 20 países del mundo.

En España, el avispón oriental logra establecerse en Algeciras, en la provincia de Cádiz.

En Girona, Cataluña, se descubre una nueva especie de luciérnaga cuyo origen es desconocido.

Primeros casos de dengue autóctonos en España, asociados al mosquito tigre.

El mosquito japonés es registrado en Asturias, España.

2019

Plantas rodantes paralizan la circulación en una carretera en el estado de Washington durante la Nochevieja de 2019.

Alrededor de 25 especies de loros exóticos se están reproduciendo con éxito en Estados Unidos.

El avispón gigante asiático es detectado en el estado de Washington, Estados Unidos, y en Columbia Británica, Canadá.

En Hawái muere el caracol George, último ejemplar de su especie.

En Francia se producen los primeros casos autóctonos de zika de Europa, asociados al mosquito tigre.

En Guangzhou, China, se logra reducir la población de mosquitos tigre gracias a una técnica que combina esterilización con rayos X y bacterias *Wolbachia*.

2020

Ante la invasión del pez león, el Gobierno de Florida decide usar un ROV sumergible para cazar a los peces.

Desde el año 2017, han sido cazadas alrededor de 5000 pitones birmanas en los Everglades, Florida.

La empresa Oxitec anuncia que liberará 750 millones de *friendly Aedes* en los Cabos de Florida, Estados Unidos, a partir del año 2021.

Se calcula que en el río Magdalena, Colombia, hay una población de hipopótamos salvajes de entre 60 y 80 ejemplares.

En todo el mundo, el número de especies invasoras rondaría las 18.000.

To be continued...

BIBLIOGRAFÍA

PRINCIPAL

The Ecology of Invasions by Animals and Plants, Charles Sutherland Elton. University of Chicago Press.

¿De dónde son los camellos?, Ken Thompson. Alianza Editorial.

Tinkering with Eden: A Natural History of Exotics in America. Kim Todd. W. W. Norton & Company.

Exotic Intruders. The introduction of plants and animals into New Zealand, Joan Druett. Heinemann.

The Dangers of Introducing Noxious Animals and Birds, Theodore Sherman Palmer. HardPress Publishing.

La naturaleza en peligro, Miguel Delibes de Castro. Editorial Booket.

Océano de vida, Callum Roberts. Alianza Editorial.

Global Register of Introduced and Invasive Species <http://www.griis.org/>

Global Invasive Species Database <http://www.iucngisd.org/gisd/>

CAPÍTULO I. LOS HIPOPÓTAMOS DE PABLO ESCOBAR

Pablo Escobar, mi padre: Radiografía íntima del narco más famoso de todos los tiempos. Juan Pablo Escobar. Editorial Península Huellas.

Wild Hippos in Colombia. Aliens: The Invasive Species Bulletin Nº 32.

Colombia's hippo population is a fascinating ecological conundrum. Anthropocene Magazine

"El manejo de los hipopótamos en Colombia debe ser con la razón y no con el corazón" Mongabay.

The hidden costs of invasive species. Geographical.

Drug lord's hippos make their mark on foreign ecosystem EurekAlert.

Alien species are primary cause of recent global extinctions. EurekAlert.

New alien species invasions still rising globally. Science Daily.

Invasive species aren't just a 'first world' problem. Futurity.

Estos son los lugares de expansión de las plantas exóticas. Agencia SINC.

Los científicos advierten sobre el aumento de las amenazas de las especies invasoras. Agencia SINC.

Especies invasoras, un agujero millonario en las arcas de Europa. Efe Verde.

Pablo Escobar's hippos: A growing problem. BBC.

Los hipopótamos de Pablo Escobar, la herencia de la que Colombia intenta deshacerse. El País.

El 40% de las especies de ave pierde población. El País.

Pablo Escobar usó heces de hipopótamos para despistar a perros antinarcóticos. ABC.

Nace el primer catálogo mundial de especies invasoras. La Vanguardia.
Las autoridades colombianas deciden castrar a los hipopótamos del narcotraficante Pablo Escobar. El Periódico.
La Hacienda Nápoles: el zoo privado de Pablo Escobar. Debate.
Exportaciones, la solución al problema de los hipopótamos en Antioquia. El Colombiano.
Plan turístico en el Magdalena Medio antioqueño incluye tour para navegar cerca de hipopótamos. Caracol TV.

CAPÍTULO II. ISIDORE GEOFFROY Y LAS SOCIEDADES DE ACLIMATACIÓN
El zoológico del Museo de Ciencias Naturales de Madrid: Mariano de la Paz Graells (1808-1898), la sociedad de aclimatación y los animales útiles, Santiago Aragón Albillos. Editorial CSIC.
Acclimatation et domestication des animaux utiles, Isidore Geoffroy Saint-Hilaire.
Penguins, pineapples and pangolins, Claire Cock-Starkey. Bristish Library.
Life of Frank Buckland, George C. Bompas.
Rescued grey squirrels to be killed under new law – but Britain's 'invasive' problem runs much deeper. The Conversation.
In defence of the grey squirrel, Britain's most unpopular invader. The Conversation.
Resurgent pine martens could be good news for red squirrels. The Conversation.
Solution to the grey squirrel crisis – pastry, a roux sauce, mushrooms and hazelnuts. The Conversation.
El caso de William & Frank Buckland. Cultura Científica.
Interbreeding turned grey squirrels black. EurekAlert.
100 years of the starling. The New York Times.
The birds of Shakespeare cause US trouble. BBC.
Daylight robbery: grey squirrels stealing millions of pounds of bird seed a year. The Guardian.
'If you want red squirrels, you have to kill greys'. The Guardian.
How Prince Charles plans to sterilise the nation's squirrels – with Nutella. The Guardian.
The ultimate ethical meal: a grey squirrel. The Guardian.
'Like rabbit, but sweeter': the verdict on eating squirrel. The Telegraph.

CAPÍTULO. III EL NEGOCIO DE CONRAD LODDIGES
The Effects of Cross and Self Fertilisation in the Vegetable Kingdom, Charles Darwin.
Seeds of Hope: Wisdom and Wonder from the World of Plants, Jane Goodall. Grand Central Publishing.
Rhododendron ponticum in Britain and Ireland: Social, Economic and Ecological Factors in its Successful Invasion. Environment & Society Portal.
Botanical Transculturation: Japanese and British Knowledge and Understanding of Aucuba japonica and Larix leptolepis 1700-1920. Environment & Society Portal.
Plant Transfers in Historical Perspective: A Review Article. Environment & Society Portal.
Origin and evolution of invasive naturalised material of Rhododendron ponticum L. in the British Isles. Molecular Ecology.
Mimulus peregrinus (Phrymaceae): A new British allopolyploid species. PhytoKeys.
Speciation by genome duplication: Repeated origins and genomic composition of the recently formed allopolyploid species Mimulus peregrinus. Evolution.
Introduced plants as novel Anthropocene habitats for insects. Global Change Biology.
Introduced species overlooked in biodiversity reporting. Science Daily.

How a Glass Terrarium Changed the World. The Atlantic.
Darwin Correspondence Project, "Letter no. 5621".
Darwin Correspondence Project, "Letter no. 7210".

CAPÍTULO IV. EL PLAN DE FRANKLIN ROOSEVELT
American Hippopotamus. Jon Mooallem.
Fighting With a Weed: Water Hyacinth and the State in Colonial Bengal, c. 1910–1947. Environment & Society Portal.
A synoptic review of Tamarix biocontrol in North America: tracking success in the midst of controversy. BioControl.
South Africa's invasive species guzzle precious water and cost US$450 million a year. Nature.
China's tree-planting drive could falter in a warming world. Nature.
The Secret Life of Kudzu. Scientific American.
Invasive alien plants in South Africa pose huge risks, but they can be stopped. The Conversation.
El arado que desató el Apocalipsis. Jot Down.
Don't Plant Those "Bee-Friendly" Wildflowers Cheerios Is Giving Away. Lifehacker.
Were Those Cheerios Seeds Really So Bad? An Investigation. Lifehacker
Go Ahead and Plant This Year's Cheerios Seeds. Lifehacker.
Monster tumbleweed: Invasive new species is here to stay. EurekAlert.
La lucha contra las especies invasoras amenaza a otras en peligro de extinción. Agencia SINC.
Un 60% de las plantas invasoras de España proceden de la jardinería. Efe Verde.
Terrifying Tumbleweeds Take Over California City, Trapping Residents Inside Homes. Huffington Post.
Tumbleweeds blocked a Washington state highway, trapping people in their cars. CNN.
Las cabras que defienden a EE. UU. de las especies invasoras. BBC.
Castration and electrocution to stop invasive species on Exmoor. Devon Live.
El camalote del Guadiana el que «más semillas produce del mundo». Eldiario.es.
The Dust Bowl. Serie documental dirigida por Ken Burns.

CAPÍTULO V. UN REGALO PARA EL REY KAMEHAMEHA V
La caza como recurso renovable y la conservación de la naturaleza, Jorge Cassinello Roldán. Editorial Los libros de la catarata.
'Nature in League with Man:' Conceptualising and Transforming the Natural World in Eighteenth-Century Scandinavia. Environment & Society Portal.
The story of the fallow deer: an exotic aspect of british globalisation. Australian & New Zealand Environmental History Network.
The hard men of helicopter deer hunting. NOTED.
Las evidencias científicas aconsejan descatalogar al arrui ibérico del listado de especies invasoras. Eldiario.es.
El PP presenta en el Congreso el cambio legal que indultaría al arrui y otras invasoras. La Verdad.
Deer imported from Japan in 1867. Nupepa Kuokoa.
Deer of Kamehameha V., 1867. Ke Au Okoa
Near tragedy caused by Kamehameha V's deer, 1868. Ka Nupepa Kuokoa.

CAPÍTULO VI. UN ENCARGO PARA TOM LAMB
The Beavercene: Eradication and Settler-Colonialism in Tierra del Fuego. Environment & Society Portal.

Argentina brought beavers to Tierra del Fuego. It was not a good idea. National Geographic.
Invasores (1): El visón americano. Naukas.
La guerra de los castores, el conflicto más sangriento de la historia de América del Norte. La Brújula Verde.
Invasive beavers: Bad for the climate. EurekAlert.

La población de mapaches está fuera de control en Europa. Agencia SINC.
How Foxes in the Aleutian Henhouse Doomed Islands' Plant Life. The New York Times.
Un grupo de activistas libera 30.000 visones americanos de una granja en Galicia. ABC.
Liberar visones de granja no es defender el medio ambiente. El Mundo.
Quedan 500 visones europeos en España y tienen un enemigo, el visón americano. 20 Minutos.
La fuga de visones en las granjas peleteras obliga a gastar 16 millones de dinero público. Eldiario.es.
Treinta y cinco años del Hortensia, el ciclón que se mantiene en la memoria colectiva de los gallegos como la tormenta perfecta. La Voz de Galicia.
Charles Dalton. Dictionary of Canadian Biography.
Robert Trenholm Oulton. Dictionary of Canadian Biography.

CAPÍTULO VII. LA GRANJA DE SAMUEL WILMOT

Extinciones causadas por la pesca. Investigación y ciencia N° 507.
Cosmopolitan Trout: The 1883 Fisheries Exhibition and the Global Expansion of Fish Culture. Environment & Society Portal.
Historical baselines in marine bioinvasions: Implications for policy and management. PLOS ONE.
Does the introduced polychaete Alitta succinea establish in the Caspian Sea? Helgoland Marine Research.
Fish stocking activities undertaken by the Sepik River Fish Stock Enhancement Project (1987-1993) and the FISHAID Project (1993-1997). P.N.G./93/007 Field document No. 5. FAO.
Invasion USA: Asian Carp Invaders Have Taken the Mississippi, Are the Great Lakes Next? Scientific American.
Alertan del alto impacto de la carpa en lagunas de gran valor ecológico. Agencia SINC.
Descritas las rutas mundiales de la invasión del cangrejo rojo a partir de su genética. Agencia SINC.
La invasión del cangrejo rojo americano en la Península ha sido mediada por el humano. Agencia SINC.
Los renacuajos de Doñana no reconocen al cangrejo rojo americano como depredador. Agencia SINC.
La prohibición del cangrejo rojo americano moviliza el Bajo Guadalquivir. Efe Verde.
It's no fish tale: Samuel Wilmot started Ontario's first salmon hatchery in his basement. Toronto Star.
War on invasive species continues. The Japan Times.
El mayor lago de África se muere por la introducción de especies foráneas. El País.
El cangrejo americano es el plato preferido de las aves de las marismas. El País.
El invasor rojo que conquistó la marisma. Eldiario.es.
¿Y si algunas las especies invasoras no fueran tan perjudiciales? La Vanguardia.
Las ostras colonizan la costa y se abren hueco en las rulas orteganas. La Voz de Galicia.

Así aplican descargas eléctricas al agua para exterminar a las carpas asiáticas invasoras. La Sexta.
Samuel Wilmot. Dictionary of Canadian Biography.

CAPÍTULO VIII. EL CAPRICHO DEL REY FELIPE II

Recopilación de leyes de los reinos de Indias: mandadas imprimir y publicar por la Magestad Católica Don Carlos II. Madrid: Boix, 1841.
Biological invasions and cryptogenic species. Ecological Society of America.
Interdisciplinarity to reconstruct historical introductions: solving the status of cryptogenic crayfish. Biological Reviews.
Update of genetic information for the white-clawed crayfish in Spain, with new insights into its population genetics and origin. Organisms Diversity & Evolution.
Multiple, solid evidence support that Austropotamobius italicus is not native to Spain. Organisms Diversity & Evolution.
The white-clawed crayfish in Spain—reply to Clavero and Centeno-Cuadros. Organisms Diversity & Evolution.
El cangrejo de río... italiano. Quercus, Cuaderno 359.
El cangrejo autóctono de la península ibérica: ni mitos ni creencias. Quercus, Cuaderno 367.
¿Austropotamobius nativo? Falta por construir el relato. Quercus, Cuaderno 372.
Who let the dogs in? A review of the recent genetic evidence for the introduction of the dingo to Australia and implications for the movement of people. Journal of Archaeological Science.
Some suggestions on the geographical origin of the central, west and north European synanthropic species of Papaver L. Botanical Journal of the Linnean Society.
The story of the fallow deer: an exotic aspect of british globalisation. Australian & New Zealand Environmental History Network.
Early phases of a successful invasion: mitochondrial phylogeography of the common genet (Genetta genetta) within the Mediterranean Basin. Biological Invasions.
Origen, Domesticación y Distribución de Opuntia ficus-indica. Journal of the Professional Association for Cactus Development.
Are dingoes just feral dogs? Anthropocene Magazine.
El caso de los cangrejos viajeros. Cultura Científica.
El oro rojo o ese insecto que habitualmente comemos. Naukas.
Una población de cangrejos autóctonos de Girona resiste a la afanomicosis. Agencia SINC.
Los cangrejos de río de la Península se dividen en dos grupos genéticos. Agencia SINC.
La esperanza del cangrejo de río está en sus propios genes. Agencia SINC.
La mangosta común llegó a la Península cinco siglos antes de lo que se creía. Agencia SINC.
Dos especies invasoras de cangrejos de río transmiten 'la peste del cangrejo'. CSIC
El cangrejo de río no es autóctono de España. Agencia DiCYT.
Genetic study uncovers evolutionary history of dingoes. Science Daily.
Study Claims Dingoes Reached Australia 3,500 Years Ago. Sci-News.
Chumbera: la invasora amenazada. El País.
Expertos reclaman medidas para preservar el cangrejo de río. La Vanguardia.
La grana cochinilla: el insecto que tiñó el mundo de rojo mexicano. La Vanguardia.
Una plaga de cochinillas del carmín diezma las chumberas. ABC Sevilla.
La mirada de Bea | Nos invaden. Canal Sur.

CAPÍTULO IX. EDWARD WILSON, EL HOMBRE QUE QUISO CAMBIAR AUSTRALIA

Rabbits on the Edge: The Belonging of Pests in Ku-ring-gai Chase National Park. Environment & Society Portal.

Managing the impacts of feral camels in Australia. Aliens: The Invasive Species Bulletin Nº 33.

Compassionate conservation, where to from here? Israel Journal of Ecology and Evolution.

Introduced herbivores restore Late Pleistocene ecological functions. PNAS.

Tandem virus cocktail kills pest rabbits more effectively. The Conversation.

How would biodiversity look if we counted non-native animals? Anthropocene Magazine.

Guam's Forests Have an Unlikely Ally: Feral Pigs. Anthropocene Magazine.

Botanists fear research slowdown after priceless specimens destroyed at Australian border. Science Magazine.

Island Lizards Shift to Evolutionary Fast-Track after Invasive Goats and Rats Are Eradicated. Scientific American.

Heat and drought are causing feral camels to overrun communities in Australia. Popular Science.

These searing hot chilli peppers are in danger thanks to snakes. NewScientist.

Los hipopótamos de Pablo Escobar o cómo compensar un legado de extinciones. Agencia SINC.

Científicos prueban el efecto positivo de algunas especies foráneas. Efe Verde.

If pigs could fly: How can forests regenerate without birds? Science Daily.

Eradicate rats to bolster coral reefs. Science Daily.

Mice Caught Attacking Adult Albatross in Gruesome Video. Live Science.

Seed dispersal by invasive birds in Hawaii fills critical ecosystem gap. EurekAlert.

The little duck that could: Study finds endangered Hawaiian duck endures. EurekAlert.

Snail fail: Australia turns back Mercedes-Benz cars after escargot cargo found. The Guardian.

Invasive rabbits have ravaged one of the most remote islands on the planet. The Washington Post.

Invasive snakes threaten forests on Pacific island of Guam. BBC.

Drones help Galapagos tackle rat infestation. BBC.

Hawaii's rarest plants are in crisis. Meet the people fighting to save them. Grist.

El conejo pasa a ser una especie «en peligro» por la caída de su población en España, Portugal y Francia. Eldiario.es.

Australia libera un virus letal para arrasar sus poblaciones de conejos. El País.

Darwin Correspondence Project, "Letter no. 5709".

CAPÍTULO X. LA GATA DE DAVID LYALL

Killing Cats in Garmisch. Environment & Society Portal.

A global review of the impacts of invasive cats on island endangered vertebrates. Global Change Biology.

The tale of the lighthouse-keeper's cat: Discovery and extinction of the Stephens Island wren (Traversia lyalli). Notornis.

Rapid increase of Australian tropical savanna reptile abundance following exclusion of feral cats. Biological Conservation.

The Role of Feral House Mice in Ecosystem Functioning on Marion Island. Antarctic Ecosystems.

Comparative analysis of the diet of feral and house cats and wildcat in Europe. Mammal Research.
The dual status of cats as both predator and companion requires a new ecology. Anthropocene Magazine.
Building bridges between conservationists and cat people Anthropocene Magazine.
Australia's feral cats kill more than 800 million mammals every year. Nature.
Madagascar's mysterious, lemur-eating cats started as ship stowaways. Science Magazine.
Where did Australia's cats come from? Science Magazine.
A single cat wiped out an entire colony of fairy terns. Australian Geographic.
La culpa no fue del gato. Naukas.
In the battle of cats vs. rats, the rats are winning. EurekAlert.
New research: Feral cats now cover over 99.8 percent of Australia. EurekAlert.
Australian mammals at greatest risk from cats and foxes, new study. EurekAlert.
Feral Cats Are Devouring Australia's Reptiles. Live Science.
Feral Cats in Australia Sentenced to Death by Sausage. Live Science.
How Bad Is It to Let Your Cat Outside? CityLab.
Cats kill 1 million Australian birds a day, study shows. The Guardian.
Traditional hunters and western science join forces in the fight against feral cats. The Guardian.
Australia completes world's largest cat-proof fence to protect endangered marsupials. The Guardian.
Robots, lasers, poison: the high-tech bid to cull wild cats in the outback. The Guardian.
Australia has been invaded by giant feral cats. Grist.
Cats Are Making Australia's Bushfire Tragedy Even Worse. Wired.
Bélgica esterilizará a los gatos del país, por decreto. Euronews.
Las razones de Australia para matar a 2 millones de gatos. BBC.
Los gatos son una gran amenaza para la vida silvestre. El País.
Guerra científica contra los gatos. El País.

CAPÍTULO XI. EL AÑO QUE STERLING NORTH VIVIÓ CON UN MAPACHE
Darwin viene a la ciudad: La evolución de las especies urbanas, Menno Schilthuizen. Editorial Turner.
Un leopardo en el jardín. La ciudad: un nuevo ecosistema, Álvaro Luna Fernández. Editorial Tundra.
Goldfish, Anna Marie Roos. Editorial Reaktion Books.
Canine Conundrum: domestic dogs as an invasive species and their impacts on wildlife in India. Animal Conservation.
The global impacts of domestic dogs on threatened vertebrates. Biological Conservation.
Genetic evidence links invasive monk parakeet populations in the United States to the international pet trade. BMC Evolutionary Biology.
Domestication level of the most popular aquarium fish species: is the aquarium trade dependent on wild populations? Cybium.
Historical baselines in marine bioinvasions: Implications for policy and management. PLOS ONE.
Worst case scenario: potential long-term effects of invasive predatory lionfish (Pterois volitans) on Atlantic and Caribbean coral-reef communities. Environmental Biology of Fishes.
How a Kids' Cartoon Created a Real-Life Invasive Army. Nautilus.
Otter cafés and 'cute pets craze' fuel illegal trafficking in Japan and Indonesia. Mongabay.

Canine killers: the conservation threat of dogs. Geographical.
To Save Endangered Species, Should We Bring Them Into Our Cities? Smithsonian Magazine.
Tracking the elusive Burmese python—with DNA clues in the dirt. Science Magazine.
El lado espiritual de los acuarios, según su inventor. Hipertextual.
The Worst Marine Invasion Ever. Slate.
Invasive parrots have varying impacts on European biodiversity, citizens and economy. EurekAlert.
Escaped pet parrots are now naturalized in 23 US states, study finds. EurekAlert.
UTA researchers find genomic evidence of rapid adaptation of invasive Burmese pythons in Florida. EurekAlert.
Invasive lionfish likely safe to eat after all. EurekAlert.
Abierto el plazo de inscripción para la caza de pitones en los Everglades. Efe Verde.
Más de 1000 pitones eliminadas en Florida desde 2017 a través de un programa de caza. Efe Verde.
First invasive lionfish discovered in Brazil. Biology News.
¿Puede el pez león cruzar el canal de Panamá? Agencia DiCYT.
Hurricanes helped accelerate spread of lionfish. Science Daily.
Teen shows salty lionfish are getting fresh. Science News for Students.
This harpoon-throwing robot is designed to hunt destructive lionfish. Popular Science.
Is it time to start culling parakeets? The Guardian.
Python wars: the snake epidemic eating away at Florida. The Guardian.
Full Monty python: Florida snake swallows deer heavier than itself. The Guardian.
More otters smuggled for sale in Japan as demand as pets grows. The Japan Times.
Tokyo family's river otter pets making waves as international Instagram stars. The Mainichi.
Dogs' becoming major threat' to wildlife. BBC.
Invasion of the Bio-snatchers. Haaretz.
Swamp Things. The New Yorker.
Mascotas, un negocio que mueve 36.500 millones de euros al año en la Unión Europea. Expansión.
Los inversores se lanzan a por el negocio de las mascotas. El Economista.
La nueva mascota de Victoria Federica es una especie invasora e ilegal. El Economista.
El mapache invade Madrid: de solo dos hembras en 2003 a 814 capturas hasta 2018. El Confidencial.
La Python Bowl arrasa en Florida: así es la competición de cazar serpientes birmanas. El Confidencial.
El cerdolí, cruce de cerdo vietnamita y jabalí, un nuevo problema ambiental. El País.
A la caza de pitones en Florida. El País.
Preocupa el furor desatado en Japón por la adquisición de nutrias como mascotas. ABC.
El cerdolí, la nueva amenaza medioambiental en España. ABC.
Ha muerto el cerdo de George Clooney. 20 Minutos.
El Ayuntamiento de Sevilla suspende el tiroteo a las cotorras. Público.
El Ayuntamiento colocará nidos anticotorras en el parque Maria Luisa. Andalucía Información.
Comienza el despliegue de jaulas trampa en el Parque María Luisa de Sevilla para combatir la plaga de cotorras. La Vanguardia.
Una superserpiente en Florida: una pitón híbrida amenaza a las Everglades. Eldiario.es.
Jeanne Villepreux-Power. Encyclopædia Britannica.

CAPÍTULO XII. LA FAMILIA DE ODÓN DE BUEN Y LAS GAMBUSIAS

Odón de Buen: Toda una vida, Antonio Calvo Roy. Editorial Ediciones 94.

The Giant African Snail: A Problem in Economic Malacology, Albert R. Mead. The University of Chicago Press.

'An Enemy of the Rabbit:' The Social Context of Acclimatisation of an Immigrant Killer. Environment & Society Portal.

The Fall and Fall in the Legal Status of Mustelids in New Zealand. Environment & Society Portal.

Entomology and Empire: Settler Colonial Science and the Campaign for Hawaiian Annexation. Environment & Society Portal.

La familia de Buen y la introducción de la "Gambusia": consecuencias medioambientales de la lucha contra la malaria en España. Boletín de Malariología y Salud Ambiental.

Malaria en España: aspectos entomológicos y perspectivas de futuro. Revista Española de Salud Pública.

Restricted Genetic Variation in Populations of Achatina (Lissachatina) fulica outside of East Africa and the Indian Ocean Islands Points to the Indian Ocean Islands as the Earliest Known Common Source. PLOS ONE.

Introduced Enemies of the Giant African Snail, Achatina fulica Bowdich, in Hawaii (Pulmonata: Achatinidae). Hawaiian Entomological Society

Toads Save Sugar Crop. Nature.

Adapting to an invasive species: Toxic cane toads induce morphological change in Australian snakes. PNAS.

Behavioural responses of an Australian colubrid snake (Dendrelaphis punctulatus) to a novel toxic prey item (the Cane Toad Rhinella marina). Biological Invasions.

Scientists spent years on a plan to import this wasp to kill stinkbugs. Then it showed up on its own. Science Magazine.

George the Snail, the Last and Loneliest of His Kind, Dies. Live Science.

Un parásito de la mariquita arlequín fulmina a otras especies de mariquitas. Agencia SINC.

Cane toad testes smaller at the invasion front. EurekAlert.

Cute quolls could 'learn' not to taste poison toads. Futurity.

Poison-laden drones to patrol New Zealand wilderness on the hunt for invasive pests. The Guardian.

Northern quolls released into Kakadu in bid to save species from extinction. The Guardian.

Wild quolls take bait of cane-toad sausages, offering hope for species. The Guardian.

Australian water rats cut cane toads open with 'surgical precision' to feast on their hearts. The Guardian.

Linaje asiático pone a la serpiente de árbol a salvo de los sapos venenosos. La Vanguardia.

CAPÍTULO XIII. EL DÍA QUE FERDINAND DE LESSEPS CUMPLIÓ SU SUEÑO

Tropical rabbitfish and the deforestation of a warming temperate sea. Journal of Ecology.

An alien jellyfish Rhopilema nomadica and its impacts to the Eastern Mediterranean part of Turkey. Journal of the Black Sea / Mediterranean Environment.

Historical baselines in marine bioinvasions: Implications for policy and management. PLOS ONE.

Biotic passage through the Panama Canal, with particular reference to fishes. Marine Biology.

An insect introduction to the maritime Antarctic. Biological Journal of the Linnean Society.
Invasive non-native species likely to threaten biodiversity and ecosystems in the Antarctic Peninsula region. Global Change Biology.
For the Mediterranean, the Suez is a wormhole bringing in alien invaders. Mongabay.
Antártida: una ventana hacia el pasado amenazada por las especies invasoras. NaturalMente Nº 15.
Las especies autóctonas del litoral catalán se enfrentan al pez globo venenoso. Efe Verde.
Invasive lionfish likely to become permanent residents in the Mediterranean. EurekAlert.
When 'alien' insects attack Antartica. EurekAlert.
Censan casi 1.000 especies marinas invasoras en el Mediterráneo. Agencia SINC.
Turistas: el caballo de Troya de la flora antártica. Agencia SINC.
Investigadores españoles lideran la erradicación de una planta invasora en la Antártida. Agencia SINC.
Advierten del riesgo de la invasión de especies vegetales en la Antártida. Agencia SINC.
Distintas especies de mosquitos invaden la Antártida. Agencia SINC.
Bivalvos del Pacífico cruzan el canal de Panamá. Han sobrevivido al agua dulce que se encuentra en el canal. Agencia DiCYT.
These Photos of Jellyfish Clogging an Israeli Power Plant Are a Reminder of How Icky Nature Is. Haaretz.
The latest threat to Antarctica: an insect and plant invasion. The Guardian.
El Canal de Suez bate su récord de paso en un día, con 76 barcos y 5,12 millones de toneladas. El Economista.
El peligroso e invasor pez león, en búsqueda y captura en el Mediterráneo. La Vanguardia.

CAPÍTULO XIV. EL FRACASO DE ROY MACKAL

Criptozoología, José G. González y David Heylen. Editorial EDAF.
A species of North American triclad (Paludicola; Turbellaria) new to Britain found in Loch Ness, Scotland. Journal of Zoology.
El último despertar de Artemia: crónica de una extinción anunciada. Quercus, Cuaderno 377.
Historical baselines in marine bioinvasions: Implications for policy and management. PLOS ONE.
Biogeography and dispersal of coastal marine organisms: experimental studies on a replica of a 16th-century sailing vessel. Marine Biology.
Uncharismatic Invasives. Environment & Society Portal.
Trait-based characterization of species transported on Japanese tsunami marine debris: Effect of prior invasion history on trait distribution. Marine Pollution Bulletin.
The invasive coral Oculina patagonica has not been recently introduced to the Mediterranean from the western Atlantic. BMC Evolutionary Biology.
Pelagic plastic and marine invaders. Aliens: The Invasive Species Bulletin Nº 7.

El día que Nessie salió en Nature. Magonia.
Muere Robert Rines, el hombre que dio el nombre científico a Nessie junto con el naturalista Peter Scott. Magonia.
The invasive snail that fooled zoologists. Nature.

De fósil a invasor. SciLogs.
Un análisis de ADN detecta especies invasoras en el agua de lastre. Agencia SINC.
Cannibalism helps invading invertebrates survive severe conditions. EurekAlert.
Invasive species of coral boasts amazing capacity for regeneration. Science Daily.
Spiderman worm-snails discovered on Florida shipwreck. Science Daily.
Loch Ness monster could be a giant eel, say scientists. The Guardian.
Oregon authorities to demolish Japanese tsunami dock. The Guardian.
El mejillón cebra está amenazando la población de la almeja de río en los embalses alaveses. Deia.
Extraen una especie invasora de almeja del Estany de Banyoles. La Vanguardia.
Instalan una cámara en el delta del Ebro para controlar el caracol manzana. La Vanguardia.
El alga invasora que amenaza el estrecho de Gibraltar. El Mundo.
Expertos alertan de la alteración del fondo marino por un alga invasora. El Faro de Ceuta.
El alga invasora Rugulopterix Okamurae arruina los caladeros de Cádiz. Efe Agro.
El alga invasora vuelve a las costas estrecho de Gibraltar antes del verano. Eldiario.es.
La fauna del petróleo: colonias de peces cruzan el océano con las plataformas. Eldiario.es.
Las plataformas han introducido en Canarias dos corales tropicales invasores. La Opinión.
Más especies invasoras por culpa del plástico en el mar. El País.

CAPÍTULO XV. EL VIAJE DE MYERS EN UN BARCO DE ARROZ
El Superorganismo: Belleza y elegancia de las asombrosas sociedades de insectos, Bert Hölldobler y Edward Osborne Wilson. Editorial Katz.
Primavera silenciosa, Rachel Carson. Editorial Booket.
Doce pequeños huéspedes, Karl von Frisch. Editorial RBA.
The Arthropod Fauna of a Rice-Ship, Trading from Burma to the West Indies. Journal of Animal Ecology.
Intercontinental union of Argentine ants: behavioral relationships among introduced populations in Europe, North America, and Asia. Insectes Sociaux.
The global expansion of a single ant supercolony. Evolutionary Applications.
Problemática entomológica de las plantas ornamentales de la Exposición Universal de Sevilla 1992. Boletín de Sanidad Vegetal. Plagas
Biology and management of the Japanese beetle. Annual Review of Entomology.
American Cockroaches, Racism, and the Ecology of the Slave Ship. Environment & Society Portal.
Scientists plant 'sentinel trees' to warn of devastating pests. Science Magazine.
The insect that lost its homeland — and its sex life. Nature
Discovery: Tropical fire ants traveled the world on 16th century ships. EurekAlert.
UC Davis research could lead to no scent, no sex for the Japanese beetle. EurekAlert.
Giant invasive flatworms found in France and overseas French territories. EurekAlert.
An invasive flatworm from Argentina, Obama nungara, found across France and Europe. EurekAlert.
Every time the small cabbage white butterfly flaps its wings it has us to thank. EurekAlert.
Hybrid species could hold secret to protect Darwin's finches against invasive parasite. EurekAlert.
Faster than a speeding bullet: Asian hornet invasion spreads to Northern Germany. EurekAlert.

What is the Asian hornet invasion going to cost Europe? EurekAlert.
Lizards get twitchy to survive fire ant invasion. Futurity.
Asian camel crickets now common in U.S. homes. Science Daily.
Detectan una decena de especies de gusanos exóticos invasores en España. Efe Verde.
La avispa asiática, una invasión a un ritmo de 50 km al año. Efe Verde.
Descubren en España una avispa asiática que devora a las abejas. Agencia SINC.
La avispa asiática ya está en Mallorca. Agencia SINC.
Una diminuta avispa ayuda a sobrevivir a los pollos frente a las moscas que se alimentan de su sangre. Agencia DiCYT.
Yellow crazy ant invasion threatens Queensland world heritage rainforest as funding dries up. The Guardian.
Webspinners: the UK's first new insect for 100 years. The Guardian.
Military, not the Internet, blamed for invasive cockroach. Los Angeles Times.
Cooperación, eficiencia y guerra: así ha llegado la hormiga argentina a tu terraza. El País.
La guerra contra la avispa asiática. El País.
Detectada en Madrid la cucaracha australiana, una nueva especie no autóctona. Europa Press.
«Es probable que en año y medio la velutina haya colonizado toda Galicia». La Voz de Galicia.
El mapa de la avispa asiática en España: así se ha extendido en una década. 20 Minutos.
Mallorca borra del mapa a la avispa asiática. Diario de Mallorca.
Un helicóptero con radar térmico buscará el nido de 'avispas asesinas'. La Vanguardia.
La invasión de la avispa asiática se extiende hasta el Reino Unido. La Vanguardia.
Especial EXPO 92 de Los Reporteros. Canal Sur.

CAPÍTULO XVI. FRED SOPER, EL ASESINO DE MOSQUITOS

El mosquito, Timothy C. Winegard. Editorial EDICIONES B.
The Ecology of Yellow Fever in Antebellum New Orleans: Sugar, Water Control, and Urban Development. Environment & Society Portal.
What Is Yellow Fever? Disease and Causation in Environmental History. Environment & Society Portal.
Historical Analysis of a Near Disaster: Anopheles gambiae in Brazil. The American Journal of Tropical Medicine and Hygiene.
The banded mosquito of Bengal. Indian Museum notes.
Genetic evidence for a worldwide chaotic dispersion pattern of the arbovirus vector, Aedes albopictus. PLOS Neglected Tropical Diseases.
Yellowfever Mosquito (Diptera: Culicidae) Introduced into Landi Kotal, Pakistan, by Tire Importation. Journal of Medical Entomology.
Introduction and Establishment of the Exotic Mosquito Species Aedes japonicus japonicus (Diptera: Culicidae) in Belgium. Journal of Medical Entomology.
Larval mosquito communities in discarded vehicle tires in a forested and unforested site: detritus type, amount, and water nutrient differences. Journal of Vector Ecology.
The electronic song "Scary Monsters and Nice Sprites" reduces host attack and mating success in the dengue vector Aedes aegypti. Acta Tropica.
El gen destructor. Investigación y Ciencia Nº 424.
Freno al dengue. Investigación y Ciencia Agosto Nº 467.
La lucha contra los mosquitos. Investigación y Ciencia Nº 504.
Buscando el origen del mosquito de la fiebre amarilla. Mosquito Alert.

El clima y la urbanización impulsan la preferencia de los mosquitos por los humanos. Mosquito Alert.

¿Volverá el mosquito de la fiebre amarilla a Europa? Mosquito Alert.

La travesía del mosquito tigre: desde Asia hasta nuestra casa. Mosquito Alert.

World's most invasive mosquito nearly eradicated from two islands in China. Nature.

How a yellow fever outbreak reshaped New Orleans. Futurity.

Invasive mosquitoes use 'time-capsule' eggs to move north. Futurity.

Confirman el primer foco de mosquito tigre en Mallorca. Agencia SINC.

El mosquito tigre, localizado en Andalucía gracias a un proyecto de colaboración ciudadana. Agencia SINC.

El mosquito tigre conoce todas las provincias de la costa mediterránea española. Agencia SINC.

Una 'app' y la ciencia ciudadana acorralan al mosquito tigre en España. Agencia SINC.

The Mosquito Killer. The New Yorker.

Los viajes de verano (en coche) del mosquito tigre. Efe Futuro

Una red europea para atrapar mosquitos invasores. El Mundo.

Mosquitos transgénicos para frenar el virus zika. El País.

Primera prueba de que los mosquitos transgénicos reducen enfermedades. El País.

Aprobado un plan para liberar 750 millones de mosquitos transgénicos en Estados Unidos. El País.

Fred L. Soper. Profiles in Science.

Puedes acceder a la versión *online* de la bibliografía, junto con los enlaces a cada referencia, aquí:

http://bit.ly/Acclimatisation_Society

La primera edición de este libro se terminó
de imprimir el 4 de mayo de 2021, tal día
de del año 2000 el gusano informático
«ILoveYou» infectó a cincuenta millones
de ordenadores en el mundo.